黄淮冬麦区小麦籽粒质量研究报告

魏益民 等 著

科 学 出 版 社
北 京

内 容 简 介

小麦产业技术体系加工研究室于2008～2015年连续8年在河南（豫北、豫中）、河北（冀中）、山东（鲁西）、陕西（关中）4个省抽取农户大田小麦样品；分析小麦样品（品种）的籽粒质量，研究其质量特性、加工用途、优质小麦的生产潜力等。

本书是在各区域年度报告的基础上，按照统一要求和规范，运用数理统计学工具，对调查研究的大量数据进行了统计处理与分析；用ArcGis软件绘制了籽粒质量性状的地理分布图；汇总了5个区域7年的调查研究结果，形成本书的核心内容。本书是对多地区、多年、多点调查研究结果大数据统计分析、信息挖掘与评估、结论利用与推广的尝试和展现，对国家小麦产业区划、小麦及制品加工业布局，以及产业发展战略的制定和产业结构调整具有理论指导意义和应用参考价值。

本书适合从事小麦遗传育种、栽培与生产、收贮与贸易、加工与食品制造，以及政府农业技术管理部门的技术人员、研究人员、作物科学和食品科学等相关专业的学生学习或参考。

图书在版编目（CIP）数据

黄淮冬麦区小麦籽粒质量研究报告/魏益民等著. —北京：科学出版社，2017.2

ISBN 978-7-03-051493-6

Ⅰ.①黄… Ⅱ.①魏… Ⅲ. ①黄淮平原–冬小麦–籽粒–质量–调查研究–研究报告 Ⅳ.①S512.1

中国版本图书馆CIP数据核字(2016)第322561号

责任编辑：罗 静 韩学哲 高璐佳 / 责任校对：王 瑞
责任印制：张 伟 / 封面设计：刘新新

科学出版社出版
北京东黄城根北街16号
邮政编码：100717
http://www.sciencep.com

北京东华虎彩印刷有限公司 印刷
科学出版社发行 各地新华书店经销
*
2017年2月第 一 版 开本：720×1000 B5
2017年2月第一次印刷 印张：12 1/4
字数：230 000

定价：88.00元

(如有印装质量问题，我社负责调换)

《黄淮冬麦区小麦籽粒质量研究报告》著者名单

第一章　魏益民　张影全　张　波　关二旗　卢洋洋
孔　雁　唐　娜　严军辉　赵　博
第二章　尹成华　路辉丽　张红云　胡纪鹏　孙巍巍
王莉莉
第三章　田纪春　孙彩玲　张永祥　王守义　宋雪娇
第四章　刘彦军　班进福　张国丛　郭家宝　彭义峰
王　玮　纪丽丽　魏　敏
第五章　欧阳韶晖　郑建梅　张国权　罗勤贵

序

我国是小麦生产大国，也是消费大国。在过去 5 年里，小麦产量从 11 740.1 万吨（2011 年）增长到 13 018.7 万吨（2015 年），年平均增长 255.72 万吨。其中，冬小麦占 95.0%以上，春小麦占 5.0%以下。我国小麦的持续丰产为国家粮食安全、产业结构调整和食品工业发展提供了基本保障。

近百年来，小麦生产经过品种遗传改良、良种良法栽培、病虫害综合防治、土壤结构改良、肥料高效利用等技术的研究、示范和推广，显著地提升了我国小麦的生产水平、抗灾能力、加工用途，有力地支撑了我国小麦产业的稳定发展。

近 30 年来，随着农业机械的发展，特别是收获机械水平的提升，提高了单位劳动生产率和种植业的比较效益。随着食品工业的发展，小麦籽粒的质量和食品加工适用性也受到小麦生产和食品加工业的关注，一批适合中式面制品的品种受到生产和食品加工企业的青睐。小麦种植业区划，包括优质产区区划，也受到政府主管部门的重视。

然而，产业链内及产业链之间的系统性技术问题，食品工业发展对初级原料的新标准，消费者对产品质量与安全的新需求，以及国际贸易对我国小麦产业发展的影响，成为新形势下小麦产业面临的新问题或新挑战。

2007 年，为全面贯彻落实中共“十七大”精神，加快现代农业产业技术体系建设步伐，提升国家、区域创新能力和农业科技自主创新能力，为现代农业和社会主义新农村建设提供强大的科技支撑，在实施优势农产品区域布局规划的基础上，农业部和财政部决定在水稻、玉米、小麦等 10 个农产品中开展现代农业产业技术体系建设实施试点工作。到 2008 年年底，共启动建设了 50 个现代农业产业技术体系及 50 个产业技术研发中心，涉及 34 个作物产品、11 个畜产品、5 个水产品。

在现代农业产业技术体系建设专项（CARS-03）的支持下，在小麦产业技术体系加工研究室主任魏益民教授主持下，于 2007 年设立了“黄淮冬麦区小麦籽粒质量调查与利用研究”课题；编写了《现代农业产业技术体系小麦质量调查指南（试行）》；组织中国农业科学院农产品加工研究所、河南省粮食科学研究所、河北省石家庄市农林科学研究院、山东农业大学、西北农林科技大学等单位，于 2008～2015 年连续 8 年在河南（豫北、豫中）、河北（冀中）、山东（鲁西）、陕西（关中）等4省、15个地市、45个县（市、区）、135个乡（镇）抽取农民大田小麦样品，每年共抽取405份样品。分析小麦样品（品种）的籽粒质量，研究其质量特性、加工用途，以及优质小麦的加工能力等40余项指标。每年向相关科研人员、政府部门、加工企业呈报“区域小麦籽粒质量调查研究报告”。

我曾应邀参加过该团队工作的阶段性结果汇报。在此基础上，经魏益民教授等进一步整理、加工和凝练，撰写了《黄淮冬麦区小麦籽粒质量研究报告》一书。我认为，该书不仅仅是一本黄淮冬麦区小麦籽粒质量的历史文献，还是对黄淮冬麦区小麦籽粒质量的科学评价；也不仅仅是一个海量信息的数据库，而是借助这些来自产地的、长期的、大量的数据分析得出的一些具有重要参考价值的结果。它为回顾我国小麦产业的发展历史，把握我国小麦产业的发展方向，应对新时期食品工业和消费者的新需求，为客观地看待小麦生产中存在的问题或挑战，制订新的规划和目标，促进小麦产业链上各个部门的合作，为共同努力为我国小麦产业的供给侧结构改革和可持续发展做出了新贡献。

李振声

中国科学院院士

2016年10月28日

前言

习近平总书记2015年11月10日在中央财经领导小组第十一次会议上指出，“在适度扩大总需求的同时，着力加强供给侧结构性改革，着力提高供给体系质量和效率，增强经济持续增长动力，推动我国社会生产力水平实现整体跃升”。2015年12月中央经济工作会议强调，“稳定经济增长，要更加注重供给侧结构性改革”。2016年中央1号文件要求“推进农业供给侧结构性改革”。

当前，我国农业和食物生产的主要矛盾已经由总量不足转变为结构性矛盾。例如，国内粮食总产量持续增加，但品种结构存在产需矛盾，国内外粮食价格倒挂，形成了粮食产量、库存和进口三量齐增的现象。不解决结构性矛盾和考虑市场消费需求，粮食持续增产也难以解决农业综合效益差、竞争力弱、农民增收困难等问题。

小麦作为重要的口粮、食品原料，在12年连续丰收后，如何在经济“新常态”和资源约束的大背景下，实现小麦产业的供给侧结构性改革，仍然是值得关注，也是有必要讨论的话题。

一、小麦生产发展现状

我国的小麦生产在过去5年里以每年增产大于250万吨的速度，于2015年突破了13 000万吨（表1）。冬小麦的总产量持续增加，占总产量的比例超过95.0%；春小麦的总产量占比低于5.0%。与此同时，由于国际贸易、价格差异，以及国内优质专用小麦短缺等因素，5年来每年还进口一定数量的小麦（年均330万吨）（表1，表2）；而出口小麦的占比极低。在总耕地面积不变或下

表1　中国小麦的总产量及进出口数量（2011~2015年）

年份	产量					进出口数量	
	总量/万吨	冬小麦/万吨	比例/%	春小麦/万吨	比例/%	进口/万吨	出口/万吨
2015	13 018.7	12 360.0	96.4	470.1	3.6	300.7	12.2
2014	12 620.8	11 989.9	95.0	630.9	5.0	297.2	0.1
2013	12 192.6	11 567.0	94.9	625.6	5.1	553.5	27.8
2012	12 102.4	11 437.1	94.5	665.2	5.5	368.9	28.6
2011	11 740.1	11 095.7	95.5	644.4	5.5	124.9	32.8

注：根据国家统计局公报和海关统计公报整理

表 2　2015 年进口粮食、油料和玉米酒糟数量（万吨）

品种名称	数量	品种名称	数量
玉米酒糟	682.1	高粱	1 070.0
玉米	473.0	木薯	937.6
小麦	300.7	油菜籽	447.0
大豆	8 169.0	大米	337.7
大麦	1 073.2	合计	13 490.3

注：根据海关统计公报整理

降的趋势下，小麦总产量的提高主要得益于单位产量水平的大幅度提高。我国小麦产业的这一发展趋势和结果，为我国的粮食安全做出了应有的贡献，也为农业的供给侧结构性改革创造了物质基础和供给保障。

二、小麦产业及加工业面临的挑战

当前我国小麦产业存在的主要问题：一是种麦效益持续下滑。2013 年的种麦效益为–12.78 元/亩[①]，严重影响农民种麦积极性。二是小麦的国际竞争力不断下降。2016 年 3 月美国软红冬小麦到国内口岸完税后的总价约为 1725 元/t；而同期河南郑州市场的小麦价格为 2400 元/t，相差 675 元。三是科学技术的进一步推广受到生产规模限制。农户生产规模过小（户均 4.5 亩）限制了劳动生产率的提高，制约了先进生产技术的深度推广，给产业现代化带来一定的阻力。四是产业化组织模式难以适应新要求。随着市场化和现代化的推进，我国小麦产业发展面临的产业链或管理单元结构性问题越来越突出，束缚或影响供需对接和市场化发展。五是小麦生产面临资源和环境的约束。小麦主产区面临水资源短缺、过度集约化种植、土壤生态条件退化等生态环境挑战。六是政策性支持空间越来越小。政府补贴面临世界贸易组织（WTO）规则的约束，价格保护受国际市场价格影响，政策保护空间被进一步压缩。

国内小麦加工业在经济步入“新常态”、供需宽松的压力之下，又受到国际小麦价格冲击，国内政策支持价格的可能性进一步降低。国内小麦市场呈现出低迷状态，去库存受到了顺价销售政策的阻力，小麦加工企业（制粉和相关产业）开工率维持在较低水平，全行业在维持生存的水平上运行。另外，2015 年粮食、油料和玉米酒糟进口量多达 13 490 万吨（表 2）；再加上边境粮食走私，使用于饲料的小麦加工业副产物麸皮价格跌至谷底（0.35~0.40 元/斤[②]），行业亏损面进一步扩

① 1 亩≈666.7m^2
② 1 斤=0.5kg

大。由于多数小麦加工企业在产业链布局上包括仓储、制粉、制面（挂面、方便面等）、销售等产业单元，面粉市场疲软，方便面销量持续下行，挂面市场竞争激烈，多数企业的赢利点极低或出现行业性亏损。

我国小麦加工企业通过兼并和重组，规模进一步扩大，企业数量显著减少。2014 年全国小麦年加工能力达到 2.21 亿吨（需求为 1.00 亿吨），较上一年度增加约 1100 万吨。小麦加工企业数量呈继续下降的态势，而规模以上企业（日处理小麦 500t 以上）数量仍有一定数量的增长。例如，五得利面粉集团的小麦加工能力达到了 4 万吨/d，成为世界最大的小麦加工企业。由于大型企业的挤压和人力成本迅速上升，日处理 500t 以下企业的生存压力进一步增大。在市场竞争和政策调整的双重压力下， 2016 年小麦加工行业还将面临新的“去产能、去库存、降成本、补短板”等压力和挑战，小麦加工业必须进行供给侧结构性改革。

三、小麦加工业的供给侧改革讨论

小麦制品作为主食是人们日常生活的必需消费品，小麦产业关联第一产业（农业）、第二产业（食品工业）和第三产业（销售和服务业），长期受到计划管理约束。因此，小麦产业的改革和政策制定，一直都有谨慎有余、创新不足等问题。再加上部分产业环节的长期计划经济思维惯性，使得小麦产业的供给侧结构性改革更富有挑战性。2015 年 12 月中央经济工作会议提出，2016 年经济社会发展的五大任务为“去产能、去库存、去杠杆、降成本、补短板”，针对小麦加工业 2016 年面临的压力和挑战，作者建议应从以下几方面切入，做好供给侧结构性改革的设计与实施。

（1）提高产品质量，改善消费需求

产品质量、安全和方便性，特别是食品，如同产品的价格一样，是消费者选购的首要前提条件之一，是市场可发挥持续影响力的产品属性，是产品的核心市场竞争力。在当前食品市场供需宽松的大背景下，稳定和提升食品质量和安全水平，满足市场专用和个性化需求，是农产品加工和食品制造企业发展的主要动力和效益源泉。作者团队对拉面消费者食用不同质量面粉制作拉面的一项餐馆问卷调查结果说明，多数消费者可区分出质量有明显差异面粉制作的拉面，即便是使用了同样的制作工艺和配料。这一结果告诉行业从业者，配料质量不是消费者需求的全部；通过添加剂来代替天然原料的做法，不会受到多数消费者欢迎。

（2）延长产业链条，提升盈利能力

产业链（网络）被看成是在同一产业中和/或相关产业间所有行业或单元（角色、环节）的综合。其目的和效果是它们可以潜在地工作在一起，进而为消费者和自己创造价值，增加利益。通过分析国际跨国食品集团的产业结构和发展历程就不难发现，这些企业的产业结构具有链式布局、上下延伸、瞄准末端、整体收益等特点。例如，澳大利亚最大的粮食经销商 CBH 集团除了建设 200 多个收购储粮点、4 个储运和装卸码头、1 个粮食处理中心外，近年来迅速向食品制造和食品市场延伸，以促进产业的可持续发展和创造新的价值增长点。

（3）依靠技术创新，实现跨越发展

技术创新、产品开发、设备提升是农产品加工和食品产业发展的不竭动力。在整个制造业向自动化和智能化方向发展的今天，农产品加工和食品制造业的技术创新、技术集成和技术示范对产业的跨越式发展和可持续发展尤为重要。河北金沙河面业集团通过与中国农业科学院农产品加工研究所等单位多年合作，采用技术引进、消化集成、市场分析、新产品开发、改造提升挂面生产线的技术路线，使单条挂面生产线的日加工量达到 50t，操作工人数量降低 1/3，吨干燥能耗降低 20%以上，吨面条损耗小于 0.3%。该企业一次建成的 20 余条挂面生产线，全部实现了自动化生产，整体技术达到国际领先水平。

（4）重视模式创新，实现产业升级

模式创新是当今产业创新的又一重要方面。农产品加工业、食品制造业的模式创新是优化产业结构和提升产业效益的重要内容或举措，包括营销模式创新、管理模式创新、产学研结合模式创新、人才培养和利用模式创新等。例如，网络技术的发展催生了物联网，产生了网上购物新业态，出现了微信、QQ 社区消费群，“互联网+”促进了物流和新型零售业的发展，影响和改变着传统产业的经营模式。

当前，在制造业自动化的基础上，随着信息物理系统和自动控制技术的应用，出现了工业智能制造系统，产生了新一轮工业革命，即更加自动化、智能化和高效化的现代工业，被称作工业 4.0。然而，由于我国制造业的自身特点和发展水平，要实现农产品加工业、食品制造业的智能化，必须首先完成农产品加工业和食品制造业的自动化。如能充分利用我国比较先进和优越的信息技术，到 21 世纪中期前，可实现小麦部分加工业，或下游食品制造业向智能化制造的跨越式发展。

总之，小麦产业的供给侧改革，就是要使小麦产品供给不仅数量充足，而且要求品种、质量、安全、营养、方便性契合消费者需要。为此，小麦产业界还应在优质小麦生产、满足食品制造大客户需求、为家庭消费提供专用粉、改进销售方式、考虑个性化需求差异等方面做好工作，真正形成结构合理、保障有力的小麦及其产品的有效供给。

魏益民

目　录

第一章　豫北地区小麦籽粒质量调查研究报告

一、引　　言

豫北地区属于黄淮冬麦区，在小麦品质区划方案中被列为北部强筋小麦产区，是河南省重要的优质小麦产区和优质商品粮供应基地。地处豫北小麦生产核心区的新乡市、鹤壁市和安阳市2003～2013年小麦播种面积占河南省播种面积的14.10%～15.25%；产量占河南省总产量的13.36%～13.70%；2013年单产达到了6578.25kg/hm^2（438.55kg/亩）。本报告调查和分析了2008～2014年新乡地区（辉县市、新乡县、延津县）、鹤壁地区（淇滨区、淇县、浚县）、安阳地区（安阳县、滑县、林州市）采集的农户大田小麦样品的品种构成、籽粒性状、蛋白质质量，以及面粉的流变学特性（粉质参数、拉伸参数）等，以了解豫北地区的优质小麦生产现状，指导优质小麦产业基地建设，促进小麦加工业和小麦产区区域经济的可持续发展。

1.1　2003～2013年河南小麦生产概况

河南省属黄淮冬麦区，小麦种植面积、产量均居全国首位，为我国最主要小麦产区之一。由图1-1可知，2003～2013年河南省小麦播种面积占全国小麦播种面积的21.67%～22.45%，小麦总产量占全国小麦总产量的26.25%～27.27%。

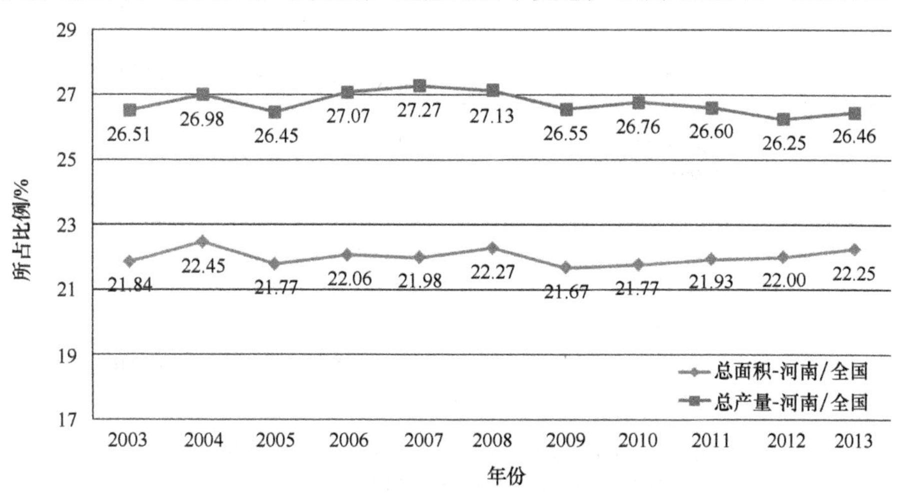

图1-1　2003～2013年河南省小麦总产量和面积占全国的比例

河南省小麦播种面积年均增长1.12%，2006年增长幅度最大，达4.95%。2013年河南省小麦播种面积达到5 366 660hm^2，较2003年增长11.70%（图1-2）。

河南省小麦总产量年均增长2.55%，2006年增长幅度最大，达13.92%。2013年河南省小麦总产量达到32 264 400t，较2003年增长40.74%（图1-2）。

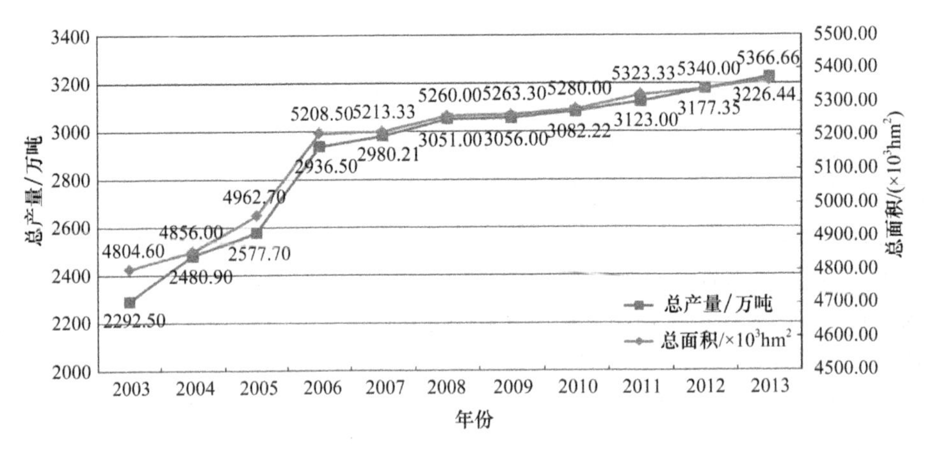

图1-2　2003～2013年河南省小麦生产现状

数据来源于中国国家统计年鉴（2003～2013年）

河南省小麦平均单产年均增长2.37%，2006年增长幅度最大，达8.54%。2013年河南省小麦平均单产达6012kg/hm^2(400.8kg/亩)，较2003年增长26.00%（图1-3）。

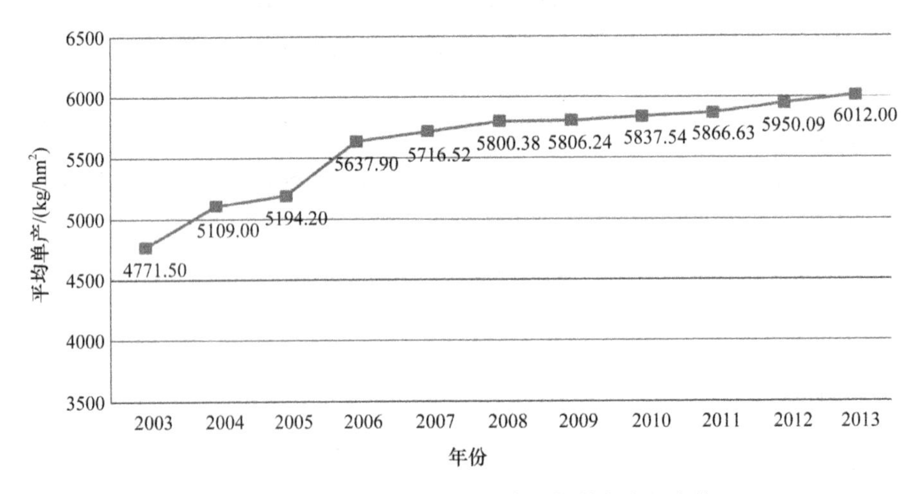

图1-3　2003～2013年河南小麦平均单产水平变化

数据来源于中国国家统计年鉴（2003～2013年）

从 2003～2013 年河南省小麦生产数据可以看出，2003 年以来，河南省小麦播种面积、总产量、单产均呈“连续增长”趋势（图 1-2，图 1-3）。

1.2　2003～2013 年豫北地区小麦生产概况

新乡市、鹤壁市、安阳市三地区处于河南省北部，属黄淮冬麦区，是河南省主要小麦产区。由图 1-4 可知，2003～2013 年豫北地区小麦播种面积占河南省小麦播种面积的 13.36%～13.76%，小麦总产量占河南省小麦总产量的 14.10%～15.25%，2010 年以后有逐渐降低的趋势。

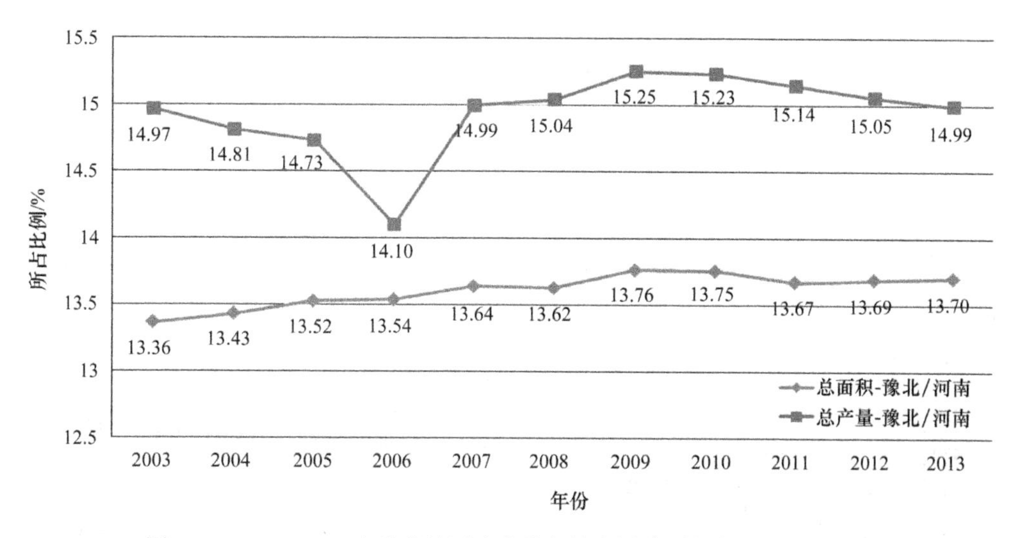

图 1-4　2003～2013 年豫北地区小麦总产量和播种面积占河南省的比例

2003～2013 年豫北地区小麦种植面积变化趋势与河南省变化趋势一致，也呈现“连续增长”趋势。2013 年豫北地区小麦种植面积 735 210hm^2，较 2003 年增加 93 170hm^2，增长 14.51%。三个地区年际变化趋势与豫北地区一致，其中新乡地区小麦播种面积最大，其次为安阳地区和鹤壁地区（图 1-5）。

2003～2013 年豫北地区小麦总产量变化趋势与河南省变化趋势一致，呈“连续增长”趋势。2013 年豫北地区小麦总产量达 4 836 400t，较 2003 年增加 1 405 600t，增长 40.97%。三个地区年际变化趋势与豫北地区一致，其中新乡地区小麦产量最大，其次为安阳地区和鹤壁地区（图 1-6）。

2003～2013 年豫北地区小麦单产水平变化趋势与河南省变化趋势一致，呈“连续增长”趋势。2013 年豫北地区小麦平均单产达 6578.26kg/hm^2

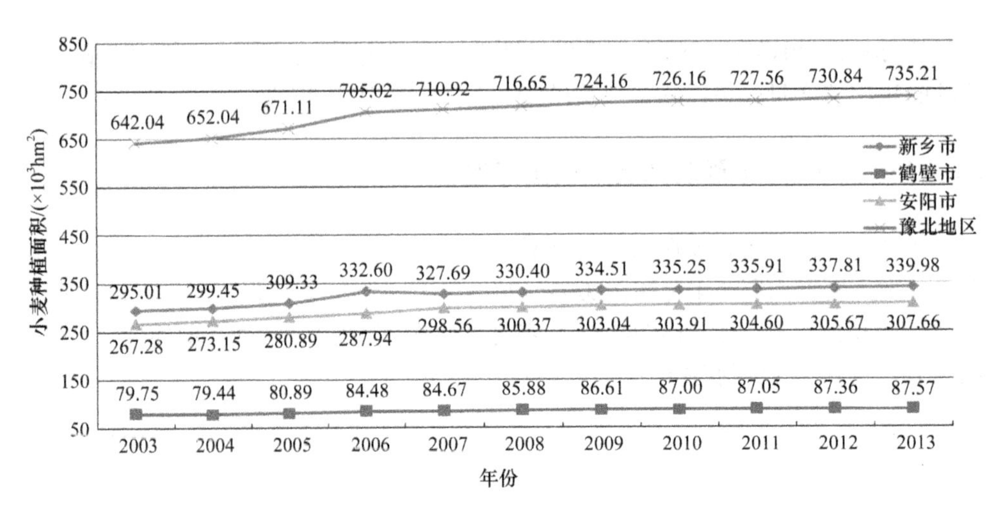

图 1-5　2003～2013 年豫北地区小麦播种面积

数据来源于河南统计年鉴（2003～2013 年）

（438.55kg/亩），较 2003 年增加 1234.67kg/hm^2（82.31kg/亩），增长 23.11%。三个地区年际变化趋势与豫北地区一致，其中鹤壁地区小麦平均单产水平最高，其次为新乡地区和安阳地区。豫北地区小麦单产水平高于河南省小麦平均单产水平（图 1-7）。

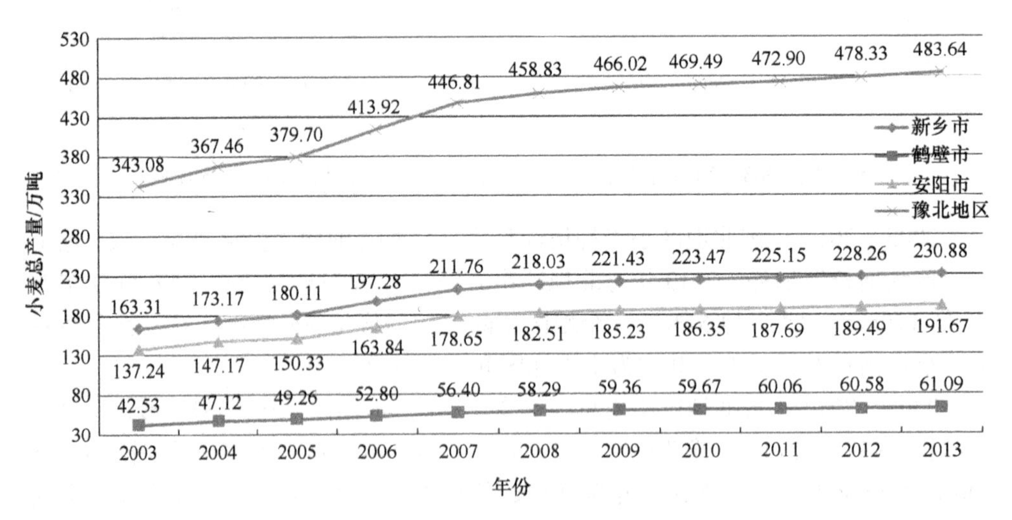

图 1-6　2003～2013 年豫北地区小麦总产量

数据来源于河南统计年鉴（2003～2013 年）

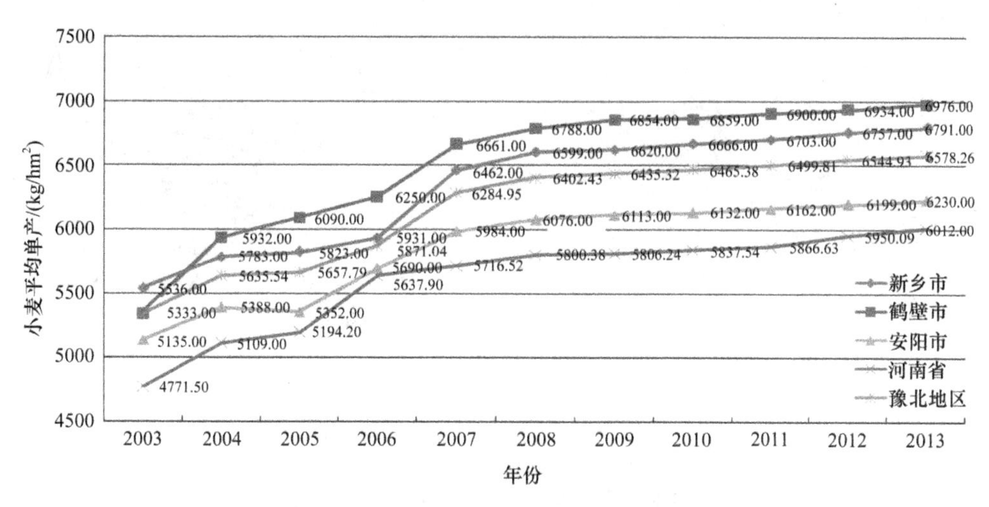

图 1-7　2003～2013 年豫北地区小麦单产
数据来源于河南统计年鉴（2003～2013 年）

二、材料与方法

2.1　试验材料

2.1.1　样品采集

根据国家小麦产业技术研发中心加工研究室编制的《小麦产业技术体系小麦质量调查指南》的要求，分别于 2008～2014 年夏收时，在豫北小麦主产区新乡地区（辉县市、新乡县、延津县）、鹤壁地区（淇滨区、淇县、浚县）、安阳地区（安阳县、滑县、林州市），分布范围为 113°22′15.6″E～114°58′55.2″E、35°1′48.0″N～36°22′8.4″N，布点采集农户大田小麦样品。布点方法是每个地市选 3 个县区，每个县区选 3 个乡（镇），每个乡（镇）选该乡镇种植的主要栽培品种，并选代表性农户，按品种抽取 3 份样品，每个样品 5kg。每年抽取大田小麦样品 81 份，7 年共抽取小麦样品 567 份。采样点见图 1-8。

2.1.2　样品处理

收集到的小麦样品经晒干后，筛理除杂，熏蒸杀虫，籽粒后熟 15d 后，进行磨粉，测定籽粒及面粉质量性状。

2.2　试验方法

2.2.1　磨粉

根据籽粒硬度指数进行润麦，硬度指数低于 60.0%的样品，润麦含水量为

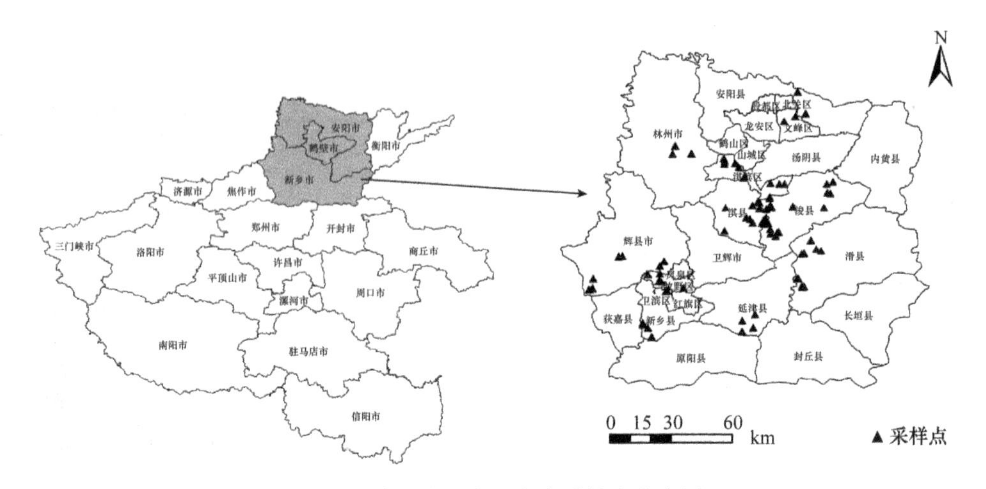

图 1-8 豫北地区大田小麦采样点分布图

14.5%；硬度指数大于等于 60.0%的样品，润麦含水量为 15.5%。润麦时间为 24h。2008～2013 年采用 Brabender Senior 实验磨粉机磨粉。2014 年采用 Buhler 实验磨粉机制粉。

2.2.2 籽粒质量性状检测方法

（1）千粒重：参照《谷物与豆类千粒重的测定（GB/T 5519—2008）》测定。

（2）容重：参照《粮食、油料检验 容重测定法（GB/T 5498—1985）》测定。

（3）籽粒蛋白质含量：参照《粮油检验 小麦粗蛋白质含量测定 近红外法（GB/T 24899—2010）》，采用瑞典 Perten DA7200 型近红外（NIR）谷物品质分析仪测定。

（4）籽粒硬度：参照《小麦硬度测定 硬度指数法（GB/T 21304—2007）》，采用无锡锡粮机械制造有限公司生产的 JYDB100×40 型小麦硬度指数测定仪测定。

（5）出粉率：参照《小麦实验制粉（NY/T 1094—2006）》，采用 Brabender Senior 实验磨粉机或 Buhler MLU202 型实验磨粉机进行测定，出粉率=$M_{面粉}$/（$M_{面粉}$+$M_{麸皮}$）×100%。

（6）湿面筋含量：参照《小麦和小麦粉面筋含量第 1 部分：手洗法测定湿面筋（GB/T 5506.1—2008）》，采用手洗法测定。

（7）面筋指数：参照《小麦粉湿面筋质量测定方法——面筋指数法（SB/T 10248—1995）》，采用瑞典 Perten 2015 型离心机测定。

（8）沉降指数：参照《小麦 沉降指数测定 Zeleny 试验（GB/T 21119—2007）》，采用德国 Brabender 公司沉淀值测定仪测定。

（9）降落数值：参照《小麦、黑麦及其面粉，杜伦麦及其粗粒粉 降落数值的测定 Hagberg-Perten 法（GB/T 10361—2008）》，采用瑞典波通仪器公司 1500 型降落数值仪测定。

（10）粉质参数：参照《小麦粉 面团的物理特性 吸水量和流变学特性的测定 粉质仪法（GB/T 14614—2006）》，采用德国布拉本德（Brabender）粉质仪测定。

（11）拉伸参数：参照《小麦粉 面团的物理特性 流变学特性的测定 拉伸仪法（GB/T 14615—2006）》，采用德国 Brabender 拉伸仪测定。

2.3 数据分析方法

2.3.1 数据整理分析

采用 Excel 2007 整理数据和表格。

采用 SPSS 18.0 统计分析软件进行方差分析等数理统计分析。

2.3.2 地统计分析

地统计分析采用 GS+（Geostatistics for the Environmental Sciences）9.0 软件拟合半变异函数、建立拟合模型，在 ArcGis10.0 软件中采用 Ordinary Kriging 法输出小麦籽粒质量性状空间分布图。

三、结 果 分 析

3.1 豫北地区小麦品种（系）构成

3.1.1 2008～2014 年小麦品种（系）构成

2008 年抽取的 81 份小麦样品包括 32 个小麦品种（系）。样品数量居前五位（含并列，下同）的品种依次为矮抗 58（17）、周麦 16（12）、周麦 18（5）、西农 979（4）、新麦 19（4），累计占全部抽样的 51.85%。占样品比例 5%以下的品种（系）有 29 个，占样品比例在 2%以下的品种（系）有 19 个（表 1-1）。

2009 年抽取的 81 份小麦样品包括 25 个小麦品种（系）。样品数量居前五位的品种依次为矮抗 58（21）、周麦 16（14）、西农 979（8）、衡观 35（5）、丰舞 981（4），累计占全部样品的 64.20%。占样品比例 5%以下的品种（系）有 21 个，占样品比例 2%以下的品种（系）有 15 个（表 1-1）。

2010 年抽取的 81 份小麦样品包括 20 个小麦品种（系）。样品数量居前六位的品种依次为矮抗 58（36）、周麦 16（11）、西农 979（6）、周麦 22（5）、衡观 35（3）、丰舞 981（3），累计占全部抽样的 79.01%。占样品比例 5%以下的品种（系）有 16 个，占样品比例在 2%以下的品种（系）有 11 个（表 1-1）。

表 1-1　2008～2014 年豫北地区小麦品种（系）构成

编号	品种（系）名称	样本数							比例/%						
		2008	2009	2010	2011	2012	2013	2014	2008	2009	2010	2011	2012	2013	2014
1	矮抗 58	17	21	36	32	21	15	16	20.99	25.93	44.44	39.51	25.93	18.52	19.75
2	周麦 16	12	14	11	9	8	9	7	14.81	17.28	13.58	11.11	9.88	11.11	8.64
3	周麦 18	5	2	2	3	1	2	—	6.17	2.47	2.47	3.70	1.23	2.47	—
4	西农 979	4	8	6	2	3	1	1	4.94	9.88	7.41	2.47	3.70	1.23	1.23
5	新麦 19	4	3	1	—	—	—	—	4.94	3.70	1.23	—	—	—	—
6	新麦 18	3	3	1	1	—	—	—	3.70	3.70	1.23	1.23	—	—	—
7	偃展 4110	3	—	1	1	2	—	—	3.70	—	1.23	1.23	2.47	—	—
8	豫麦 18	3	—	—	—	—	1	—	3.70	—	—	—	—	1.23	—
9	豫麦 44	3	1	2	1	1	—	—	3.70	1.23	2.47	1.23	1.23	—	—
10	济麦 20	2	—	—	—	3	—	—	2.47	—	—	—	3.70	—	—
11	开麦 18	2	1	—	—	—	—	—	2.47	1.23	—	—	—	—	—
12	温麦 6 号	2	1	1	—	1	—	—	2.47	1.23	1.23	—	1.23	—	—
13	郑麦 9023	2	—	1	—	—	—	—	2.47	—	1.23	—	—	—	—
14	丰舞 981	1	4	3	2	2	2	2	1.23	4.94	3.70	2.47	2.47	2.47	2.47
15	藁优 9415	1	1	—	—	—	—	—	1.23	1.23	—	—	—	—	—
16	邯 3475	1	1	—	—	—	—	—	1.23	1.23	—	—	—	—	—
17	邯 4589	1	1	—	—	—	—	—	1.23	1.23	—	—	—	—	—
18	衡观 35	1	5	3	2	3	2	3	1.23	6.17	3.70	2.47	3.70	2.47	3.70
19	周麦 20	1	—	—	—	—	—	—	1.23	—	—	—	—	—	—
20	温麦 49-198	1	—	—	—	—	—	—	1.23	—	—	—	—	—	—
21	新麦 9817	1	—	—	—	—	—	—	1.23	—	—	—	—	—	—
22	豫农 015	1	—	—	—	—	—	—	1.23	—	—	—	—	—	—
23	郑麦 366	1	3	—	1	1	—	—	1.23	3.70	—	1.23	1.23	—	—
24	中育 9 号	1	—	—	—	—	—	—	1.23	—	—	—	—	—	—
25	兰考 18	1	—	—	—	—	—	—	1.23	—	—	—	—	—	—
26	宝丰 7228	1	—	—	—	1	—	1	1.23	—	—	—	1.23	—	1.23
27	超大穗 926	1	—	—	—	—	—	—	1.23	—	—	—	—	—	—
18	衡观 35	1	5	3	2	3	2	3	1.23	6.17	3.70	2.47	3.70	2.47	3.70
19	周麦 20	1	—	—	—	—	—	—	1.23	—	—	—	—	—	—
20	温麦 49-198	1	—	—	—	—	—	—	1.23	—	—	—	—	—	—
21	新麦 9817	1	—	—	—	—	—	—	1.23	—	—	—	—	—	—
22	豫农 015	1	—	—	—	—	—	—	1.23	—	—	—	—	—	—
23	郑麦 366	1	3	—	1	1	—	—	1.23	3.70	—	1.23	1.23	—	—
24	中育 9 号	1	—	—	—	—	—	—	1.23	—	—	—	—	—	—
25	兰考 18	1	—	—	—	—	—	—	1.23	—	—	—	—	—	—

续表

编号	品种（系）名称	样本数							比例/%						
		2008	2009	2010	2011	2012	2013	2014	2008	2009	2010	2011	2012	2013	2014
26	宝丰 7228	1	—	—	—	1	—	1	1.23	—	—	—	1.23	—	1.23
27	超大穗 926	1	—	—	—	—	—	—	1.23	—	—	—	—	—	—
28	代号 702	1	—	—	—	—	—	—	1.23	—	—	—	—	—	—
29	平安 1 号	1	—	—	—	—	—	—	1.23	—	—	—	—	—	—
30	赵科 88	1	—	—	—	—	—	—	1.23	—	—	—	—	—	—
31	郑麦 98165	1	—	—	—	—	—	—	1.23	—	—	—	—	—	—
32	百农 3039	1	—	—	—	—	—	—	1.23	—	—	—	—	—	—
33	兰考矮早 8	—	3	—	—	—	—	—	—	3.70	—	—	—	—	—
34	济麦 4 号	—	1	—	—	—	—	—	—	1.23	—	—	—	—	—
35	洛旱 6 号	—	1	1	1	—	—	1	—	1.23	1.23	1.23	—	—	1.23
36	平安 6 号	—	1	—	—	—	—	—	—	1.23	—	—	—	—	—
37	温麦 19	—	1	1	—	—	—	1	—	1.23	1.23	—	—	—	1.23
38	郑麦 8998	—	1	—	—	—	—	—	—	1.23	—	—	—	—	—
39	周麦 11	—	1	—	—	—	—	—	—	1.23	—	—	—	—	—
40	周麦 22	—	1	5	3	7	7	6	—	1.23	6.17	3.70	8.64	8.64	7.41
41	驻麦 4 号	—	1	—	—	—	—	—	—	1.23	—	—	—	—	—
42	矮杆王	—	1	—	1	1	—	—	—	1.23	—	1.23	1.23	—	—
43	温麦 4 号	—	—	2	—	1	—	1	—	—	2.47	—	1.23	—	1.23
44	济麦 22	—	—	1	2	3	1	1	—	—	1.23	2.47	3.70	1.23	1.23
45	众麦 1 号	—	—	1	3	3	4	1	—	—	1.23	3.70	3.70	4.94	1.23
46	众麦 2 号	—	—	1	—	—	—	—	—	—	1.23	—	—	—	—
47	玉教 2 号	—	—	1	—	—	—	—	—	—	1.23	—	—	—	—
48	大宝丰	—	—	—	3	—	—	1	—	—	—	3.70	—	—	1.23
49	长 6359	—	—	—	1	—	—	—	—	—	—	1.23	—	—	—
50	大穗王	—	—	—	1	—	—	—	—	—	—	1.23	—	—	—
51	洛麦 21	—	—	—	1	—	—	—	—	—	—	1.23	—	—	—
52	漯麦 4-168	—	—	—	1	—	—	—	—	—	—	1.23	—	—	—
53	小宝丰	—	—	—	1	—	—	—	—	—	—	1.23	—	—	—
54	新麦 21	—	—	—	1	1	—	—	—	—	—	1.23	1.23	—	—
55	新麦 26	—	—	—	1	3	3	2	—	—	—	1.23	3.70	3.70	2.47
56	豫麦 41	—	—	—	1	—	—	—	—	—	—	1.23	—	—	—
57	豫农 035	—	—	—	1	—	—	1	—	—	—	1.23	—	—	1.23
58	豫农 982	—	—	—	1	—	—	—	—	—	—	1.23	—	—	—
59	——	—	—	—	4	—	6	14	—	—	—	4.94	—	7.41	17.28
60	豫麦 2 号	—	—	—	—	3	1	2	—	—	—	—	3.70	1.23	2.47

续表

编号	品种（系）名称	样本数							比例/%						
		2008	2009	2010	2011	2012	2013	2014	2008	2009	2010	2011	2012	2013	2014
61	豫农 202	—	—	—	—	2	—	—	—	—	—	—	2.47	—	—
62	M1	—	—	—	—	1	—	—	—	—	—	—	1.23	—	—
63	百农 160	—	—	—	—	1	1	—	—	—	—	—	1.23	1.23	—
64	漯 4	—	—	—	—	1	—	—	—	—	—	—	1.23	—	—
65	石家庄 8 号	—	—	—	—	1	—	—	—	—	—	—	1.23	—	—
66	硕丰 411	—	—	—	—	1	—	—	—	—	—	—	1.23	—	—
67	西农 9718	—	—	—	—	1	—	—	—	—	—	—	1.23	—	—
68	烟农 19	—	—	—	—	1	—	—	—	—	—	—	1.23	—	—
69	豫麦 49	—	—	—	—	1	—	—	—	—	—	—	1.23	—	—
70	郑丰 1 号	—	—	—	—	1	—	—	—	—	—	—	1.23	—	—
71	众麦 998	—	—	—	—	1	—	2	—	—	—	—	1.23	—	2.47
72	宝丰 7228	—	—	—	—	—	3	—	—	—	—	—	—	3.70	—
73	新麦 208	—	—	—	—	—	3	—	—	—	—	—	—	3.70	—
74	豫教 5 号	—	—	—	—	—	2	—	—	—	—	—	—	2.47	—
75	周麦 27	—	—	—	—	—	2	2	—	—	—	—	—	2.47	2.47
76	9012	—	—	—	—	—	1	—	—	—	—	—	—	1.23	—
77	9706	—	—	—	—	—	1	—	—	—	—	—	—	1.23	—
78	矮丰 25	—	—	—	—	—	1	—	—	—	—	—	—	1.23	—
79	百农 207	—	—	—	—	—	1	—	—	—	—	—	—	1.23	—
80	国麦 0319	—	—	—	—	—	1	—	—	—	—	—	—	1.23	—
81	国麦 201	—	—	—	—	—	1	—	—	—	—	—	—	1.23	—
82	鹤麦 1 号	—	—	—	—	—	1	2	—	—	—	—	—	1.23	2.47
83	浚麦	—	—	—	—	—	1	—	—	—	—	—	—	1.23	—
84	连麦 2 号	—	—	—	—	—	1	—	—	—	—	—	—	1.23	—
85	平安 8 号	—	—	—	—	—	1	2	—	—	—	—	—	1.23	2.47
86	烟 19	—	—	—	—	—	1	—	—	—	—	—	—	1.23	—
87	豫麦 36	—	—	—	—	—	1	—	—	—	—	—	—	1.23	—
88	郑农 17	—	—	—	—	—	1	—	—	—	—	—	—	1.23	—
89	中洛 08-2	—	—	—	—	—	1	1	—	—	—	—	—	1.23	1.23
90	众麦 988	—	—	—	—	—	1	—	—	—	—	—	—	1.23	—
91	周麦 24	—	—	—	—	—	1	—	—	—	—	—	—	1.23	—
92	太空 6 号	—	—	—	—	—	—	2	—	—	—	—	—	—	2.47
93	兰考 198	—	—	—	—	—	—	2	—	—	—	—	—	—	2.47
94	淮麦 28	—	—	—	—	—	—	1	—	—	—	—	—	—	1.23
95	石麦 12	—	—	—	—	—	—	1	—	—	—	—	—	—	1.23

续表

编号	品种（系）名称	样本数							比例/%						
		2008	2009	2010	2011	2012	2013	2014	2008	2009	2010	2011	2012	2013	2014
96	安麦 7 号	—	—	—	—	—	—	1	—	—	—	—	—	—	1.23
97	豫麦 52	—	—	—	—	—	—	1	—	—	—	—	—	—	1.23
98	农大 17	—	—	—	—	—	—	1	—	—	—	—	—	—	1.23
99	汝麦 0319	—	—	—	—	—	—	1	—	—	—	—	—	—	1.23
100	衡 7228	—	—	—	—	—	—	1	—	—	—	—	—	—	1.23
	合计	81	81	81	81	81	81	81	100.00	100.00	100.00	100.00	100.00	100.00	100.00

2011 年抽取的 81 份小麦样品包括 26 个小麦品种（系）。样品数量居前六位的品种依次为矮抗 58（32）、周麦 16（9）、大宝丰（3）、众麦 1 号（3）、周麦 22（3）、周麦 18（3），累计占全部抽样的 65.43%（不含品名不详样品）。占样品比例 5%以下的品种（系）有 24 个，占样品比例在 2%以下的品种（系）有 16 个（表 1-1）。

2012 年抽取的 81 份小麦样品包括 31 个小麦品种（系）。样品数量居前五位的品种依次为矮抗 58（21）、周麦 16（8）、周麦 22（7）、西农 979（3）、衡农 35（3），累计占全部抽样的 51.85%。占样品比例 5%以下的品种（系）有 28 个，占样品比例在 2%以下的品种（系）有 18 个（表 1-1）。

2013 年抽取的 81 份小麦样品包括 33 个小麦品种（系）。样品数量居前五位的品种依次为矮抗 58（15）、周麦 16（9）、周麦 22（7）、众麦 1 号（4）、宝丰 7228（3），累计占全部抽样的 46.91%（不含品名不详样品）。占样品比例 5%以下的品种（系）有 30 个，占样品比例在 2%以下的品种（系）有 21 个（表 1-1）。

2014 年抽取的 81 份小麦样品包括 30 个小麦品种（系）。样品数量居前五位的品种依次为矮抗 58（16）、周麦 16（7）、周麦 22（6）、衡观 35（3）、太空 6 号（2），累计占全部抽样的 41.98%（不含品名不详样品）。占样品比例 5%以下的品种（系）有 27 个，占样品比例在 2%以下的品种（系）有 16 个（表 1-1）。

2008～2014 年豫北地区抽取的 567 份小麦样品中共涉及 100 个小麦品种（系）。累计样品数量居前五位的品种依次为矮抗 58（158）、周麦 16（70）、周麦 22（29）、西农 979（25）、衡观 35（19），累计占全部抽样量的 53.09%（表 1-1）。

3.1.2　2008～2014 年小麦品种（系）构成变化

从豫北地区大田小麦品种构成来看，矮抗 58 小麦品种数量连续 7 年居豫北地区样品总数第一位；周麦 16 小麦品种数量连续 7 年居豫北地区样品总数第二位；周麦 22 小麦品种自 2010 年起连续 5 年居豫北地区样品总数前五位；衡观

35、西农 979 小麦品种有 4 年居豫北地区样品总数前五位。其余小麦品种（系）不同年份之间变化较大，每年更新的大田小麦品种数目约 10 个。其中 2013 年最多，达到 20 个（表 1-1）。

2008～2014 年豫北地区大田种植的小麦品种（系）数量呈现“先降低后升高”的趋势，2014 年小麦品种（系）数略有下降。不同地区间变化不尽一致。新乡地区小麦品种(系)数较稳定，鹤壁地区和安阳地区均呈现先降低后升高的趋势(图 1-9)。2008～2014 年豫北地区及各个地市大田主栽小麦品种矮抗 58 种植数均呈现“先增加后降低”的趋势(图 1-10)。大田小麦品种数经历了短暂的相对集中后，“品种多、杂现象”再次出现。

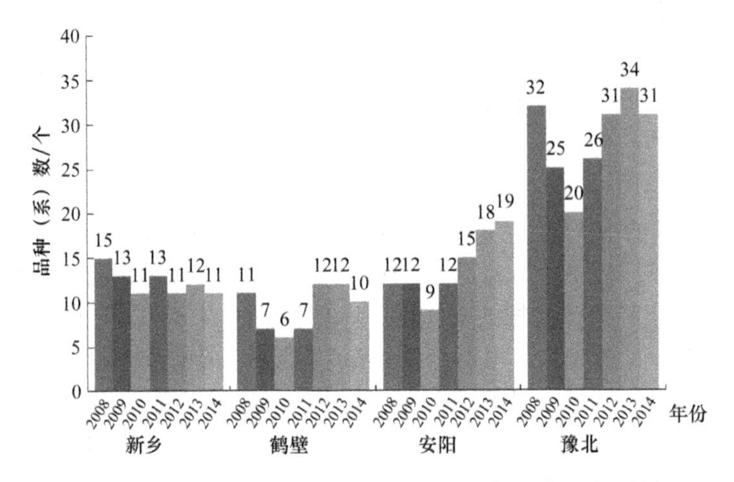

图 1-9　2008～2014 年豫北地区大田小麦品种（系）数

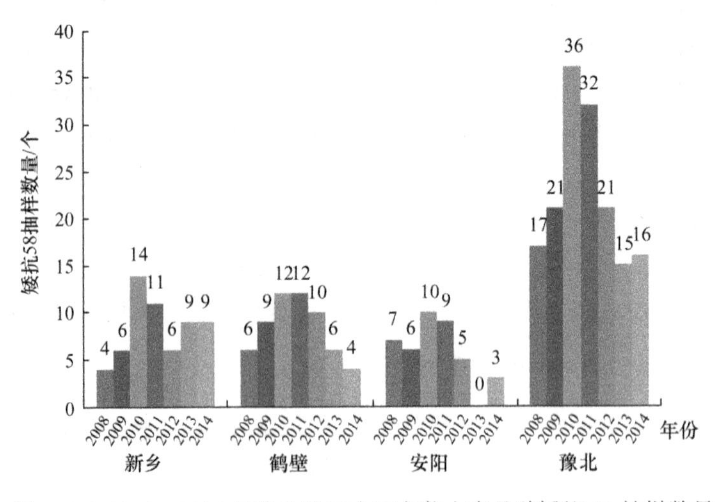

图 1-10　2008～2014 年豫北地区大田主栽小麦品种矮抗 58 抽样数量

3.2　豫北地区小麦籽粒质量

3.2.1　籽粒物理性状

3.2.1.1　千粒重

2008～2014 年豫北地区 567 份大田小麦样品籽粒千粒重平均值为（42.56±4.62）g，变异系数为 10.86%，变幅为 28.53～59.58g，变异较小。不同地区间进行方差分析可知，鹤壁地区大田小麦籽粒千粒重［(43.24±3.81) g］显著高于新乡地区［(41.66±4.74) g］，与安阳地区［(42.78±5.10) g］之间没有显著差异。从不同年份来看，2008 年、2009 年、2011 年、2012 年鹤壁地区大田小麦籽粒千粒重均显著高于新乡地区，与安阳地区之间没有显著差异。2010 年鹤壁地区大田小麦籽粒千粒重与新乡地区之间没有显著差异，但显著高于安阳地区。2014 年安阳地区大田小麦籽粒千粒重显著高于鹤壁地区，与新乡地区没有显著差异（P<0.05，表 1-2）。

年份之间进行方差分析可知，2014 年豫北地区大田小麦籽粒千粒重［(46.74±4.78) g］显著高于前 6 年，其次为 2008 年、2010 年，其余 4 年之间没有显著差异。从不同地区来看，新乡地区 2010 年、2014 年大田小麦籽粒千粒重没有显著差异，且显著高于其余 5 年。鹤壁地区 2008 年、2010 年、2014 年之间没有显著差异，且显著高于其余 4 年。安阳地区 2014 年大田小麦籽粒千粒重显著高于其余 6 年（P<0.05，表 1-2）。

表 1-2　2008～2014 年豫北地区大田小麦籽粒千粒重

年份 \ 地区		新乡	鹤壁	安阳	豫北
2008	平均值/g	41.78±3.40bB	45.66±3.10aA	43.96±5.24abB	43.80±4.29B
	变异系数/%	8.15	6.8	11.92	9.78
2009	平均值/g	39.14±4.39bC	41.78±3.63aB	42.17±3.44aBC	41.03±4.03C
	变异系数/%	11.22	8.68	8.16	9.82
2010	平均值/g	45.92±4.51aA	44.94±4.35aA	42.06±4.56bBC	44.31±4.72B
	变异系数/%	9.82	9.68	10.84	10.64
2011	平均值/g	39.79±3.56bBC	41.81±2.95aB	41.82±3.61aBC	41.14±3.48C
	变异系数/%	8.95	7.05	8.64	8.46
2012	平均值/g	38.93±3.43bC	42.07±2.64aB	40.33±3.78abC	40.44±3.52C
	变异系数/%	8.8	6.28	9.36	8.7
2013	平均值/g	39.61±2.88aC	41.22±3.04aB	40.58±3.93aC	40.47±3.34C
	变异系数/%	7.27	7.38	9.68	8.25
2014	平均值/g	46.45±3.68abA	45.21±3.91bA	48.56±5.96aA	46.74±4.78A
	变异系数/%	7.93	8.64	12.28	10.23
2008～2014	平均值/g	41.66±4.74b	43.24±3.81a	42.78±5.10a	42.56±4.62
	变异系数/%	11.38	8.81	11.91	10.86

注：同行不同小写字母表示在 0.05 水平下，不同地区间差异显著；数据为“平均值±标准差”；下同。同列不同大写字母表示在 0.05 水平下，不同年份间差异显著；数据为“平均值±标准差”；下同

3.2.1.2 容重

2008～2014 年豫北地区 567 份大田小麦样品籽粒容重平均值为(806±20)g/L，变异系数为 2.52%，变幅为 733～850g/L，变异较小。豫北地区大田小麦样品容重整体平均达到 770g/L 以上，符合《优质小麦　强筋小麦（GB/T 17892—1999)》标准对容重的要求。不同地区间进行方差分析可知，鹤壁地区大田小麦籽粒容重[(810±19) g/L] 显著高于安阳地区 [(796±20) g/L]，与新乡地区 [(802±19) g/L] 没有显著差异。从不同年份来看，2008 年、2010 年、2013 年鹤壁地区大田小麦籽粒容重均显著高于安阳地区，与新乡地区没有显著差异。2009 年新乡地区大田小麦籽粒容重显著低于鹤壁地区，与安阳地区之间没有显著差异。2011 年三个地区之间大田小麦籽粒容重没有显著差异。2012 年三个地区之间大田小麦籽粒容重具有显著差异。2014 年鹤壁地区大田小麦籽粒容重显著低于新乡地区，与安阳地区没有显著差异（$P<0.05$，表 1-3）。

年份之间进行方差分析可知，不同年份间豫北地区大田小麦籽粒容重具有显著差异，其中 2010 年、2014 年最高，2013 年最低。从不同地区来看，新乡地区年份间变化较大，2010 年和 2014 年之间没有显著差异，显著高于其余 5 年。鹤壁地区、安阳地区年份间变化较小。除 2013 年以外，其余 6 年之间没有显著差异（$P<0.05$，表 1-3）。

表 1-3　2008～2014 年豫北地区大田小麦籽粒容重

年份 \ 地区		新乡	鹤壁	安阳	豫北
2008	平均值/（g/L）	812±12aB	812±19aA	802±14bA	808±16AB
	变异系数/%	1.49	2.34	1.70	1.93
2009	平均值/（g/L）	796±20bD	807±20aAB	802±16abA	802±19B
	变异系数/%	2.59	2.48	1.97	2.41
2010	平均值/（g/L）	821±18aA	818±13aA	797.48±25bA	812±22A
	变异系数/%	2.21	1.57	3.12	2.67
2011	平均值/（g/L）	810±16aBC	811±14aA	803±21aA	808±17AB
	变异系数/%	2.03	1.67	2.59	2.16
2012	平均值/（g/L）	807+16bBC	816±11aA	795±21cA	806±18AB
	变异系数/%	1.94	1.33	2.65	2.29
2013	平均值/（g/L）	801±17aCD	798±22aB	777±17bB	792±21C
	变异系数/%	2.07	2.75	2.17	2.70
2014	平均值/（g/L）	827±12aA	808±24bAB	799±16bA	811±21A
	变异系数/%	1.46	2.91	1.99	2.59
2008～2014	平均值/（g/L）	802±19a	810±19a	796±20b	806±20
	变异系数/%	2.32	2.31	2.55	2.52

3.2.1.3　籽粒硬度指数

2008～2014 年豫北地区 567 份大田小麦样品籽粒硬度指数平均值为（57.8±8.4）%，变异系数为 14.52%，变幅为 29.0%～71.0%，变异较大。不同地区间方差分析可知，新乡地区大田小麦籽粒硬度指数［（59.3±7.3）%］显著高于安阳地区［（54.9±10.0）%］，与鹤壁地区［（59.1±6.7）%］之间没有显著差异。从不同年份来看，不同地区之间大田小麦籽粒硬度指数表现不同。2008 年鹤壁地区大田小麦籽粒硬度指数显著高于安阳地区，与新乡地区之间没有显著差异。2009 年三个地区之间籽粒硬度指数具有显著差异，鹤壁地区最高。2010 年鹤壁地区与新乡地区之间没有显著差异，两个地区均显著高于安阳地区。2011 年三个地区之间没有显著差异。2012 年新乡地区显著高于鹤壁地区和安阳地区，鹤壁地区与安阳地区之间没有显著差异。2013 年新乡地区与鹤壁地区没有显著差异，但显著高于安阳地区。2014 年新乡地区与安阳地区没有显著差异，但显著高于鹤壁地区（$P<0.05$，表 1-4）。

表 1-4　2008～2014 年豫北地区大田小麦籽粒硬度指数

年份 \ 地区		新乡	鹤壁	安阳	豫北
2008	平均值/%	56.6±7.6abBC	59.3±6.3aBC	52.9±10.2bAB	56.3±8.5BC
	变异系数/%	13.44	10.58	19.22	15.11
2009	平均值/%	55.9±5.3cC	64.0±2.7aA	57.6±6.4bA	58.8±6.3AB
	变异系数/%	9.64	4.24	11.17	10.71
2010	平均值/%	57.4±7.1aBC	61.2±3.6aAB	52.8±12.0bAB	57.1±8.9BC
	变异系数/%	12.35	5.96	22.68	15.58
2011	平均值/%	63.0±7.8aA	61.0±7.9aAB	58.6±10.6aA	60.9±9.0A
	变异系数/%	12.39	12.91	18.16	14.70
2012	平均值/%	61.4±5.8aA	55.4±7.0bD	53.5±9.9bAB	56.8±8.4BC
	变异系数/%	9.47	12.66	18.52	14.78
2013	平均值/%	59.8±8.2aAB	55.7±6.5abD	51.2±10.3bB	55.6±9.1C
	变异系数/%	13.77	11.59	20.19	16.36
2014	平均值/%	61.7±5.8aA	57.0±7.1bCD	57.9±8.0abA	58.9±7.2AB
	变异系数/%	9.38	12.54	13.80	12.30
2008～2014	平均值/%	59.3±7.3a	59.1±6.7a	54.9±10.0b	57.8±8.4
	变异系数/%	12.38	11.40	18.25	14.52

年份之间进行方差分析可知，不同年份间豫北地区大田小麦籽粒硬度指数具有显著差异，其中 2011 年最高，2013 年最低。从不同地区来看，新乡地区 2011

年、2012 年、2013 年、2014 年 4 年之间没有显著差异，其中 2011 年、2012 年和 2014 年显著高于 2008 年、2009 年和 2010 年。鹤壁地区 2009 年与 2010 年、2011 年之间没有显著差异，显著高于其余 4 年，而 2012 年、2013 年大田小麦籽粒硬度指数最低。安阳地区年份间籽粒硬度指数变化较小（P<0.05，表 1-4）。

3.2.1.4 籽粒降落数值

2008～2014 年豫北地区 567 份大田小麦样品籽粒降落数值平均值为（436±66）s，变异系数为 15.14%，变幅为 197～736s，变异较大，绝大多数样品不低于 300s。不同地区方差分析可知，新乡地区大田小麦样品降落数值［（442±63）s］显著高于安阳地区［（427±67）s］，与鹤壁地区［（439±67）s］之间没有显著差异。从不同年份来看，地区间变异较大。2008 年鹤壁地区显著高于新乡地区和安阳地区，新乡地区与安阳地区没有显著差异。2009 年三个地区之间没有显著差异。2010 年鹤壁地区显著高于新乡地区，与安阳地区之间没有显著差异。2011 年安阳地区显著高于鹤壁地区，与新乡地区没有显著差异。2012 年新乡地区显著高于安阳地区，与鹤壁地区之间没有显著差异。2013 年新乡地区显著高于鹤壁地区和安阳地区，鹤壁地区与安阳地区之间没有显著差异。2014 年鹤壁地区显著高于安阳地区，与新乡地区之间没有显著差异（P<0.05，表 1-5）。

表 1-5　2008～2014 年豫北地区大田小麦籽粒降落数值

年份 \ 地区		新乡	鹤壁	安阳	豫北
2008	平均值/s	422±32bCD	446±29aBC	411±43bB	426±37C
	变异系数/%	7.48	6.51	10.34	8.78
2009	平均值/s	485±63aA	466±47aB	464±61aA	472±58A
	变异系数/%	13.08	10.19	13.24	12.28
2010	平均值/s	460±77bAB	515±58aA	486±83abA	487±76A
	变异系数/%	16.83	11.25	16.98	15.62
2011	平均值/s	403±42abD	391±26bD	413±43aB	402±38D
	变异系数/%	10.41	6.72	10.30	9.53
2012	平均值/s	450±61aBC	423±49abC	409±59bB	427±58C
	变异系数/%	13.59	11.50	14.35	13.63
2013	平均值/s	412±62aD	363±55bE	372±46bC	382±58E
	变异系数/%	15.10	15.3	12.26	15.25
2014	平均值/s	460±52abAB	469±56aB	432±64bB	454±59B
	变异系数/%	11.31	11.87	14.75	12.97
2008～2014	平均值/s	442±63a	439±67ab	427±67b	436±66
	变异系数/%	14.25	15.24	15.79	15.14

年份之间进行方差分析可知，不同年份间豫北地区大田小麦籽粒降落数值具有

显著差异，2009 年和 2010 年豫北地区大田小麦降落数值之间没有显著差异，两年均显著高于其余 5 年，2013 年最低。从不同地区来看，新乡地区 2009 年最高，2011 年和 2013 年最低。鹤壁地区年份间变化较大，2010 年最高，显著高于其余 6 年，2013 年最低。安阳地区年份间变化较小，2009 年和 2010 年之间没有显著差异，两年均显著高于其余 5 年，2013 年最低，显著低于其余 6 年（$P<0.05$，表 1-5）。

3.2.2　籽粒蛋白质性状

3.2.2.1　籽粒蛋白质含量

2008～2014 年豫北地区 567 份大田小麦样品籽粒蛋白质含量平均值为（13.9±1.4）%，变异系数为 9.74%，变幅为 11.0%～20.8%，变异较小。新乡地区大田小麦籽粒蛋白质含量平均值为（14.1±1.4）%，平均值符合《优质小麦　强筋小麦（GB/T 17892—1999）》二级标准要求，其次为安阳地区、鹤壁地区。不同地区间进行方差分析可知，新乡地区籽粒蛋白质含量显著高于鹤壁地区［（13.8±1.4）%］，与安阳地区［（13.9±1.3）%］没有显著差异。从不同年份来看，2008 年、2011 年、2013 年和 2014 年三个地区之间没有显著差异。2009 年和 2010 年新乡地区大田小麦籽粒蛋白质含量显著高于鹤壁地区和安阳地区，鹤壁地区与安阳地区之间没有显著差异。2012 年新乡地区显著高于鹤壁地区，与安阳地区之间没有显著差异（$P<0.05$，表 1-6）。

表 1-6　2008～2014 年豫北地区大田小麦籽粒蛋白质含量

年份 \ 地区		新乡	鹤壁	安阳	豫北
2008	平均值/%	14.0±1.2aBC	14.1±0.7aBC	14.1±1.1aB	14.1±1.0B
	变异系数/%	8.71	5.02	7.57	7.18
2009	平均值/%	13.9±1.2aBC	12.8±0.6bD	13.1±0.7bC	13.3±1.0C
	变异系数/%	8.80	4.93	5.65	7.65
2010	平均值/%	14.3±1.0aB	13.9±0.4bC	13.8±0.7bB	14.0±0.8B
	变异系数/%	7.25	2.94	5.08	5.59
2011	平均值/%	12.5±1.1aD	12.1±0.7aE	12.3±0.7aD	12.3±0.9D
	变异系数/%	8.57	6.05	5.82	7.00
2012	平均值/%	15.1±1.2aA	14.6±0.8bAB	14.9±0.7abA	14.9±1.0A
	变异系数/%	7.98	5.47	4.86	6.38
2013	平均值/%	15.3±1.0aA	14.9±0.8aA	14.9±0.9aA	15.0±0.9A
	变异系数/%	6.83	5.58	6.22	6.27
2014	平均值/%	13.6±1.0aC	14.3±2.3aABC	14.0±1.3aB	14.0±1.6B
	变异系数/%	7.60	15.73	9.33	11.61
2008～2014	平均值/%	14.1±1.4a	13.8±1.4b	13.9±1.3ab	13.9±1.4
	变异系数/%	9.90	10.15	9.04	9.74

年份之间进行方差分析可知，不同年份间豫北地区大田小麦籽粒蛋白质含量存在显著差异。2012 年和 2013 年豫北地区大田小麦籽粒蛋白质含量显著高于其余 5 年，达到 15.0%左右，2011 年最低，显著低于其余 6 年。从不同地区来看，三个地区大田小麦籽粒蛋白质含量年份间变化与豫北地区整体一致（P<0.05，表 1-6）。

3.2.2.2 湿面筋含量

2008～2014 年豫北地区 567 份大田小麦样品湿面筋含量平均值为（28.5±3.4）%，变异系数为 11.87%，变幅为 19.9%～44.0%，变异较大。不同地区间方差分析可知，三个地区间湿面筋含量没有显著差异。从不同年份来看，2008 年、2012 年、2013 年和 2014 年三个地区间湿面筋含量没有显著差异。2009 年新乡地区显著高于鹤壁地区和安阳地区，鹤壁地区与安阳地区之间没有显著差异。2010 年和 2011 年新乡地区显著高于安阳地区，与鹤壁地区之间没有显著差异（P<0.05，表 1-7）。

表 1-7　2008～2014 年豫北地区大田小麦湿面筋含量

年份 \ 地区		新乡	鹤壁	安阳	豫北
2008	平均值/%	30.2±2.2aA	31.5±3.1aA	31.6±3.3aA	31.1±2.9A
	变异系数/%	7.41	9.71	10.42	9.41
2009	平均值/%	29.4±2.3aAB	28.1±1.6bB	27.6±2.5bB	28.4±2.3B
	变异系数/%	7.68	5.72	8.87	7.93
2010	平均值/%	26.7±2.9aC	26.1±2.4abCD	25.2±2.1bC	26.0±2.5C
	变异系数/%	10.72	9.04	8.23	9.60
2011	平均值/%	27.1±3.3aC	25.5±2.6abD	24.9±2.5bC	25.9±2.9C
	变异系数/%	12.13	10.19	9.84	11.35
2012	平均值/%	28.2±2.4aBC	27.8±1.8aBC	27.7±2.3aB	27.9±2.2B
	变异系数/%	8.42	6.33	8.41	7.72
2013	平均值/%	30.8±2.7aA	29.7±2.0aAB	29.9±2.9aA	30.1±2.6A
	变异系数/%	8.86	6.88	9.76	8.62
2014	平均值/%	29.7±2.5aA	30.5±5.3aA	30.5±3.5aA	30.2±3.9A
	变异系数/%	8.38	17.47	11.38	12.94
2008～2014	平均值/%	28.9±3.0a	28.5±3.5a	28.2±3.6a	28.5±3.4
	变异系数/%	10.27	12.39	12.81	11.87

年份之间进行方差分析可知，2008 年、2013 年、2014 年三年之间豫北地区大田小麦湿面筋含量没有显著差异，且这三年大田小麦湿面筋含量均显著高于其

余 4 年。2010 年与 2011 年之间没有显著差异，这两年大田小麦湿面筋含量均显著低于其余 5 年。从不同地区来看，三个地区大田小麦湿面筋含量年份间变化与豫北地区整体一致（P<0.05，表 1-7）。

3.2.2.3　面筋指数

2008～2014 年豫北地区 567 份大田小麦样品面筋指数平均值为(79.2±17.0)%，变异系数为 21.48%，变幅为 32.2%～100.0%，变异较大。不同地区间方差分析可知，新乡地区大田小麦面筋指数［(83.4±15.6)%］显著高于鹤壁地区［(77.3±16.3)%］和安阳地区［(76.8±18.3)%］，鹤壁地区与安阳地区之间没有显著差异。从不同年份来看，2008 年、2009 年新乡地区大田小麦面筋指数显著高于鹤壁地区和安阳地区，鹤壁地区与安阳地区之间没有显著差异。2010 年、2011 年和 2013 年三个地区间大田小麦面筋指数没有显著差异。2012 年新乡地区显著高于安阳地区，与鹤壁地区之间没有显著差异。2014 年新乡地区与鹤壁地区之间没有显著差异，两个地区均显著高于安阳地区（P<0.05，表 1-8）。

表 1-8　2008～2014 年豫北地区大田小麦面筋指数

年份 \ 地区		新乡	鹤壁	安阳	豫北
2008	平均值/%	74.7±19.4aCD	57.5±12.1bD	54.2±10.8bC	62.1±17.0C
	变异系数/%	25.91	21.10	19.86	27.36
2009	平均值/%	82.1±16.9aBC	64.2±18.9bC	68.1±17.7bB	71.5±19.2B
	变异系数/%	20.55	29.38	25.98	26.90
2010	平均值/%	87.9±11.1aAB	86.0±10.8aA	87.9±8.8aA	87.2±10.2A
	变异系数/%	12.63	12.59	9.96	11.68
2011	平均值/%	88.0±9.5aAB	88.5±6.9aA	90.1±10.3aA	88.9±9.0A
	变异系数/%	10.77	7.82	11.46	10.09
2012	平均值/%	90.6±13.2aA	84.7±8.6abA	88.3±10.9bA	87.9±11.2A
	变异系数/%	14.54	10.11	12.37	12.72
2013	平均值/%	90.0±10.2aAB	87.5±7.4aA	88.0±7.7aA	88.5±8.5A
	变异系数/%	11.34	8.51	8.78	9.62
2014	平均值/%	70.3±14.6aD	72.8±12.1aB	61.7±13.9bB	68.3±14.3B
	变异系数/%	20.78	16.68	22.56	20.87
2008～2014	平均值/%	83.4±15.6a	77.3±16.3b	76.8±18.3b	79.2±17.0
	变异系数/%	18.73	21.13	23.78	21.48

年份之间进行方差分析可知，不同年份间豫北地区大田小麦面筋指数差异较

小。2008 年豫北地区大田小麦面筋指数最低，显著低于其余 6 年。2010 年、2011 年、2012 年、2013 年 4 年之间没有显著差异，均显著高于其余三年。从不同地区来看，新乡地区 2014 年大田小麦面筋指数最低，与 2008 年无显著差异，显著低于其余 5 年，而 2012 年最高。鹤壁地区和安阳地区年际变化趋势与豫北地区基本一致（$P<0.05$，表 1-8）。

3.2.2.4 沉降指数

2008～2014 年豫北地区 567 份大田小麦样品籽粒沉降指数平均值为（28.0±7.8）mL，变异系数为 27.99%，变幅为 10.0～65.5mL，变异较大。不同地区间方差分析可知，新乡地区大田小麦籽粒沉降指数［（31.5±10.0）mL］显著高于鹤壁地区［（26.6±5.7）mL］和安阳地区［（25.8±5.7）mL］，鹤壁地区与安阳地区之间没有显著差异。从不同年份来看，2008 年、2009 年、2012 年和 2013 年，三个地区均表现为新乡地区大田小麦籽粒沉降指数显著高于鹤壁地区和安阳地区，鹤壁地区与安阳地区之间没有显著差异。2010 年新乡地区显著高于安阳地区，与鹤壁地区之间没有显著差异。2011 年和 2014 年三个地区大田小麦样品籽粒沉降指数之间没有显著差异（$P<0.05$，表 1-9）。

表 1-9　2008～2014 年豫北地区大田小麦籽粒沉降指数

年份 \ 地区		新乡	鹤壁	安阳	豫北
2008	平均值/mL	28.0±7.5aC	24.9±4.6bBC	22.3±4.2bD	25.1±6.0D
	变异系数/%	26.62	18.32	18.84	24.00
2009	平均值/mL	30.7±8.1aBC	23.7±4.5bC	23.6±5.6bCD	26.0±7.0CD
	变异系数/%	26.44	18.83	23.76	26.99
2010	平均值/mL	30.2±5.5aBC	28.0±5.8abB	26.1±5.0bBC	28.1±5.6C
	变异系数/%	18.30	20.60	19.08	20.03
2011	平均值/mL	28.8±7.8aC	23.5±4.6aC	25.4±4.3aBC	25.8±6.1D
	变异系数/%	27.11	19.78	16.69	23.50
2012	平均值/mL	35.5±11.5aAB	27.9±4.2bB	28.0±4.7bB	30.5±8.3B
	变异系数/%	32.42	15.20	16.77	27.24
2013	平均值/mL	38.2±13.2aA	31.6±6.4bA	30.8±6.8bA	33.5±9.8A
	变异系数/%	34.59	20.24	21.97	29.21
2014	平均值/mL	29.0±10.6aC	26.4±5.6aBC	24.6±5.0aCD	26.7±7.6CD
	变异系数/%	36.33	21.17	20.37	28.60
2008～2014	平均值/mL	31.5±10.0a	26.6±5.7b	25.8±5.7b	28.0±7.8
	变异系数/%	31.75	21.55	22.09	27.99

年份之间进行方差分析可知，不同年份之间豫北地区大田小麦样品籽粒沉降指数有显著差异，其中2013年最高，2008年和2011年最低。从不同地区来看，新乡地区大田小麦样品籽粒沉降指数2013年最高，2008年、2011年和2014年最低。鹤壁地区2013年最高，2009年和2011年最低。安阳地区2013年最高，2008年最低（$P<0.05$，表1-9）。

3.2.3 粉质参数

3.2.3.1 面团吸水率

2008～2014年豫北地区567份大田小麦样品面团吸水率平均值为(58.2±3.4)%，变异系数为5.84%，变幅为50.1%～70.7%，变异较小。不同地区方差分析可知，新乡地区大田小麦面团吸水率［(58.9±3.6)%］显著高于鹤壁地区［(58.1±3.0)%］和安阳地区［(57.6±3.5)%］，鹤壁地区与安阳地区之间没有显著差异。从不同年份来看，2008年三个地区大田小麦面团吸水率没有显著差异。2009年鹤壁地区显著高于新乡地区和安阳地区，新乡地区与安阳地区之间没有显著差异。2010年新乡地区与鹤壁地区之间没有显著差异，两地均显著高于安阳地区。2011年新乡地区显著高于安阳地区，与鹤壁地区之间没有显著差异。2012年和2013年新乡地区显著高于鹤壁地区和安阳地区，鹤壁地区与安阳地区之间没有显著差异。2014年新乡地区显著高于鹤壁地区，与安阳地区之间没有显著差异（$P<0.05$，表1-10）。

表1-10 2008～2014年豫北地区大田小麦面团吸水率

年份 \ 地区		新乡	鹤壁	安阳	豫北
2008	平均值/%	57.3±2.3aCD	58.3±1.1aBC	57.9±1.9aB	57.8±1.9B
	变异系数/%	4.08	1.94	3.35	3.28
2009	平均值/%	58.2±2.2bBC	59.2±1.9aB	57.5±1.7bB	58.3±2.1B
	变异系数/%	3.69	3.24	3.02	3.52
2010	平均值/%	56.4±2.1aD	56.4±1.8aD	54.5±2.2bE	55.8±2.2D
	变异系数/%	3.67	3.10	4.02	3.90
2011	平均值/%	59.2±3.0aB	58.0±2.7abC	57.3±2.0bBC	58.2±2.7B
	变异系数/%	5.10	4.60	3.52	4.63
2012	平均值/%	57.9±2.4aBCD	56.4±2.2bD	56.2±2.0bCD	56.8±2.3C
	变异系数/%	4.08	3.85	3.62	4.03
2013	平均值/%	58.7±3.8aBC	56.0±2.1bD	55.6±2.0bDE	56.8±3.0C
	变异系数/%	6.49	3.69	3.59	5.36
2014	平均值/%	64.4±2.8aA	62.6±2.4bA	64.0±2.5abA	63.7±2.7A
	变异系数/%	4.34	3.85	3.93	4.17
2008～2014	平均值/%	58.9±3.6a	58.1±3.0b	57.6±3.5b	58.2±3.4
	变异系数/%	6.11	5.10	6.06	5.84

年份之间进行方差分析可知，不同年份之间豫北地区大田小麦样品面团吸水率具有显著差异，2014 年最高，2010 年最低。从不同地区来看，三个地区年份间变化与豫北地区整体变化基本一致（P<0.05，表 1-10）。

3.2.3.2 面团稳定时间

2008～2014 年豫北地区 567 份大田小麦样品面团稳定时间平均值为(7.9±9.6)min，变异系数为 121.39%，变幅为 0.8～66.0min，变异特大。豫北地区大田小麦样品面团稳定时间平均值达到 7.0min 以上，符合《优质小麦　强筋小麦（GB/T 17892—1999)》二级标准。不同地区进行方差分析可知，新乡地区大田小麦面团稳定时间平均值为（11.5± 12.5）min，平均值达到 10.0min 以上，符合《优质小麦　强筋小麦（GB/T 17892—1999)》一级标准。新乡地区大田小麦面团稳定时间显著高于鹤壁地区［(6.6±8.6）min］和安阳地区［(5.7±5.4）min］，鹤壁地区与安阳地区之间没有显著差异。从不同年份来看，2008 年、2012 年、2013 年和 2014 年 4 年新乡地区均显著高于鹤壁地区和安阳地区，鹤壁地区与安阳地区没有显著差异。2009 年新乡地区显著高于安阳地区，与鹤壁地区没有显著差异。2010 年和 2011 年三个地区间没有显著差异（P<0.05，表 1-11)。

年份之间进行方差分析可知，不同年份之间豫北地区大田小麦样品面团稳定时间 2014 年显著低于其余 6 年，而其余 6 年间没有显著差异。从不同地区来看，新乡地区大田小麦面团稳定时间 2014 年显著低于其余 6 年，其余 6 年间没有显著差异。鹤壁地区和安阳地区年份间变化较大，鹤壁地区 2010 年最高，2014 年最低。安阳地区 2011 年最高，2014 年最低（P<0.05，表 1-11)。

表 1-11　2008～2014 年豫北地区大田小麦面团稳定时间

年份	地区	新乡	鹤壁	安阳	豫北
2008	平均值/min	14.3±16.2aA	4.5±2.8bBC	3.7±2.6bCD	7.5±10.7A
	变异系数/%	113.2	62.66	71.13	141.99
2009	平均值/min	13.5±13.9aA	8.3±12.48abAB	4.4±3.45bBCD	8.7±11.5A
	变异系数/%	102.99	151.10	78.98	131.65
2010	平均值/min	10.5±11.7aAB	12.0±15.4aA	6.2±6.3aBC	9.5±11.8A
	变异系数/%	111.43	128.54	103.01	124.27
2011	平均值/min	10.0±10.5aAB	6.5±5.7aBC	11.1±8.1aA	9.2±8.4A
	变异系数/%	104.48	87.36	72.62	91.58
2012	平均值/min	15.2±15.0aA	5.0±2.8bBC	6.7±4.2bB	9.0±10.1A
	变异系数/%	99.02	55.93	63.34	112.73

续表

年份 \ 地区		新乡	鹤壁	安阳	豫北
2013	平均值/min	12.4±10.0aA	7.2±6.4bBC	5.7±3.8bBC	8.5±7.7A
	变异系数/%	80.47	88.79	66.30	90.73
2014	平均值/min	4.7±5.1aB	2.7±0.9bC	2.2±1.3bD	3.2±3.2B
	变异系数/%	107.77	35.26	57.10	100.58
2008～2014	平均值/min	11.5±12.5a	6.6±8.6b	5.7±5.4b	7.9±9.6
	变异系数/%	108.67	130.90	94.08	121.39

3.2.3.3 面团弱化度

2008～2014 年豫北地区 567 份大田小麦样品面团弱化度平均值为（62±39）BU，变异系数为 61.97%，变幅为 1～190BU，变异较大。不同地区进行方差分析可知，新乡地区大田小麦面团弱化度［（52±39）BU］显著低于鹤壁地区［（66±35）BU］和安阳地区［（70±40）BU］，鹤壁地区与安阳地区之间没有显著差异。从不同年份来看，2008 年新乡地区显著低于安阳地区，与鹤壁地区之间没有显著差异。2009 年新乡地区显著低于鹤壁地区和安阳地区，鹤壁地区与安阳地区之间没有显著差异。2014 年新乡地区与鹤壁地区没有显著差异，但均低于安阳地区。2010 年、2011 年、2012 年、2013 年三个地区之间均没有显著差异（$P<0.05$，表 1-12）。

年份之间进行方差分析可知，不同年份之间豫北地区大田小麦样品面团弱化度具有显著差异，其中 2014 年最高，2011 年最低。从不同地区来看，新乡地区和鹤壁地区年份间变化较小，其中 2014 年均显著高于其余 6 年，其余 6 年间没有显著差异。安阳地区年份间具有显著差异，其中 2014 年最高，2011 年最低（$P<0.05$，表 1-12）。

表 1-12　2008～2014 年豫北地区大田小麦面团弱化度

年份 \ 地区		新乡	鹤壁	安阳	豫北
2008	平均值/BU	55±35bB	69±29abB	84±31aB	69±34B
	变异系数/%	64.28	42.57	37.37	48.83
2009	平均值/BU	44±40bB	66±40aB	74±35aBC	61±40BC
	变异系数/%	92.46	60.18	46.78	65.35
2010	平均值/BU	45±32aB	59±42aB	62±33aCD	55±36CD
	变异系数/%	71.13	71.67	53.77	65.94
2011	平均值/BU	49±41aB	55±33aB	40±38aE	48±37D
	变异系数/%	82.66	59.59	94.75	77.60

续表

年份	地区	新乡	鹤壁	安阳	豫北
2012	平均值/BU	46±37aB	60±29aB	53±33aDE	53±34CD
	变异系数/%	81.23	48.01	61.80	62.71
2013	平均值/BU	46±40aB	57±32aB	63±26aCD	55±34CD
	变异系数/%	88.60	55.26	41.64	60.87
2014	平均值/BU	78±39bA	92±28bA	114±36aA	94±37A
	变异系数/%	50.39	30.37	31.27	39.40
2008～2014	平均值/BU	52±39b	66±35a	70±40a	62±39
	变异系数/%	75.49	53.59	56.47	61.97

3.2.3.4 粉质质量指数

2008～2014 年豫北地区 567 份大田小麦样品面团粉质质量指数平均值为（90±95）mm，变异系数为 105.75%，变幅为 18～558mm，变异特大。不同地区进行方差分析可知，新乡地区大田小麦面团粉质质量指数［（122±123）mm］显著高于鹤壁地区［（81±91）mm］和安阳地区［（68±50）mm］，鹤壁地区与安阳地区之间没有显著差异。从不同年份来看，2008 年、2012 年、2013 年和 2014 年新乡地区大田小麦面团粉质质量指数均显著高于鹤壁地区和安阳地区，鹤壁地区与安阳地区之间没有显著差异。2009 年新乡地区大田小麦面团粉质质量指数显著高于安阳地区，与鹤壁地区之间没有显著差异。2010 年鹤壁地区显著高于安阳地区，与新乡地区之间没有显著差异。2011 年三个地区间大田小麦面团粉质质量指数没有显著差异（$P<0.05$，表 1-13）。

表 1-13　2008～2014 年豫北地区大田小麦面团粉质质量指数

年份	地区	新乡	鹤壁	安阳	豫北
2008	平均值/mm	60±11aB	54±7bBC	51±8bC	55±9B
	变异系数/%	17.95	13.16	16.10	17.23
2009	平均值/mm	140±133aA	103±132abAB	58±42bBC	100±115A
	变异系数/%	95.11	128.52	71.90	114.42
2010	平均值/mm	115±120abAB	138±162aA	57±33bBC	104±121A
	变异系数/%	104.20	117.43	57.11	117.27
2011	平均值/mm	124±115aAB	82±65aBC	123±88aA	110±92A
	变异系数/%	92.51	78.84	71.32	84.22
2012	平均值/mm	181±169aA	66±32bBC	80±42bB	109±113A
	变异系数/%	93.85	48.40	52.48	104.07
2013	平均值/mm	171±137aA	80±64bBC	63±28bBC	105±100A
	变异系数/%	79.89	79.77	44.41	95.03
2014	平均值/mm	64±47aB	44±10bBC	40±11bC	49±30B
	变异系数/%	74.18	23.26	28.07	61.10
2008～2014	平均值/mm	122±123a	81±91b	68±50b	90±95
	变异系数/%	100.61	111.90	73.68	105.75

年份之间进行方差分析可知，2008 年和 2014 年豫北地区大田小麦面团粉质质量指数均显著低于其余 5 年，其余 5 年之间没有显著差异。不同地区来看，新乡地区 2008 年和 2014 年大田小麦面团粉质质量指数均显著低于 2009 年、2012 年和 2013 年，后者之间没有显著差异。鹤壁地区 2010 年大田小麦面团粉质质量指数最高，与 2009 年之间没有显著差异，显著高于其余 5 年，其余 5 年之间没有显著差异。安阳地区 2011 年最高，2008 年和 2014 年最低（P<0.05，表 1-13）。

3.2.4　拉伸特性

3.2.4.1　面团延伸度

2008～2014 年豫北地区 567 份大田小麦样品面团延伸度平均值为(155.3± 22.5)mm，变异系数为 14.50%，变幅为 55.0～229.3mm，变异较大。不同地区进行方差分析可知，新乡地区大田小麦样品面团延伸度[（159.1±25.7）min]显著高于安阳地区[（152.2±20.5）min]，与鹤壁地区 [（154.5±20.6）min] 之间没有显著差异。从不同年份来看，2012 年新乡地区大田小麦面团延伸度显著高于鹤壁地区和安阳地区，鹤壁地区与安阳地区之间没有显著差异。其余 6 年三个地区间没有显著差异（P<0.05，表 1-14）。

年份之间进行方差分析可知，不同年份间豫北地区大田小麦面团延伸度具有显著差异，2012 年、2013 年、2014 年三年之间没有显著差异，显著高于其余 4 年。2011 年最低。从不同地区来看，三个地区大田小麦面团延伸度年份间变化趋势与豫北地区一致（P<0.05，表 1-14）。

表 1-14　2008～2014 年豫北地区大田小麦面团延伸度

年份＼地区		新乡	鹤壁	安阳	豫北
2008	平均值/mm	159.7±19.2aB	156.9±16.9aB	151.2±15.8aB	155.9±17.5B
	变异系数/%	12.00	10.75	10.42	11.21
2009	平均值/mm	155.4±21.2aBC	149.7±14.9aBC	148.1±11.9aB	151.1±16.6B
	变异系数/%	13.65	9.94	8.06	10.97
2010	平均值/mm	142.6±18.2aCD	141.7±15.0aC	134.1±12.6aC	139.5±15.7C
	变异系数/%	12.77	10.55	9.41	11.27
2011	平均值/mm	140.5±21.2aD	131.1±20.3aD	131.0±7.9aC	134.1±17.8D
	变异系数/%	15.08	15.46	6.04	13.29
2012	平均值/mm	176.9±22.6aA	166.4±11.4bA	165.6±13.4bA	169.6±17.1A
	变异系数/%	12.77	6.83	8.07	10.09
2013	平均值/mm	173.7±33.0aA	168.1±14.1aA	167.9±14.9aA	169.9±22.3A
	变异系数/%	18.99	8.37	8.89	13.13
2014	平均值/mm	164.3±18.4aAB	167.8±17.6aA	167.6±22.2aA	166.6±19.3A
	变异系数/%	11.18	10.49	13.25	11.60
2008～2014	平均值/mm	159.1±25.7a	154.5±20.6ab	152.2±20.5b	155.3±22.5
	变异系数/%	16.13	13.33	13.44	14.50

3.2.4.2　面团拉伸阻力（5cm）

2008～2014 年豫北地区 567 份大田小麦样品面团拉伸阻力（5cm）平均值为（202.4± 85.7）BU，变异系数为 42.37%，变幅为 36.0～522.0BU，变异较大。不同地区进行方差分析可知，三个地区间大田小麦样品面团拉伸阻力（5cm）具有显著差异，其中新乡地区［（225.6±100.3）BU］最大，其次是安阳地区［（199.6±79.1）BU］，鹤壁地区［（182.0±69.7）BU］最小。从不同年份来看，2008 年新乡地区显著高于鹤壁地区和安阳地区，鹤壁地区与安阳地区之间没有显著差异。2009 年新乡地区与安阳地区之间没有显著差异，两地区均显著高于鹤壁地区。2010 年和 2013 年三个地区之间均没有显著差异。2011 年安阳地区显著高于鹤壁地区，与新乡地区之间没有显著差异。2012 年新乡地区显著高于鹤壁地区，与安阳地区之间没有显著差异。2014 年新乡地区显著高于安阳地区，与鹤壁地区之间没有显著差异（P<0.05，表 1-15）。

表 1-15　2008～2014 年豫北地区大田小麦面团 5cm 处拉伸阻力

年份	地区	新乡	鹤壁	安阳	豫北
2008	平均值/BU	355.9±116.4aA	259.4±76.2bA	258.1±74.6bA	291.1±101.1A
	变异系数/%	32.71	29.39	28.88	34.73
2009	平均值/BU	220.9±73.7aB	159.7±62.2bD	227.8±90.3aAB	202.8±81.3BC
	变异系数/%	33.37	38.92	39.62	40.11
2010	平均值/BU	208.6±66.5aBC	194.8±73.4aBC	205.8±83.3aB	203.1±74.0BC
	变异系数/%	31.86	37.69	40.46	36.44
2011	平均值/BU	195.9±62.8abBC	159.9±43.1bD	192.7±49.6aB	182.7±54.2C
	变异系数/%	32.07	26.94	25.75	29.68
2012	平均值/BU	211.7±97.6aB	164.5±43.8bCD	194.2±78.5abB	190.1±78.2BC
	变异系数/%	46.13	26.65	40.44	41.12
2013	平均值/BU	223.4±86.0aB	201.6±69.7aB	195.1±57.9aB	206.7±72.3B
	变异系数/%	38.50	34.56	29.67	34.96
2014	平均值/BU	161.9±70.3aC	134.1±31.0abD	123.2±45.5bC	139.8±53.5D
	变异系数/%	43.45	23.08	36.9	38.27
2008～2014	平均值/BU	225.6±100.3a	182.0±69.7c	199.6±79.1b	202.4±85.7
	变异系数/%	44.45	38.31	39.64	42.37

年份之间进行方差分析可知，不同年份间豫北地区大田小麦面团拉伸阻力（5cm）有显著差异，2008 年最高，显著高于其余 6 年，2014 年最低。从不同地区来看，三个地区大田小麦面团拉伸阻力（5cm）年份间变化趋势与豫北地区一致，安阳地区年份间变化较小（P<0.05，表 1-15）。

3.2.4.3　面团最大拉伸阻力

2008～2014 年豫北地区 567 份大田小麦样品面团最大拉伸阻力平均值为（269.5± 154.6）BU，变异系数为 57.37%，变幅为 36.0～907.5BU，变异较大。不同地区进行方差分析可知，新乡地区大田小麦样品面团最大拉伸阻力［（329.1±199.6）BU］显著高于鹤壁地区［（230.4±111.5）BU］和安阳地区［(249.3±119.5) BU]，鹤壁地区与安阳地区之间没有显著差异。从不同年份来看，2008 年和 2014 年新乡地区显著高于鹤壁地区和安阳地区，鹤壁地区与安阳地区之间没有显著差异。2009 年三个地区之间具有显著差异，新乡地区最大，鹤壁地区最小。2010 年三个地区之间没有显著差异。2011 年和 2012 年新乡地区显著高于鹤壁地区，与安阳地区之间没有显著差异。2013 年新乡地区显著高于安阳地区，与鹤壁地区没有显著差异（P<0.05，表 1-16)。

表 1-16　2008～2014 年豫北地区大田小麦面团最大拉伸阻力

年份＼地区		新乡	鹤壁	安阳	豫北
2008	平均值/BU	515.9±233.3aA	322.6±121.1bA	310.0±118.2bA	382.8±189.7A
	变异系数/%	45.22	37.53	38.12	49.54
2009	平均值/BU	335.1±155.2aBC	193.0±92.7cCDE	264.2±135.1bAB	264.1±141.3CD
	变异系数/%	46.31	48.05	51.12	53.49
2010	平均值/BU	268.6±113.5aBCD	243.6±126.4aBC	246.7±119.3aAB	253.0±118.9D
	变异系数/%	42.25	51.90	48.37	47.00
2011	平均值/BU	252.0±120.9aCD	183.4±58.1bDE	231.6±69.3abB	222.0±90.3CD
	变异系数/%	47.98	31.66	29.90	40.68
2012	平均值/BU	339.9±224.9aBC	219.5±68.1bCD	272.9±133.9abAB	277.4±162.0BC
	变异系数/%	66.17	31.00	49.08	58.38
2013	平均值/BU	367.1±210.7aB	292.8±135.2abAB	276.2±107.3bAB	312.0±160.3B
	变异系数/%	57.40	46.22	38.86	51.38
2014	平均值/BU	222.5±163.0aD	157.5±44.0bE	143.9±73.1bC	174.6±110.4E
	变异系数/%	73.24	27.91	50.84	63.23
2008～2014	平均值/BU	329.1±199.6a	230.4±111.5b	249.3±119.5b	269.5±154.6
	变异系数/%	60.63	48.41	47.94	57.37

年份之间进行方差分析可知，不同年份间豫北地区大田小麦面团最大拉伸阻力有显著差异，2008 年最高，显著高于其余 6 年，2014 年最低。从不同地区来看，三个地区大田小麦面团最大拉伸阻力年份间变化趋势与豫北地区一致，安阳地区年份间变化较小（P<0.05，表 1-16)。

3.2.4.4 面团拉伸能量

2008～2014年豫北地区567份大田小麦样品面团拉伸能量平均值为(58.3±33.4)cm^2，变异系数为57.23%，变幅为9.0～236.5cm^2，变异较大。不同地区进行方差分析可知，新乡地区大田小麦样品面团拉伸能量［(71.7±46.2）cm^2］显著高于鹤壁地区［(50.6±21.8）cm^2］和安阳地区［(52.8±22.0）cm^2］，鹤壁地区与安阳地区之间没有显著差异。从不同年份来看，2008年、2012年、2013年和2014年新乡地区显著高于鹤壁地区和安阳地区，鹤壁地区与安阳地区之间没有显著差异。2009年三个地区之间具有显著差异，新乡地区最大，鹤壁地区最小。2010年三个地区之间没有显著差异。2011年新乡地区显著高于鹤壁地区，与安阳地区没有显著差异（P<0.05，表1-17)。

年份之间进行方差分析可知，不同年份间豫北地区大田小麦面团拉伸能量具有显著差异，2008年最高，显著高于其余6年，2011年与2014年之间没有显著差异，为7年最低。从不同地区来看，新乡地区、安阳地区年份间变异较小，2008年、2012年、2013年之间没有显著差异，显著高于2010年、2011年和2014年。鹤壁地区年份间变异较大，2008年、2013年之间没有显著差异，显著高于其余5年（P<0.05，表1-17)。

表1-17 2008～2014年豫北地区大田小麦面团拉伸能量

年份	地区	新乡	鹤壁	安阳	豫北
2008	平均值/cm^2	94.6±37.9aA	71.3±21.6bA	63.3±19.6bA	76.4±30.3A
	变异系数/%	40.06	30.28	30.88	39.70
2009	平均值/cm^2	73.8±37.7aAB	41.2±17.0cCD	57.1±27.7bAB	57.3±31.1CD
	变异系数/%	51.14	41.24	46.79	54.25
2010	平均值/cm^2	54.0±24.5aB	48.7±23.8aBC	46.7±20.4aBC	49.8±22.9DE
	变异系数/%	45.30	48.91	43.61	45.93
2011	平均值/cm^2	51.4±29.7aB	35.8±10.7bC	43.6±12.5abC	43.5±20.2E
	变异系数/%	57.66	29.87	28.68	46.43
2012	平均值/cm^2	84.4±60.4aA	51.5±14.1bB	60.3±22.7bA	65.4±40.2BC
	变异系数/%	71.63	27.46	37.71	61.47
2013	平均值/cm^2	89.7±61.0aA	66.2±23.8bA	62.7±19.5bA	72.9±40.8AB
	变异系数/%	68.00	35.96	31.03	59.95
2014	平均值/cm^2	53.1±38.9aB	39.3±8.4bCD	35.7±14.4bC	42.7±25.3E
	变异系数/%	73.17	21.23	40.25	59.12
2008～2014	平均值/cm^2	71.7±46.2a	50.6±21.8b	52.8±22.0b	58.3±33.4
	变异系数/%	64.42	43.05	41.65	57.23

从2008～2014年豫北地区567份大田小麦样品籽粒质量分析结果可知，豫北地区大田小麦籽粒千粒重平均值为（42.56±4.62）g，变幅为28.53～59.58g；籽粒

容重平均值为（806±20）g/L，变幅为 733～850g/L；籽粒硬度指数平均值为（57.8±8.4）%，变幅为 29.0%～71.0%；籽粒降落数值平均值为（436±66）s，变幅为 197～736s；籽粒沉降指数平均值为（28.0±7.8）mL，变幅为 10.0～65.5mL；籽粒蛋白质含量平均值为（13.9±1.4）%，变幅为 11.0%～20.8%；湿面筋含量平均值为（28.5±3.4）%，变幅为 19.9%～44.0%；面团吸水率平均值为（58.2±3.4）%，变幅为 50.1%～70.7%；面团稳定时间平均值为（7.9±9.6）min，变幅为 0.8～66.0min；面团延伸度平均值为（155.3±22.5）mm，变幅为 55.0～229.3mm；面团最大拉伸阻力平均值为（269.5±154.6）BU，变幅为 36.0～907.5BU；面团拉伸能量平均值为（58.3±33.4）cm^2，变幅为 9.0～236.5cm^2。整体来看，豫北地区大田小麦籽粒容重、籽粒蛋白质含量、面团稳定时间水平较高，湿面筋含量偏低。其中容重、面团稳定时间平均水平均达到《优质小麦　强筋小麦（GB/T 17892—1999)》标准。新乡地区大田小麦面团稳定时间平均值为（11.5±12.5）min，达到 10.0min 以上，符合《优质小麦　强筋小麦（GB/T 17892—1999)》一级标准。豫北地区大田小麦整体表现为中筋偏强类型。

3.3　豫北地区大田小麦籽粒质量空间分布特征

3.3.1　容重空间分布特征

由 2008～2014 年豫北地区大田 7 年样品籽粒容重空间分布图（图 1-11）

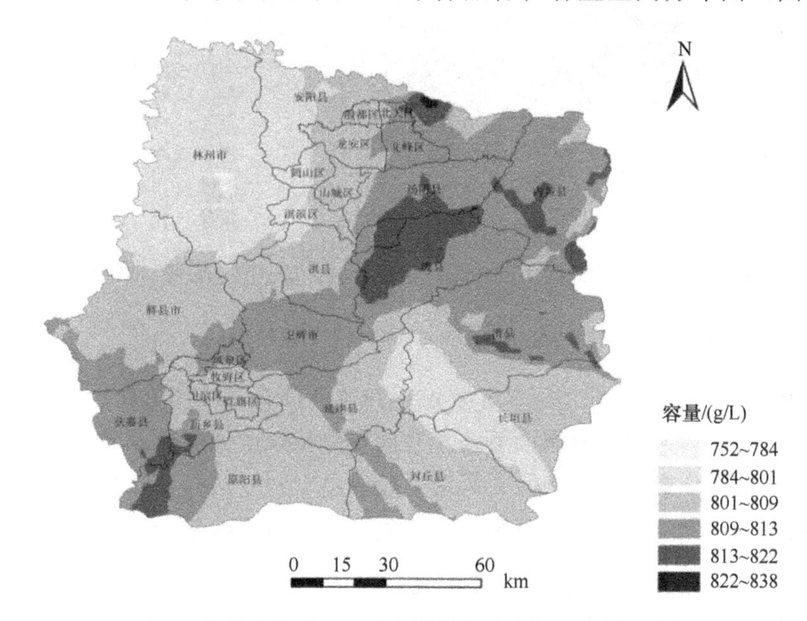

图 1-11　2008～2014 年豫北地区大田小麦籽粒容重空间分布图（彩图请扫二维码）

可以看出，该区域内由东北至西南中间部位有一条狭长的地带，其小麦容重较高，两侧呈现逐渐递减趋势。高值区主要位于该区域的东北部（安阳地区汤阴县、内黄县和鹤壁地区浚县一带）和西南部（新乡地区卫辉县、延津县、新乡县和获嘉县一带）；低值区出现在林州市（丘陵区）。豫北地区大田小麦籽粒容重水平较高，主要区域籽粒容重均在 770g/L 以上。

3.3.2 籽粒蛋白质含量空间分布特征

由 2008～2014 年豫北地区 7 年样品籽粒蛋白质含量空间分布图（图 1-12）可以看出，蛋白质含量空间变化呈现由西南至东北逐渐递减的趋势，高值区主要分布在安阳地区的安阳县、林州市和新乡地区的延津县和获嘉县；低值区主要在东北部和林州市部分地区。

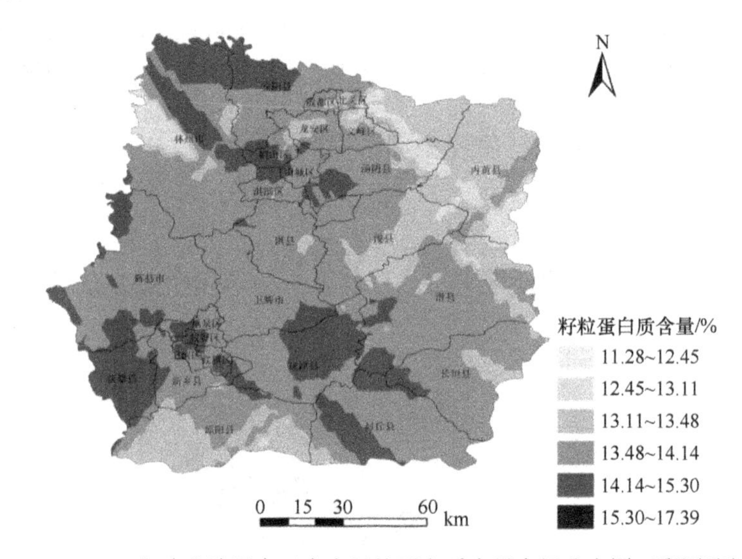

图 1-12 2008～2014 年豫北地区大田小麦籽粒蛋白质含量空间分布图（彩图请扫二维码）

3.3.3 湿面筋含量空间分布特征

由 2008～2014 年豫北地区 7 年样品面粉湿面筋含量空间分布图（图 1-13）可以看出，豫北地区大田小麦湿面筋含量空间变化呈现由西南至东北逐渐递减的趋势，高值区主要分布在新乡地区卫辉市、延津县、封丘县和获嘉县；低值区主要位于东北部，并有从西北到东南和从东北到西南的条带状分布趋势。

3.3.4 面团稳定时间空间分布特征

由 2008～2014 年豫北地区 7 年样品面团稳定时间空间分布图（图 1-14）

可以看出，豫北地区大田小麦面团稳定时间整体较高，绝大部分区域均能达到4min以上，50%以上的区域能达到6min以上。西北、东南及西部部分区域大田小麦面团稳定时间较短。高值区主要位于新乡地区获嘉县、辉县市、封丘县等区域。

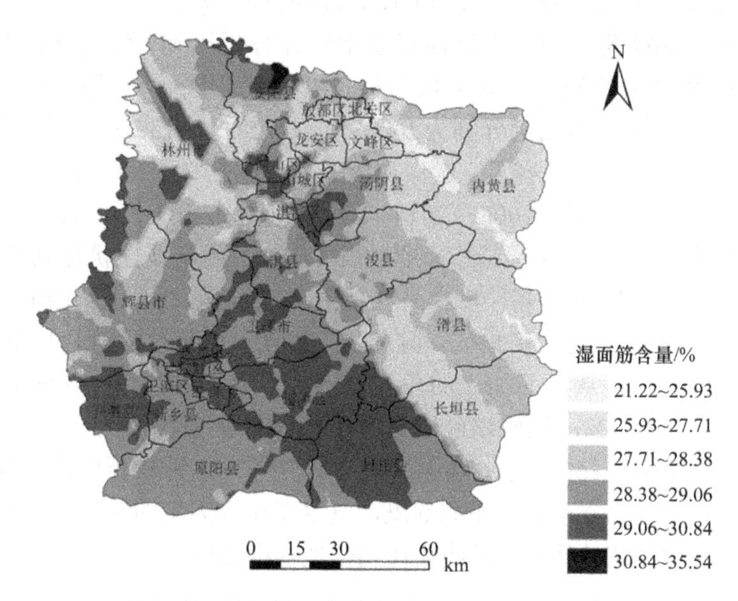

图 1-13　2008～2014 年豫北地区大田小麦籽粒湿面筋含量空间分布图（彩图请扫二维码）

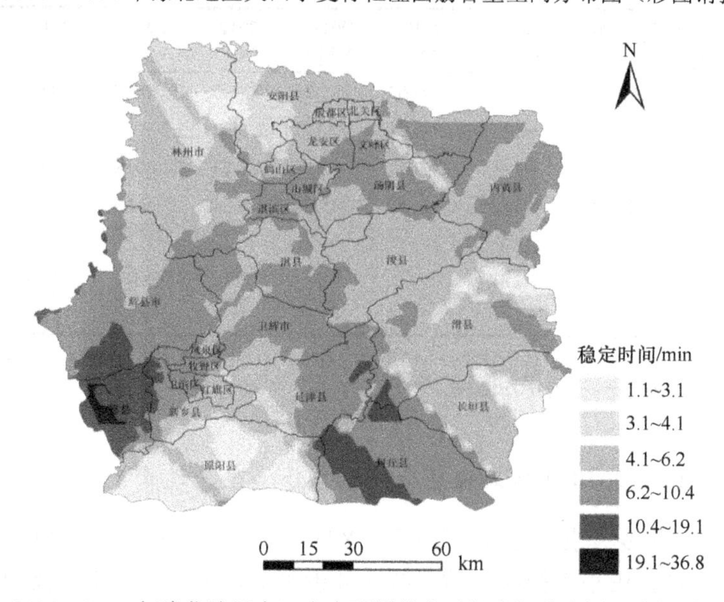

图 1-14　2008～2014 年豫北地区大田小麦面团稳定时间空间分布图（彩图请扫二维码）

3.4 豫北地区优质小麦生产现状

3.4.1 2008～2014 年豫北地区优质强筋小麦生产现状

参照《优质小麦 强筋小麦（GB/T 17892—1999）》，对 2008～2014 年豫北地区抽取的 567 份大田小麦样品优质率统计分析可知，分别以容重、蛋白质含量、湿面筋含量和稳定时间单项指标符合程度判断，单项达到《优质小麦 强筋小麦》二等标准的比例分别为 94.89%、45.50%、13.23%、33.33%。依据标准规定的判别原则，以容重、蛋白质含量、湿面筋含量和稳定时间 4 个指标同时满足要求进行判别，2008～2014 年豫北地区大田小麦样品中有 2.65%达到《优质小麦 强筋小麦》二等标准（表 1-18）。从单项性状达到优质强筋小麦比例来看，容重比例最高，其次是籽粒蛋白质含量、面团稳定时间，湿面筋含量达到优质强筋小麦比例最低。调查结果说明，豫北地区符合标准的优质强筋小麦比例很低。但从食品加工的角度来看，面团稳定时间达到强筋二级标准的比例达到了 33.33%，说明该区域具有生产强筋面粉的能力。

年份间大田小麦优质强筋小麦样品所占比例不同。籽粒蛋白质含量年份间比例变化较大，易受小麦品种、施肥灌溉、气候变化等因素的影响。湿面筋含量偏低是造成豫北地区整体优质强筋小麦比例偏低的限制性因素。

表 1-18 2008～2014 年豫北地区强筋小麦比例

品质性状＼年份	2008（n=81）	2009（n=81）	2010（n=81）	2011（n=81）	2012（n=81）	2013（n=81）	2014（n=81）	2008～2014（n=567）
容重（≥770g/L）	81/100.00	78/96.30	76/93.83	77/95.06	77/95.06	70/86.42	79/97.53	538/94.89
蛋白质含量（≥14.0%）	41/50.62	16/19.75	35/43.21	6/7.41	65/80.25	67/82.72	28/34.57	258/45.50
湿面筋含量（≥32%）	32/39.51	6/7.41	2/2.47	1/1.23	1/1.23	17/20.99	16/19.75	75/13.23
稳定时间（≥7.0min）	25/30.86	28/34.57	28/34.57	37/45.68	35/43.21	33/40.74	3/3.70	189/33.33
容重≥770g/L 蛋白质含量≥14.0% 湿面筋含量≥32% 稳定时间≥7.0min	7/8.64	2/2.47	0/0	0/0	0/0	5/6.17	1/1.23	15/2.65

注：参照《优质小麦 强筋小麦（GB/T 17892—1999）》。“81/100.00”中的“81”表示达标样品数量为 81，“100”表示达标样品数量占样品总数的百分比为 100%。其余以此类推

3.4.2 2008～2014 年豫北地区优质弱筋小麦生产现状

参照《优质小麦 弱筋小麦（GB/T 17893—1999）》，对 2008～2014 年豫北地区抽取的 567 份大田小麦样品优质率统计分析可知，分别以容重、蛋白质含量、湿面筋含量和稳定时间单项指标符合程度判断，单项达到《优质小麦 弱筋小麦》

二等标准的比例分别为 99.29%、3.17%、2.29%、26.63%。依据标准规定的判别原则，以容重、蛋白质含量、湿面筋含量和稳定时间 4 个指标同时满足要求作为判断依据，2008～2013 年豫北地区大田小麦样品中仅有 0.35%的样品达到《优质小麦　弱筋小麦》标准（表 1-19）。从单项指标达到优质弱筋小麦的比例来看，容重比例最高，其次是面团稳定时间，而籽粒蛋白质含量和湿面筋含量达到优质弱筋小麦比例最低，分别为 3.17%和 2.29%。调查结果说明，样本达到优质弱筋小麦的比例极低，该区域不适宜生产弱筋小麦。

表 1-19　2008～2014 年豫北地区弱筋小麦比例

品质性状＼年份	2008（n=81）	2009（n=81）	2010（n=81）	2011（n=81）	2012（n=81）	2013（n=81）	2014（n=81）	2008～2014（n=567）
容重（≥750g/L）	81/100	80/98.77	80/98.77	81/100	81/100	80/98.77	80/98.77	563/99.29
蛋白质含量（≤11.5%）	2/2.47	0/0	0/0	15/18.52	0/0	0/0	1/1.23	18/3.17
湿面筋含量（≤22.0%）	0/0	2/2.47	2/2.47	8/9.88	0/0	0/0	1/1.23	13/2.29
稳定时间（≤2.5min）	25/30.86	23/28.40	18/22.22	14/17.28	15/18.52	7/8.64	49/60.49	151/26.63
容重≥750g/L 蛋白质含量≤11.5% 湿面筋含量≤22.0% 稳定时间≤2.5min	0/0	0/0	0/0	1/1.23	0/0	0/0	1/1.23	2/0.35

注：参照《优质小麦　弱筋小麦（GB/T 17893—1999）》。"81/100.00"中的"81"表示达标样品数量为 81，"100"表示达标样品数量占样品总数的百分比为 100%。其余以此类推

四、小结与展望

4.1　小结

（1）2008～2014 年豫北地区抽取的 567 份小麦样品涉及 99 个小麦品种（系）。累计样品数量居前五位的品种依次为矮抗 58（158）、周麦 16（70）、周麦 22（29）、西农 979（25）、衡观 35（19），占全部抽样量的 53.09%。矮抗 58 小麦品种数量连续 7 年居豫北地区样品总数第一位，为当地主栽小麦品种，其次为周麦 16。从小麦品种构成来看，豫北地区大田平均种植小麦品种数为 28 个/年，品种数量较多。在调查范围内，大田小麦品种数量经历了短暂的相对集中后，"品种多、杂现象"再次出现。

（2）由 2008～2014 年豫北地区 567 份大田小麦样品籽粒质量分析结果可知，豫北地区大田小麦籽粒千粒重平均值为（42.56±4.62）g，变幅为 28.53～59.58g；籽粒容重平均值为（806±20）g/L，变幅为 733～850g/L；籽粒硬度指数平均值为（57.8±8.4）%，变幅为 29.0%～71.0%；降落数值平均值为（436±66）s，变幅为 197～

736s；籽粒蛋白质含量平均值为（13.9±1.4）%，变幅为 11.0%～20.8%；湿面筋含量平均值为（28.5±3.4）%，变幅为 19.9%～44.0%；籽粒沉降指数平均值为（28.0±7.8）mL，变幅为 10.0～65.5mL；面团吸水率平均值为（58.2±3.4）%，变幅为 50.1%～70.7%；面团稳定时间平均值为（7.9±9.6）min，变幅为 0.8～66.0min；面团延伸度平均值为（155.3±22.5）mm，变幅为 55.0～229.3mm；面团最大拉伸阻力平均值为（269.5±154.6）BU，变幅为 36.0～907.5BU；面团拉伸能量平均值为（58.3±33.4）cm^2，变幅为 9.0～236.5 cm^2。

豫北地区大田小麦籽粒容重、籽粒蛋白质含量、面团稳定时间较高，湿面筋含量较低。其中容重、面团稳定时间整体平均值均达到《优质小麦 强筋小麦（GB/T 17892—1999）》标准。新乡地区大田小麦面团稳定时间平均值为（11.5±12.5）min，达到 10.0min 以上，单项符合《优质小麦 强筋小麦（GB/T 17892—1999）》一级标准。豫北地区大田小麦质量为中筋偏强类型。

（3）豫北地区大田小麦籽粒质量空间变异特征显示，豫北地区大田由东北至西南中间有一条狭长的地带小麦容重较高，两侧地区呈现逐渐递减趋势。高值区主要位于该区域的东北部（安阳地区汤阴县、内黄县和鹤壁地区浚县一带）和西南部（新乡地区卫辉县、延津县、新乡县和获嘉县一带）。籽粒蛋白质含量空间变化呈现由西南至东北逐渐递减的趋势，高值区主要分布在安阳地区的安阳县、林州市和新乡地区的延津县和获嘉县。湿面筋含量空间变化呈现由西南至东北逐渐递减的趋势，高值区主要分布在新乡地区卫辉市、延津县、封丘县和获嘉县。面团稳定时间整体水平较高，绝大部分区域均能达到 4min 以上，50%以上的区域能达到 6min 以上。高值区主要位于新乡地区获嘉县、辉县市、封丘县等地区。

（4）参照《优质小麦 强筋小麦（GB/T 17892—1999）》和《优质小麦 弱筋小麦（GB/T 17893—1999）》，对 2008～2014 年豫北地区抽取的 567 份大田小麦样品优质率统计分析结果为，以容重、蛋白质含量、湿面筋含量和稳定时间 4 个指标同时满足要求作为判断依据，豫北地区大田小麦样品中有 2.65%达到《优质小麦 强筋小麦》二等标准；仅有 0.35%的样品达到《优质小麦 弱筋小麦》标准。年份间大田小麦优质强筋小麦所占比例不同。湿面筋含量低是造成豫北地区优质强筋小麦比例较低的限制性因素。

4.2 展望

4.2.1 存在问题

1）品种多、杂问题仍然突出，品种质量参差不齐，优质小麦种植面积较低

豫北地区大田小麦品种经过短暂的相对集中后，2010 年以后大田小麦品种数

量逐年增加，大田小麦品种更换频繁。近三年，豫北地区三市每年大田小麦品种数均在 30 个以上。品种的多、杂必然导致质量的参差不齐。

2）大田小麦优质率较低，个别质量性状存在“短板”现象

由 2008～2014 年连续 7 年对豫北地区小麦籽粒质量调查分析结果可以看出，大田小麦样品的容重平均为 806g/L；籽粒蛋白质含量平均为 13.9%；湿面筋含量平均为 28.5%；稳定时间平均为 7.9min。以现行的优质小麦标准来判断，大田小麦样品湿面筋含量较低仍然是小麦优质率不高的主要限制性指标。大面积推广品种的湿面筋含量较低应引起育种、栽培和土肥工作者的重视。

3）优质小麦质量标准制定的依据不足，应提高指标的协调性

《优质小麦　强筋小麦》是一个粮食标准，过分地强调了蛋白质的作用，使蛋白质含量和湿面筋含量的指标水平和实际不符。强筋小麦顾名思义为面筋的筋力强，而反映筋力强弱的指标，如沉降指数、面筋指数，又未被包含。评价优质小麦的目的是为其用途提供依据，从食品加工工艺对原料需求的角度考虑，稳定时间无疑对食品加工业的指导意义较大；另外，这一指标的水平还会随着食品加工机械化和自动化水平的提高而进一步提高。

4）优质专用小麦生产规模化程度不高，生产区域不明确

目前农户大多仍为分散种植经营，生产规模小，小麦品种选择随机性强，配套栽培防控措施部分不到位，这些都是造成小麦品种质量性状不稳定或优质小麦表现不佳的重要原因。

5）小麦产业链分段管理，政策的协调性还有待加强

科学研究、遗传育种、小麦生产、粮食收储、食品加工在管理体制上隶属于不同部门，各自的目标重点和任务不同，法规、政策、标准一致性或可操作性不高。例如，国家有关小麦的质量标准就缺少一致性和包容性，甚至基础性研究支撑也显得不足。农业部门推广的优质品种在粮食部门收购时达不到优质小麦的收购标准；粮食收购部门收购的小麦不能满足面粉生产和食品加工企业对质量的要求。粮食收储部门对收购的强筋小麦不能做到分收分储，或优质优价，这种混收混储管理方式不仅导致优质商品粮数量不足，还会影响农产品及食品加工业的可持续发展。

4.2.2　优质小麦发展潜力与前景

1）因地制宜，发展优质专用小麦

优质小麦生产首先应该选择具有优质小麦生产能力或潜力的区域。籽粒蛋白质含量和湿面筋含量与土壤、气候、栽培条件（施肥等）等有着密切联系。因此，

在推广优质小麦生产时，要充分考虑当地气候、土壤等条件，选择适宜种植区域。同时育种家在选育小麦品种时，在保证产量的前提下，应更多地关注小麦品种的加工适用性，尤其是对传统面制品（面条、馒头、饺子等）的加工适用性。

2）适度规模化经营，提升小麦质量

随着市场经济的发展，以及土地流转政策的出台，农民合作社、种粮大户等不断涌现。适度的规模化生产经营，可以稳定小麦籽粒质量，提高小麦的产量，增加农民收入。

3）改革收储体系，促进产业发展

充分利用种粮大户、农民合作社等组织，借鉴国外经验，通过改革创新，建立符合市场化运作的小麦原粮收储体系，提高优质商品粮数量，促进农产品及食品加工业的可持续发展。

主要参考文献

关二旗. 2012. 区域小麦籽粒质量及加工利用研究. 北京: 中国农业科学院研究生院博士学位论文

关二旗, 魏益民, 张波, 等. 2012. 黄淮冬麦区部分区域小麦品种构成及品质性状分析. 中国农业科学, 45(6): 1159-1168

何中虎, 林作楫, 王龙俊, 等. 2002. 中国小麦品质区划的研究. 中国农业科学, 35(4): 359-364

何中虎, 晏月明, 庄巧生, 等. 2006. 中国小麦品种品质评价体系建立与分子改良技术研究. 中国农业科学, 39(6): 1091-1101

胡卫国, 赵虹, 王西成, 等. 2010. 黄淮冬麦区小麦品种品质改良现状分析. 麦类作物学报, 30(5): 936-943

胡学旭, 周桂英, 吴丽娜, 等. 2009. 中国主产区小麦在品质区域间的差异. 作物学报, 35(6): 1167-1172

李立群, 张国权, 李学军. 2008. 黄淮南片小麦品种(系)籽粒品质性状研究. 西北农林科技大学学报(自然科学版), 36(6): 49-55

李元清, 吴晓华, 崔国惠, 等. 2008. 基因型、地点及其互作对内蒙古小麦主要品质性状的影响. 作物学报, 34(1): 47-53

廖平安, 郭春强, 靳文奎. 2003. 黄淮南部小麦品种品质现状分析. 麦类作物学报, 23(4): 139-140

刘锐, 张波, 魏益民. 2012. 小麦蛋白质与面条品质关系研究进展. 麦类作物学报, 32(2): 344-349

卢洋洋, 张影全, 刘锐, 等. 2014. 豫北小麦籽粒质量性状空间变异特征. 麦类作物学报, 34(4): 495-501

卢洋洋, 张影全, 张波, 等. 2014. 同一基因型小麦籽粒质量性状的空间变异. 麦类作物学报, 34(2): 234-239

马艳明, 范玉顶, 李斯深, 等. 2004. 黄淮麦区小麦品种(系)品质性状多样性分析. 植物遗传资源

学报, 5(2): 133-138

魏益民. 2002. 谷物品质与食品品质-小麦籽粒品质与食品品质. 陕西: 陕西人民出版社

魏益民, 关二旗, 张波, 等. 2013. 黄淮冬麦区小麦籽粒质量调查与研究. 北京: 科学出版社

魏益民, 刘锐, 张波, 等. 2012. 关于小麦籽粒质量概念的讨论. 麦类作物学报, 32(2): 379-382

魏益民, 欧阳绍辉, 陈卫军, 等. 2009. 县域优质小麦生产效果分析 I. 陕西省岐山县小麦生产现状调查. 麦类作物学报, 29(2): 256-260

魏益民, 张波, 关二旗, 等. 2013. 中国冬小麦品质改良研究进展. 中国农业科学, 46(20): 4189-4196

魏益民, 张波, 张影全, 等. 2013. 关于小麦籽粒质量标准的讨论. 麦类作物学报, 33(3): 608-612

于振文. 2006. 小麦产量与品质生理及栽培技术. 北京: 中国农业出版社: 62-64

昝存香, 周桂英, 吴丽娜, 等. 2006. 我国小麦品质现状分析. 麦类作物学报, 26(6): 46-49

张影全. 2012. 小麦籽粒蛋白质特性与面条质量关系研究. 陕西: 西北农林科技大学硕士学位论文

赵莉, 汪建来, 赵竹, 等. 2006. 我国冬小麦品种(系)主要品质性状的表现及其相关性. 麦类作物学报, 26(3): 87-91

Roozeboom K L, Schapaugh W T, Tuinstra M R, *et al*. 2008. Testing wheat in variable environments: genotype, environment, interaction effects, and grouping test locations. *Crop Science*, (48): 317-330

Subedi K D, Ma B L, Xue A G. 2007. Planting date and nitrogen effects on grain yield and protein content of spring wheat. *Crop Science*, (47): 36-44

Williams R M, Brien L O, Eagles H A, *et al*. 2008. The influences of genotype, environment, and genotype× environment interaction on wheat quality. *Australian Journal of Agricultural Research*, 59(2): 95-111

第二章　豫中地区小麦籽粒质量调查研究报告

一、引　　言

小麦是我国第二大粮食作物，是主要的商品粮和储备粮。河南省是全国最大的小麦生产区之一，其种植面积、总产量和库存量均居全国第一位。豫中地区属于黄淮冬麦区，在小麦品质区划方案中被列为中部强筋小麦产区，是河南省重要的优质小麦产区和优质商品粮供应基地。地处豫中小麦生产核心区的新乡市、驻马店市和商丘市2003～2013年小麦播种面积占河南省播种面积的28.43%～29.54%；产量占河南省总产量的29.57%～33.46%；2013年单产达到了6760.05kg/hm^2（450.67kg/亩）。小麦品质是小麦育种和生产的重要目标性状，直接影响着面粉加工企业产品质量，也间接影响食品加工企业产品质量，因此，小麦品质问题越来越受到人们的关注。随着育种进程的加快和小麦产业化的推进，优质、高产、高抗的品种得到了较快发展，河南省小麦品种的集中度也大大提高。本报告调查和分析了2008～2014年新乡地区（新乡县、延津县、长垣县）、驻马店地区（上蔡县、遂平县、西平县）、商丘地区（宁陵县、睢县、民权县）采集的农户大田小麦样品的品种构成、籽粒性状、蛋白质质量，以及面粉的流变学特性（粉质参数、拉伸参数）等，以了解豫中地区的优质小麦生产现状，指导优质小麦产业基地建设，促进小麦加工业和小麦产区区域经济的可持续发展。

1.1　2003～2013年河南小麦生产概况

河南省属黄淮冬麦区，小麦种植面积、产量均居全国首位，为我国最主要小麦产区之一。由图2-1可知，2003～2013年河南省小麦播种面积占全国小麦播种面积的21.67%～22.45%，小麦总产量占全国小麦总产量的26.25%～27.27%。

河南省小麦播种面积年均增长1.12%，2006年增长幅度最大，达4.95%。2013年河南省小麦播种面积达到5 366 660hm^2，较2003年增长11.70%（图2-2）。

河南省小麦总产量年均增长2.55%，2006年增长幅度最大，达13.92%。2013年河南省小麦总产量达到32 264 400t，较2003年增长40.74%（图2-2）。

河南省小麦平均单产年均增长2.37%，2006年增长幅度最大，达8.54%。2013年河南省小麦平均单产达6012kg/hm^2（400.8kg/亩），较2003年增长26.00%（图2-3）。

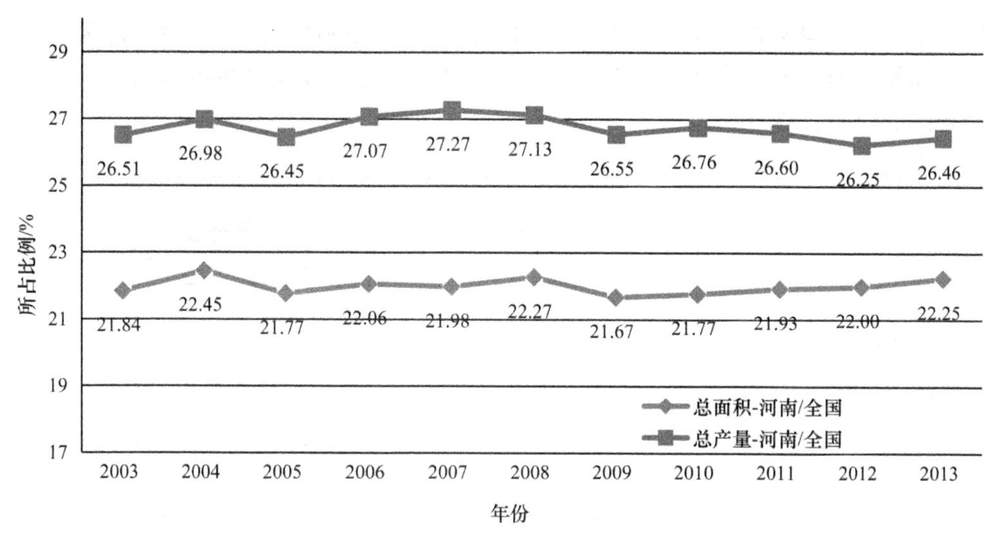

图 2-1　2003～2013 年河南省小麦总产量和面积占全国的比例

从 2003～2013 年河南省小麦生产数据可以看出，2003 年以来，河南省小麦播种面积、总产量、单产均呈“连续增长”趋势（图 2-2，图 2-3）。

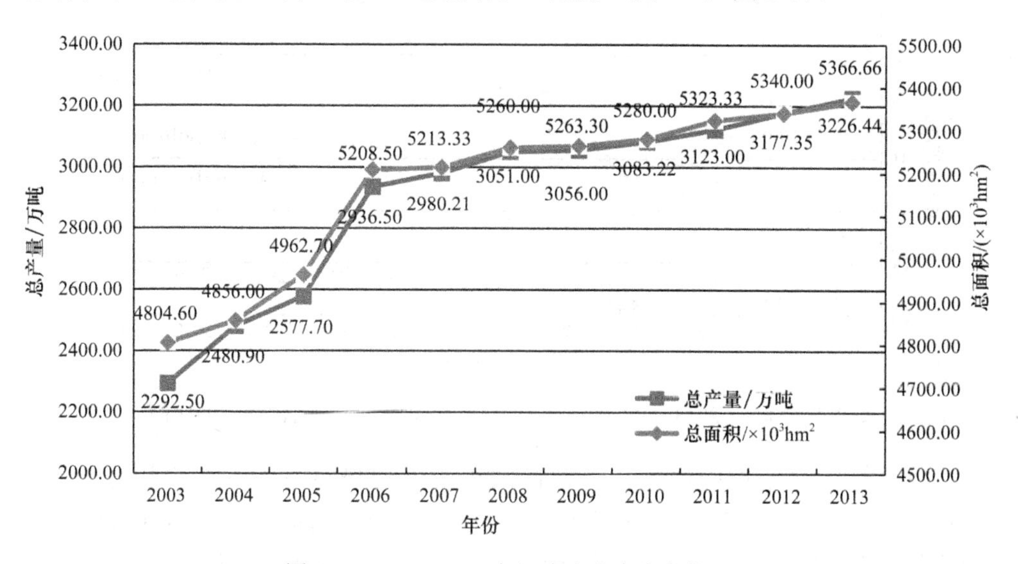

图 2-2　2003～2013 年河南省小麦生产状况

数据来源于中国国家统计年鉴（2003～2013 年）

1.2　2003～2013 年豫中地区小麦生产概况

新乡市、驻马店市、商丘市三地区分别处于河南省北部、南部、东部，属黄淮冬麦区，是河南省主要小麦产区。由图 2-4 可知，2003～2013 年豫中地区小麦播种面积占河南省小麦播种面积的 28.43%～29.54%，小麦总产量占河南省小麦总产量的 29.57%～33.46%。

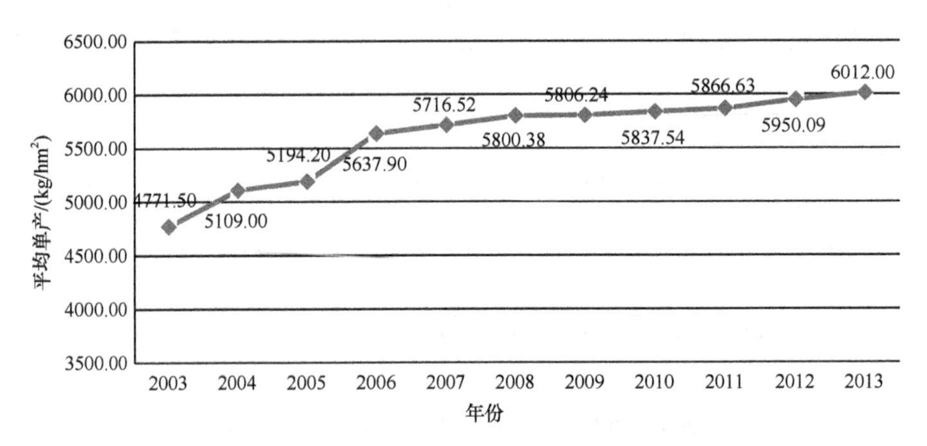

图 2-3　2003～2013 年河南省小麦平均单产水平变化

数据来源于中国国家统计年鉴（2003～2013 年）

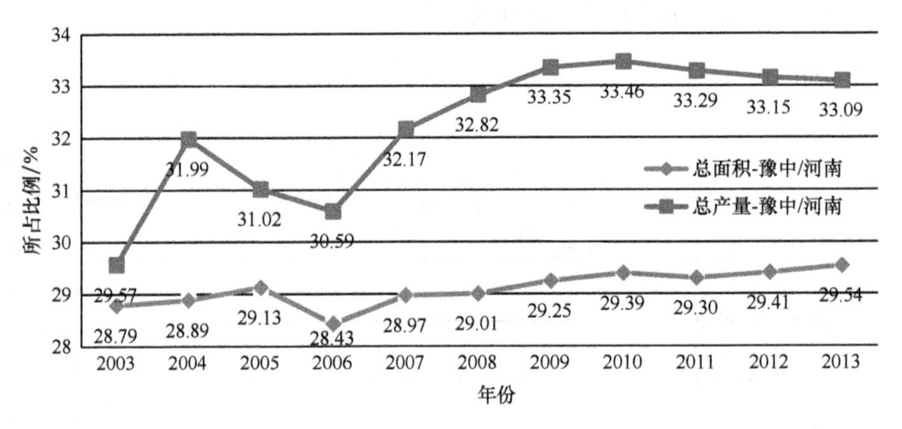

图 2-4　2003～2013 年豫中地区小麦总产量和播种面积占河南省的比例

2003～2013 年豫中地区小麦种植面积变化趋势与河南省变化趋势一致，也呈现“连续增长”趋势。2013 年豫中地区小麦种植面积 1 585 100hm^2，较 2003 年增加 202 010hm^2，增长 14.61%。三个地区年际变化趋势与豫中地区一致，其中驻马店地区小麦播种面积最大，其次为商丘地区和新乡地区（图 2-5）。

2003～2013 年豫中地区小麦总产量变化趋势与河南省变化趋势一致，呈“连续增长”趋势。2013 年豫中地区小麦总产量达 10 677 400t，较 2003 年增加 3 898 500t，增长 57.51%。三个地区年际变化趋势与豫中地区一致，其中驻马店地区小麦产量最大，其次为商丘地区和新乡地区（图 2-6）。

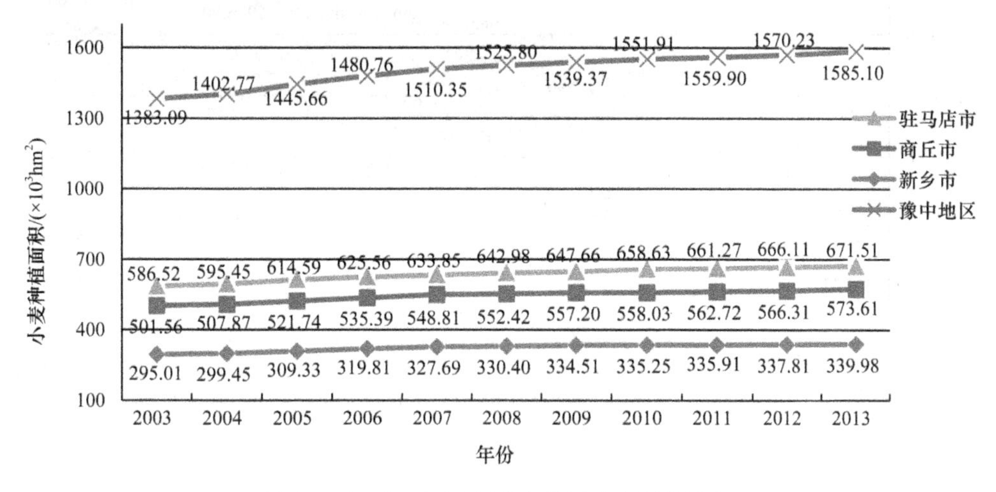

图 2-5　2003～2013 年豫中地区小麦播种面积
数据来源于河南统计年鉴（2003～2013 年）

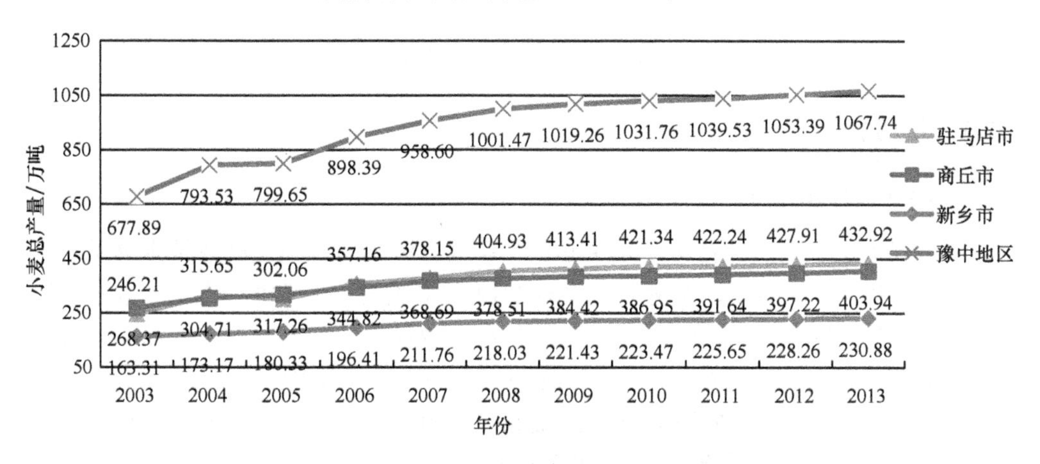

图 2-6　2003～2013 年豫中地区小麦总产量
数据来源于河南省统计年鉴（2003～2013 年）

2003～2013 年豫中地区小麦单产水平变化趋势与河南省变化趋势一致，大致呈“连续增长”趋势。2013 年豫中地区小麦平均单产达 6760.00kg/hm^2（450.67kg/亩），较 2003 年增加 1731.67kg/hm^2（115.44kg/亩），增长 34.44%。三个地区年际变化趋势与豫中地区一致，其中商丘地区小麦平均单产水平最高，其次为新乡地区和驻马店地区。豫中地区小麦单产水平高于河南省小麦平均单产水平（图 2-7）。

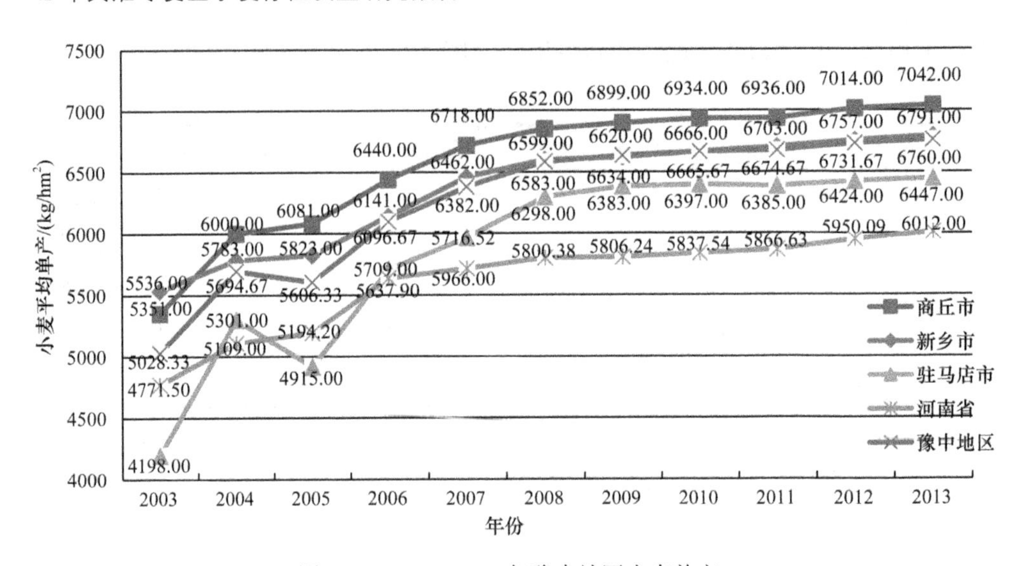

图 2-7 2003～2013 年豫中地区小麦单产

数据来源于河南省统计年鉴（2003～2013 年）

二、材料与方法

2.1 试验材料

2.1.1 样品采集

根据国家小麦产业技术研发中心加工研究室编制的《小麦产业技术体系小麦质量调查指南》的要求，分别于 2008～2014 年夏收时，在豫中小麦主产区新乡地区（新乡县、延津县、长垣县）、驻马店地区（上蔡县、遂平县、西平县）、商丘地区（宁陵县、睢县、民权县），分布范围为 113°47′56.42″E～115°17′55.88″E、35°8′51.13″N～35°12′3.64″N，布点采集农户大田小麦样品。布点方法是每个地市选 3 个县区，每个县区选 3 个乡（镇），每个乡（镇）选该乡镇种植的主要栽培品种，并选代表性农户，按品种抽取 3 份样品，每个样品 5kg。每年抽取大田小麦样品 81 份，7 年共抽取小麦样品 567 份。

2.1.2 样品处理

收集到的小麦样品经晒干后，筛理除杂，熏蒸杀虫，籽粒后熟 15d 后，进行磨粉，测定籽粒及面粉质量性状。

2.2 品质检测方法与标准

（1）籽粒蛋白质含量：采用瑞典 FOSS124 近红外（NIR）谷物品质分析仪

测定，参照《粮油检验 小麦粗蛋白质含量测定 近红外法》（GB/T 24899—2010）进行。

（2）容重：按《粮食、油料检验 容重测定法》（GB/T 5498—2013）测定。

（3）千粒重：按《谷物与豆类千粒重的测定法》（GB/T 5519—2008）测定。

（4）籽粒硬度指数：采用《小麦硬度测定 硬度指数测定法》（GB/T 21304—2007）测定。

（5）小麦皮色检验：按《粮食、油料检验 类型及互检验法》（GB/T 5493—2008）测定。

（6）湿面筋含量：按《小麦和小麦粉 面筋含量 第 2 部分：仪器法测定湿面筋》（GB/T5506.2—2008）测定。

（7）面筋指数：按《小麦粉湿面筋质量测定法 面筋指数法》（LS/T 6102—1995）测定。

（8）沉降指数：采用《小麦 沉降指数测定 Zeleny 法》（GB/T 21119—2007）测定。

（9）降落数值：采用瑞典波通 1900 型降落数值仪测定，参照《小麦、黑麦及其面粉，杜伦麦及其粗粒粉 降落数值的测定 Hagberg-Perten 法》（GB/T 10361—2008）进行。

（10）粉质参数：采用德国 Brabender 粉质仪测定，参照《小麦粉面团的物理特性 吸水量和流变学特性的测定 粉质仪法》（GB/T 14614—2006）进行。

（11）拉伸参数：采用德国 Brabender 拉伸仪测定，参照《小麦粉 面团的物理特性 流变学特性的测定 拉伸仪法》（GB/T 14615—2006）进行。

2.3　数据分析方法

根据统计学原理，对样本的品质参数进行处理，通过方差分析和多重比较，得到样本品质性状的描述性统计量与推断性统计量，从而揭示某一品质性状地区间是否存在显著差异。以上分析采用 DPS 多元数据统计软件分析。

三、结 果 分 析

3.1　豫中地区小麦品种（系）构成

3.1.1　2008～2014 年小麦品种（系）构成

2008 年抽取的 81 份小麦样品包括 25 个小麦品种（系），样品数量居前五位的品种依次为西农 979、矮抗 58、周麦 18、周麦 16、郑麦 9023，累计占全部抽样的 60.5%。占样品比例 5%以下的品种（系）有 19 个，占样品比例在 2%以下的品种（系）有 11 个（表 2-1）。

2009 年抽取的 81 份小麦样品包括 24 个小麦品种（系）。样品数量居前五位（含并列）的品种依次为矮抗 58、周麦 18、西农 979、郑麦 9023、温麦 18，累计占全部样品的 62.9%。占样品比例 5%以下的品种（系）有 23 个，占样品比例 2%以下的品种（系）有 13 个（表 2-1）。

2010 年抽取的 81 份小麦样品包括 23 个小麦品种（系）。样品数量居前五位的品种依次为矮抗 58、西农 979、周麦 18、郑麦 366、郑麦 9023，累计占全部抽样的 67.9%。占样品比例 5%以下的品种（系）有 18 个，占样品比例在 2%以下的品种（系）有 13 个（表 2-1）。

2011 年抽取的 81 份小麦样品包括 23 个小麦品种（系）。样品数量居前七位（含并列）的品种依次为矮抗 58、西农 979、郑麦 366、衡观 35 和郑麦 9023、周麦 18、周麦 22，累计占样品总数的 75.3%。占样品比例 5%以下的品种（系）有 19 个，占样品比例在 2%以下的品种（系）有 12 个（表 2-1）。

2012 年抽取的 81 份小麦样品包括 18 个小麦品种（系）。样品数量居前五位的品种依次为矮抗 58、西农 979、众麦 1 号、周麦 22 和周麦 18，累计占样品总数的 66.7%。占样品比例 5%以下的品种（系）有 13 个，占样品比例在 2%以下的品种（系）有 7 个（表 2-1）。

2013 年抽取的 81 份小麦样品包括 22 个小麦品种（系）。样品数量居前五位的品种依次为矮抗 58、郑麦 366、众麦 1 号、周麦 22 和西农 9718，累计占样品总数的 71.6%。占样品比例 5%以下的品种（系）有 18 个，占样品比例在 2%以下的品种（系）有 11 个（表 2-1）。

表 2-1　2008～2014 年豫中地区小麦品种（系）的构成

编号	品种（系）名称	样本数							比例/%						
		2008	2009	2010	2011	2012	2013	2014	2008	2009	2010	2011	2012	2013	2014
1	西农 979	15	7	11	8	10	2	3	18.5	8.6	13.6	9.9	12.3	2.5	3.7
2	矮抗 58	11	27	23	30	25	35	25	13.6	33.3	28.4	37.0	30.9	43.2	30.9
3	周麦 18	11	9	10	4	5	2	2	13.6	11.1	12.3	4.9	6.2	2.5	2.5
4	周麦 16	7	1	4	2	4	2	8	8.6	1.2	4.9	2.5	4.9	2.5	9.9
5	郑麦 9023	5	4	5	4	2	2	—	6.2	4.9	6.2	4.9	2.5	2.5	—
6	新麦 18	5	—	1	—	—	1	—	6.2	—	1.2	—	—	1.2	—

续表

编号	品种（系）名称	样本数							比例/%						
		2008	2009	2010	2011	2012	2013	2014	2008	2009	2010	2011	2012	2013	2014
7	郑麦 366	3	4	6	6	3	7	1	3.7	4.9	7.4	7.4	3.7	8.6	1.2
8	温麦 18	2	3	—	—	—	—	—	2.5	3.7	—	—	—	—	—
9	周麦 19	2	2	2	2	—	—	—	2.5	2.5	2.5	2.5	—	—	—
10	百农	2	1	—	1	—	—	—	2.5	1.2	—	1.2	—	—	—
11	矮早	2	2	—	1	—	—	—	2.5	2.5	—	1.2	—	—	—
12	百农 58	2	2	—	—	—	—	—	2.5	2.5	—	—	—	—	—
13	濮麦 9 号	2	—	—	—	—	—	—	2.5	—	—	—	—	—	—
14	强筋 18	2	—	—	—	—	—	—	2.5	—	—	—	—	—	—
15	平安 6 号	1	2	—	—	—	—	—	1.2	2.5	—	—	—	—	—
16	9415	1	—	—	—	—	—	—	1.2	—	—	—	—	—	—
17	矮杆王	1	—	—	1	—	—	—	1.2	—	—	1.2	—	—	—
18	矮抗 18	1	—	—	—	—	—	—	1.2	—	—	—	—	—	—
19	矮早王	1	—	—	—	—	—	—	1.2	—	—	—	—	—	—
20	安麦 8 号	1	—	—	—	—	—	—	1.2	—	—	—	—	—	—
21	北抗 958	1	—	—	—	—	—	—	1.2	—	—	—	—	—	—
22	高优 503	1	—	—	—	—	—	—	1.2	—	—	—	—	—	—
23	国审豫农 949	1	—	—	—	—	—	—	1.2	—	—	—	—	—	—
24	衡观 35	1	—	1	5	1	2	1	1.2	—	1.2	6.2	1.2	2.5	1.2
25	郑单	1	—	—	—	—	—	—	1.2	—	—	—	—	—	—
26	硬白麦	—	2	—	—	—	—	—	—	2.5	—	—	—	—	—
27	矮丰 68	—	2	—	—	—	—	—	—	2.5	—	—	—	—	—
28	949	—	1	—	—	—	—	—	—	1.2	—	—	—	—	—
29	9877	—	1	—	—	—	—	—	—	1.2	—	—	—	—	—
30	丰抗 38	—	1	—	—	—	—	—	—	1.2	—	—	—	—	—
31	开麦 18	—	1	—	—	—	—	—	—	1.2	—	—	—	—	—
32	麦农 366	—	1	—	—	—	—	—	—	1.2	—	—	—	—	—
33	平安 3 号	—	1	—	—	—	—	—	—	1.2	—	—	—	—	—
34	睢科 21	—	1	—	—	—	—	—	—	1.2	—	—	—	—	—
35	新麦 19	—	1	—	—	—	—	—	—	1.2	—	—	—	—	—
36	豫麦 18	—	1	—	—	—	1	—	—	1.2	—	—	—	1.2	—
37	豫麦 34	—	1	—	—	—	—	1	—	1.2	—	—	—	—	1.2
38	正农 17	—	2	—	—	—	—	—	—	2.5	—	—	—	—	—
39	众麦 1 号	—	1	3	2	8	6	3	—	1.2	3.7	2.5	9.9	7.4	3.7
40	周麦 22	—	—	2	4	6	6	7	—	—	2.5	4.9	7.4	7.4	8.6

续表

编号	品种（系）名称	样本数							比例/%						
		2008	2009	2010	2011	2012	2013	2014	2008	2009	2010	2011	2012	2013	2014
41	豫农 70-36	—	—	1	1	—	—	—	—	—	1.2	1.2	—	—	—
42	种麦 2 号	—	—	1	1	—	—	—	—	—	1.2	1.2	—	—	—
43	周麦 20	—	—	2	—	—	—	—	—	—	2.5	—	—	—	—
44	超麦 1 号	—	—	1	—	—	—	—	—	—	1.2	—	—	—	—
45	国审 1688	—	—	1	—	—	—	—	—	—	1.2	—	—	—	—
46	花抷 1 号	—	—	1	—	—	—	—	—	—	1.2	—	—	—	—
47	金博士	—	—	1	—	—	—	—	—	—	1.2	—	—	—	—
48	太空 6 号	—	—	1	—	—	—	—	—	—	1.2	—	—	—	—
49	铁杆王	—	—	1	—	—	—	—	—	—	1.2	—	—	—	—
50	温麦 6 号	—	—	1	—		—	—	—	—	1.2	—	—	—	—
51	新麦 1 号	—	—	1	—	—	—	—	—	—	1.2	—	—	—	—
52	驻麦 6 号	—	—	1	—	—	—	—	—	—	1.2	—	—	—	—
53	西农 9718	—	—	—	1	4	4	4	—	—	—	1.2	4.9	4.9	4.9
54	新麦 26	—	—	—	1	4	1	1	—	—	—	1.2	4.9	1.2	1.2
55	02-1	—	—	—	1	—	—	—	—	—	—	1.2	—	—	—
56	丰舞 981	—	—	—	1	—	—	—	—	—	—	1.2	—	—	—
57	济麦 22	—	—	—	2	—	—	—	—	—	—	2.5	—	—	—
58	睢科	—	—	—	1	—	—	—	—	—	—	1.2	—	—	—
59	中育 12	—	—	—	1	—	—	—	—	—	—	1.2	—	—	—
60	众麦 9 号	—	—	—	1	—	—	—	—	—	—	1.2	—	—	—
61	郑麦 7698	—	—	—	—	3	—	1	—	—	—	—	3.7	—	1.2
62	偃展	—	—	—	—	1	—	—	—	—	—	—	1.2	—	—
63	豫麦 23	—	—	—	—	1	—	—	—	—	—	—	1.2	—	—
64	漯麦 4 号	—	—	—	—	—	—	1	—	—	—	—	—	—	1.2
65	师栾 02-1	—	—	—	—	—	—	1	—	—	—	—	—	—	1.2
66	千斤王	—	—	—	—	—	—	1	—	—	—	—	—	—	1.2
67	温麦 19	—	—	—	—	—	—	1	—	—	—	—	—	—	1.2
68	西科 808	—	—	—	—	—	—	1	—	—	—	—	—	—	1.2
69	平安 8 号	—	—	—	—	—	—	1	—	—	—	—	—	—	1.2
70	西农 889	—	—	—	—	—	—	1	—	—	—	—	—	—	1.2
71	豫教 5 号	—	—	—	—	—	—	5	—	—	—	—	—	—	6.2
72	周麦 27	—	—	—	—	—	—	2	—	—	—	—	—	—	2.5
73	中科 1 号	—	—	—	—	—	—	1	—	—	—	—	—	—	1.2
74	先锋	—	—	—	—	—	—	1	—	—	—	—	—	—	1.2

续表

编号	品种（系）名称	样本数							比例/%						
		2008	2009	2010	2011	2012	2013	2014	2008	2009	2010	2011	2012	2013	2014
75	416	—	—	—	—	1	—	—	—	—	—	—	1.2	—	—
76	栾麦 2 号	—	—	—	—	—	—	1	—	—	—	—	—	—	1.2
77	兰考 198	—	—	—	—	—	—	1	—	—	—	—	—	—	1.2
78	开麦 1 号	—	—	—	—	—	—	1	—	—	—	—	—	—	1.2
79	济麦 3 号	—	—	—	—	—	—	1	—	—	—	—	—	—	1.2
80	百农 207	—	—	—	—	—	—	2	—	—	—	—	—	—	2.5
81	矮早 781	—	—	—	—	—	—	1	—	—	—	—	—	—	1.2
82	双研 4 号	—	—	—	—	1	—	—	—	—	—	—	1.2	—	—
83	新麦 21	—	—	—	—	1	—	—	—	—	—	—	1.2	—	—
84	豫麦	—	—	—	—	1	—	—	—	—	—	—	1.2	—	—
85	泛麦 8 号	—	—	—	—	—	1	—	—	—	—	—	—	1.2	—
86	丰德存麦 1 号	—	—	—	—	—	1	—	—	—	—	—	—	1.2	—
87	新麦 798	—	—	—	—	—	1	—	—	—	—	—	—	1.2	—
88	新农 979	—	—	—	—	—	1	—	—	—	—	—	—	1.2	—
89	豫麦 70-36	—	—	—	—	—	1	1	—	—	—	—	—	1.2	1.2
90	长旱 58	—	—	—	—	—	1	—	—	—	—	—	—	1.2	—
91	众麦 2 号	—	—	—	—	—	1	—	—	—	—	—	—	1.2	—
92	众麦 416	—	—	—	—	—	1	—	—	—	—	—	—	1.2	—
93	周麦 23	—	—	—	—	—	2	—	—	—	—	—	—	2.5	—
	合计	81	81	81	81	81	81	81	100	100	100	100	100	100	100

2014 年抽取的 81 份小麦样品包括 30 个小麦品种（系）。样品数量居前五位的品种依次为矮抗 58、周麦 16、周麦 22、豫教 5 号和西农 9718，累计占样品总数的 60.5%。占样品比例 5%以下的品种（系）有 26 个，占样品比例在 2%以下的品种（系）有 20 个（表 2-1）。

2008～2014 年抽取的 567 份小麦样品包括 93 个小麦品种（系）。累计样品数量居前五位的品种依次为矮抗 58（176）、西农 979（56）、周麦 18（43）、周麦 16（28）、郑麦 366（30），累计占全部抽样量的 58.73%。

3.1.2　2008～2014 年豫中地区小麦品种（系）构成变化

从豫中地区大田小麦品种构成来看，7 年样品数量均居前五位的品种有矮抗 58；有 5 年进入前五名的品种有西农 979、周麦 18；有 4 年进入前五名的品种有周麦 22、郑麦 9023 和郑麦 366；有两年进入前五名的品种有众麦 1 号、周麦 16、西农 9718；仅有一年进入前五名的品种有衡观 35、豫教 5 号。其余小麦品种（系）不同年份之间变化较大，每年更新的大田小麦品种数约 10 个。主栽品种矮抗 58 种植比例明显上升，西农 979、郑麦 9023 和周麦 18 的种植面积基本稳定。2008～2014 年豫中地区大田种植的小麦品种（系）数量呈现“先降低后升高”的趋势，2014 年小麦品种最多，达到 30 个。不同地区间变化不尽一致。新乡地区小麦品种数量前期较为稳定，后期呈现先降低后增高的趋势；驻马店地区整体呈现先降低后增高的趋势（图 2-8）。2008～2014 年豫中地区大田栽培的主要品种矮抗 58 种植数整体上显现出增加的趋势（图 2-9）。

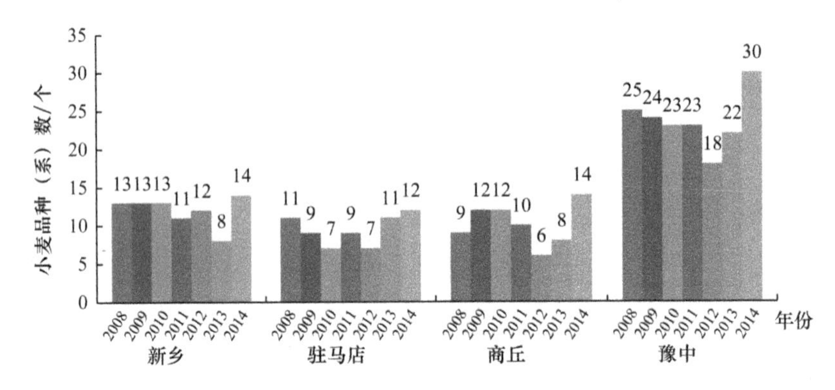

图 2-8　2008～2014 年豫中地区大田小麦品种（系）

3.2　豫中地区小麦籽粒质量

3.2.1　籽粒物理性状

3.2.1.1　千粒重

2008～2014 年豫中地区 567 份大田小麦样品籽粒千粒重平均值为(43.9±4.4) g，变异系数为 10.06%，变幅为 32.2～56.2g，变异较小。不同地区间进行方差分析可知，驻马店地区大田小麦籽粒千粒重[(44.6±4.1)g]显著高于商丘地区[(43.3±4.3) g]，与新乡地区 [(43.7±4.7) g] 之间没有显著差异。从不同年份来看，2009 年驻马店地区大田小麦籽粒千粒重显著高于商丘地区、新乡地区。2014 年驻马店地区大田小麦籽粒千粒重与新乡地区之间有没有显著差异，但显著高于商丘地区。2008 年、2010 年、2011 年、2012 年、2013 年三地区大田小麦籽粒千粒重没有显著差异（P<0.05，表 2-2）。

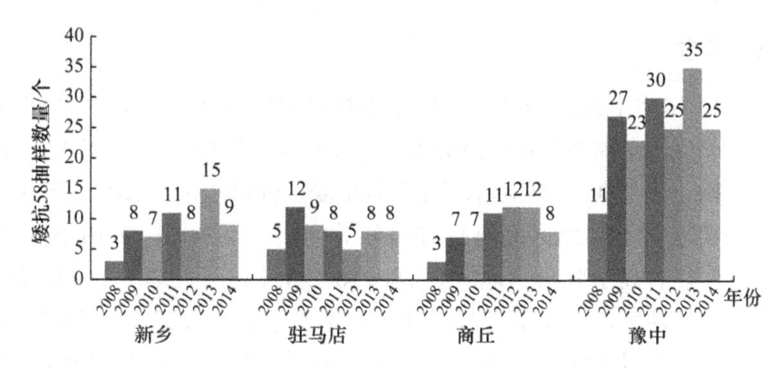

图 2-9　2008～2014 年豫中地区大田种植小麦品种矮抗 58 抽样数量

表 2-2　2008～2014 年豫中地区大田小麦籽粒千粒重

年份	地区	新乡	驻马店	商丘	豫中
2008	平均值/g	43.8±4.9aBC	43.3±2.81aC	44.1±4.1aBC	43.7±4.0B
	变异系数/%	11.24	6.50	9.40	9.18
2009	平均值/g	43.5±3.3bBC	46.7±3.0aB	41.0±3.7cDE	43.7±4.0B
	变异系数/%	7.62	6.40	8.98	9.23
2010	平均值/g	46.0±3.8aAB	47.6±3.2aAB	47.8±2.6aA	47.1±3.3A
	变异系数/%	8.28	6.67	5.45	6.98
2011	平均值/g	42.2±4.7aC	42.0±2.8aCD	42.5±3.7aCD	42.3±3.8B
	变异系数/%	11.12	6.58	8.74	8.91
2012	平均值/g	38.6±3.3aD	39.9±2.3aD	38.8±2.7aE	39.1±2.8C
	变异系数/%	8.56	5.73	7.07	7.24
2013	平均值/g	43.2±2.3aBC	43.3±1.6aC	43.1±2.2aCD	43.2±2.0B
	变异系数/%	5.21	3.57	5.06	4.62
2014	平均值/g	48.3±4.1aA	49.6±2.8aA	45.9±3.6bAB	47.9±3.8A
	变异系数/%	8.49	5.68	7.79	7.98
2008～2014	平均值/g	43.7±4.7ab	44.6±4.1a	43.3±4.3b	43.9±4.4
	变异系数/%	10.82	9.27	9.85	10.06

注：同行不同小写字母表示在 0.05 水平下，不同地区间差异显著；数据为“平均值±标准差”；下同。同列不同大写字母表示在 0.05 水平下，不同年份间差异显著；数据为“平均值±标准差”；下同

年份之间进行方差分析可知，2012 年豫中地区大田小麦籽粒千粒重［（39.1±2.8）g］显著低于其他 6 年，2010 年、2014 年豫中地区大田小麦籽粒千粒重显著高于其他年份。不同地区来看，新乡地区 2012 年大田小麦籽粒千粒重［（38.6±3.3）g］显著低于其他 6 年。商丘地区 2010 年和 2014 年大田小麦籽粒千粒重高于其余 6 年（P<0.05，表 2-2）。

3.2.1.2 容重

2008～2014 年豫中地区 567 份大田小麦样品籽粒容重平均值为(785±19)g/L，变异系数为 2.44%，变幅为 704～840g/L，变异较小。豫中地区大田大部分小麦样品容重整体平均达到770g/L 以上，符合《优质小麦 强筋小麦》(GB/T 17892—1999)标准对容重的要求。不同地区间进行方差分析可知，新乡地区大田小麦籽粒容重[(793±19) g/L]显著高于驻马店地区[(780±16) g/L]和商丘地区[(782±20) g/L]，驻马店地区和商丘地区没有明显差异。从不同年份来看，2009 年、2012 年、2013 年、2014 年新乡地区大田小麦籽粒容重均显著高于商丘地区，2010 年、2012 年、2013 年、2014 年新乡地区大田小麦籽粒容重也均显著高于驻马店地区。2008 年、2011 年三个地区之间大田小麦籽粒容重没有显著差异。2010 年商丘地区大田小麦籽粒容重显著高于驻马店地区（$P<0.05$，表 2-3）。

表 2-3 2008～2014 年豫中地区大田小麦籽粒容重

年份 \ 地区		新乡	驻马店	商丘	豫中
2008	平均值/（g/L）	793±14aBC	790±15aA	786.41±14aB	790±14AB
	变异系数/%	1.76	1.81	1.85	1.82
2009	平均值/（g/L）	787±16aC	780±16abABC	773±18bBC	780±17C
	变异系数/%	2.09	1.99	2.30	2.23
2010	平均值/（g/L）	801±15aAB	778±12bBC	802±12aA	794±17A
	变异系数/%	1.93	1.52	1.44	2.17
2011	平均值/（g/L）	780±23aC	786±15aAB	778±24aBC	782±21BC
	变异系数/%	2.92	1.91	3.14	2.70
2012	平均值/（g/L）	786±20aC	769±18bC	770±19bC	775±20C
	变异系数/%	2.59	2.30	2.42	2.62
2013	平均值/（g/L）	789±13aBC	770±9bC	779±18bBC	779±16C
	变异系数/%	1.65	1.21	2.25	2.01
2014	平均值/（g/L）	810±14aA	790±13bA	783±16bBC	795±18A
	变异系数/%	1.72	1.63	2.08	2.29
2008～2014	平均值/（g/L）	793±19a	780±16b	782±20b	785±19
	变异系数/%	2.41	2.07	2.54	2.44

年份之间进行方差分析可知，不同年份间豫中地区大田小麦籽粒容重具有显著差异，其中 2010 年、2014 年容重最高，2009 年、2012 年、2013 年容重最低。从不同地区来看，商丘地区 2010 年的大田小麦籽粒容重显著高于其余 6 年（$P<0.05$，表 2-3）。

3.2.1.3 籽粒硬度指数

2008～2014 年豫中地区 567 份大田小麦样品籽粒硬度指数平均值为（63±6）%，变异系数为 10.08%，变幅为 38%～76%，变异较大。不同地区间进行方差分析可知，商丘地区大田小麦籽粒硬度指数［（61±8）%］显著低于新乡地区［（64±5）%］和驻马店地区［（65±5）%］，新乡地区和驻马店地区之间没有显著差异。从不同年份来看，不同地区之间大田小麦籽粒硬度指数表现不同。2008 年驻马店地区大田小麦籽粒硬度指数显著高于商丘地区，与新乡地区之间没有显著差异。2009 年商丘地区大田小麦籽粒硬度指数显著低于新乡地区和驻马店地区。2010 年三地区之间没有显著差异。2011 年商丘地区大田小麦籽粒硬度指数显著低于新乡地区和驻马店地区。2012 年驻马店地区显著低于新乡地区，新乡地区与商丘地区之间没有显著差异。2013 年商丘地区小麦籽粒硬度指数显著低于新乡地区和驻马店地区，新乡地区和驻马店地区之间无显著差异。2014 年新乡地区与驻马店地区没有显著差异，其中新乡地区显著高于商丘地区（P<0.05，表 2-4）。

表 2-4 2008～2014 年豫中地区大田小麦籽粒硬度指数

年份＼地区		新乡	驻马店	商丘	豫中
2008	平均值/%	63±6abB	67±6aA	61±9bAB	64±7A
	变异系数/%	9.88	8.69	14.39	11.71
2009	平均值/%	64±4aAB	65±5aAB	59±9bAB	62±7A
	变异系数/%	6.66	7.77	15.07	11.10
2010	平均值/%	63±6aAB	65±3aAB	62±5aAB	64±5A
	变异系数/%	9.01	5.05	7.41	7.43
2011	平均值/%	65±2.09aAB	67±4aA	61±6bAB	64±5A
	变异系数/%	3.21	5.62	10.58	7.91
2012	平均值/%	66±4aA	62±5bB	65±5abA	65±5A
	变异系数/%	5.45	8.57	8.41	7.90
2013	平均值/%	64±2aAB	64±5aAB	58±9bB	62±7A
	变异系数/%	3.62	7.94	15.94	10.82
2014	平均值/%	65±5aAB	63±7abAB	59±9bAB	62±8A
	变异系数/%	8.23	11.18	15.47	12.28
2008～2014	平均值/%	64±5a	65±5a	61±8b	63±6
	变异系数/%	7.10	8.30	13.01	10.08

年份之间进行方差分析可知，不同年份间豫中地区大田小麦籽粒硬度指数无显著差异，从不同地区来看，新乡地区 2009 年、2010 年、2011 年、2013 年、2014 年之间没有显著差异，而 2012 年显著高于 2008 年。驻马店地区 2009 年与 2010

年、2013 年、2014 年之间没有显著差异，2008 年、2011 年显著高于 2012 年，2012 年大田小麦籽粒硬度指数最低。商丘地区籽粒硬度指数 2012 年显著高于 2013 年，其余年份无显著差异（$P<0.05$，表 2-4）。

3.2.1.4 籽粒降落数值

2008～2014 年豫中地区 567 份大田小麦样品籽粒降落数值平均值为（319±84）s，变异系数为 26.34%，变幅为 71～492s，变异较大，大多数样品不低于 300s。不同地区间进行方差分析可知，新乡地区大田小麦样品降落数值［（351±51）s］显著高于驻马店地区［（266±104）s］，与商丘地区［（339±60）s］之间没有显著差异。从不同年份来看，地区间变异较大。2008 年三地区之间没有显著差异。2009 年、2010 新乡地区大田小麦降落数值显著高于驻马店地区，而与商丘地区的无显著差异。2011 年新乡地区显著高于驻马店地区，商丘地区与其他两地区没有显著差异。2012 年商丘地区显著高于新乡地区，新乡地区显著高于驻马店地区。2013 年新乡地区显著高于商丘地区，商丘地区显著高于驻马店地区。2014 年新乡地区显著高于商丘地区，与驻马店地区之间没有显著差异（$P<0.05$，表 2-5）。

表 2-5 2008～2014 年豫中地区大田小麦籽粒降落数值

年份 \ 地区		新乡	驻马店	商丘	豫中
2008	平均值/s	359±48aB	338±28aB	361±32aAB	353±38B
	变异系数/%	13.40	8.25	8.77	10.77
2009	平均值/s	356±36aB	186±70bC	345±54aB	296±95C
	变异系数/%	10.05	37.79	15.75	32.23
2010	平均值/s	331±59aBC	128±52bD	307±50aC	255±105D
	变异系数/%	17.09	40.72	16.25	4122
2011	平均值/s	339±34aBC	316±34bB	334±36abBC	330±37B
	变异系数/%	10.05	12.03	10.78	11.24
2012	平均值/s	358±31bB	330±28cB	385±39aA	358±40B
	变异系数/%	8.54	8.39	10.13	11.08
2013	平均值/s	307±50aC	172±47cC	262±57bD	247±76D
	变异系数/%	16.16	27.36	21.81	30.78
2014	平均值/s	410±25aA	391±32abA	382±38bA	394±34A
	变异系数/%	6.03	8.28	9.82	8.54
2008～2014	平均值/s	351±51a	266±104b	339±60a	319±84
	变异系数/%	14.40	39.02	17.65	26.34

年份之间进行方差分析可知，不同年份间豫中地区大田小麦籽粒降落数值有显著差异，2008 年、2011 年、2012 年豫中地区大田小麦降落数值之间没有显著差异，三年均显著高于 2009 年、2010 年、2013 年，2014 年最高，显著高于其他

各年份。从不同地区来看，新乡地区 2014 年最高，2013 年最低。驻马店地区年份间变化较大，2014 年最高，显著高于其余 6 年，2010 年最低，显著低于其余各年。商丘地区年份间变异较小，2012 年和 2014 年之间没有显著差异，两年均显著高于其余 5 年；2013 年最低，显著低于其余 6 年（P<0.05，表 2-5）。

3.2.2　籽粒蛋白质性状

3.2.2.1　籽粒蛋白质含量

2008～2014 年豫中地区 567 份大田小麦样品籽粒蛋白质含量平均值为（14.5±1.3）%，变异系数为 8.59%，变幅为 11.6%～18.5%，变异较小。新乡地区大田小麦籽粒蛋白质含量平均值为（14.2±1.1）%，驻马店地区大田小麦籽粒蛋白质平均值为（14.5±1.3）%，商丘地区蛋白质平均值为（14.9±1.2）%；三个地区蛋白质平均值均符合《优质小麦　强筋小麦》(GB/T 17892—1999) 二级标准要求。不同地区间进行方差分析可知，商丘地区籽粒蛋白质含量显著高于驻马店地区和新乡地区，驻马店地区和新乡地区也存在显著差异。从不同年份来看，7 年间商丘地区大田小麦籽粒蛋白质含量显著高于新乡地区。2011 年商丘地区显著高于驻马店地区，其他 6 年没有显著差异。2009 年和 2013 年驻马店地区大田小麦籽粒蛋白质含量显著高于新乡地区，其他 5 年不存在显著差异（P<0.05，表 2-6）。

表 2-6　2008～2014 年豫中地区大田小麦籽粒蛋白质含量

年份 \ 地区		新乡	驻马店	商丘	豫中
2008	平均值/%	14.0±0.8bCD	14.1±0.8abC	14.5±0.8aCD	14.2±0.8C
	变异系数/%	5.46	5.43	5.79	5.76
2009	平均值/%	13.4±0.7bDE	13.8±0.8aC	14.1±0.6aD	13.8±0.7D
	变异系数/%	5.02	5.57	4.17	5.31
2010	平均值/%	14.7±0.8bAB	15.1±0.6abB	15.4±0.9aB	15.1±0.8B
	变异系数/%	5.60	4.25	5.61	5.50
2011	平均值/%	14.1±0.7bBC	14.0±1.0bC	14.7±0.8aC	14.3±0.9C
	变异系数/%	4.96	7.43	5.38	6.38
2012	平均值/%	15.1±1.1bA	15.4±1.0abAB	15.8±0.7aAB	15.5±1.0AB
	变异系数/%	7.56	6.46	4.34	6.42
2013	平均值/%	15.1±0.9bA	16.0±1.2aA	16.4±0.8aA	15.8±1.1A
	变异系数/%	6.01	7.74	4.79	7.14
2014	平均值/%	12.9±0.7bE	13.1±0.5abD	13.4±0.5aE	13.1±0.6E
	变异系数/%	5.47	3.98	3.93	4.70
2008～2014	平均值/%	14.2±1.1c	14.5±1.3b	14.9±1.2a	14.5±1.3
	变异系数/%	8.01	8.89	8.11	8.59

年份之间进行方差分析可知，不同年份间豫中地区大田小麦籽粒蛋白质含量存在显著差异。2013 年豫中地区大田小麦籽粒蛋白质含量高于其余 6 年，达到15.8%左右，2014 年最低，显著低于其余 6 年。从不同地区来看，三个地区大田小麦籽粒蛋白质含量年份间变化与豫中地区整体一致（P<0.05，表 2-6）。

3.2.2.2 湿面筋含量

2008～2014 年豫中地区 567 份大田小麦样品湿面筋含量平均值为（31.4±3.6）%，变异系数为 11.46%，变幅为 23.4%～45.1%，变异较小。不同地区间进行方差分析可知，商丘地区湿面筋含量显著高于新乡地区和驻马店地区。从不同年份来看，2009 年、2011 年、2012 年商丘地区湿面筋含量显著高于其他两个地区。2008 年、2010 年商丘地区湿面筋含量显著高于驻马店地区，与新乡地区无明显差异。2013 年和 2014 年商丘地区显著高于新乡地区，与驻马店地区无明显差异。2009 年、2011 年、2012 年、2013 年、2014 年驻马店地区湿面筋含量显著高于新乡地区，其他两年无显著差异（P<0.05，表 2-7）。

年份之间进行方差分析可知，2012 年、2013 年之间豫中地区大田小麦湿面筋含量无显著差异，且这两年大田小麦湿面筋含量均显著高于其余 5 年。2009 年、2014 年之间无显著差异，但均低于其他 5 年。从不同地区来看，三个地区大田小麦湿面筋含量年份间变化与豫中地区整体一致（P<0.05，表 2-7）。

表 2-7 2008～2014 年豫中地区大田小麦湿面筋含量

年份	地区	新乡	驻马店	商丘	豫中
2008	平均值/%	29.8±2.2abBCD	29.1±2.0bBC	31.2±2.1aBC	30.1±2.2CD
	变异系数/%	7.19	6.79	6.84	7.42
2009	平均值/%	27.8±1.8bD	28.2±2.1bC	30.1±1.6aCD	28.7±2.0E
	变异系数/%	6.33	7.30	5.14	7.11
2010	平均值/%	31.6±2.6abB	30.9±1.7bB	32.8±2.3aB	31.8±2.3B
	变异系数/%	8.13	5.53	6.95	7.33
2011	平均值/%	30.2±2.4bBC	29.9±3.1bBC	32.2±2.3aB	30.8±2.8BC
	变异系数/%	8.04	10.25	7.03	9.00
2012	平均值/%	34.9±3.6bA	33.9±3.5bA	37.1±2.5aA	35.3±3.4A
	变异系数/%	10.19	10.19	6.71	9.72
2013	平均值/%	31.6±3.7bB	34.61±3.9aA	36.14±3.0aA	34.1±4.0A
	变异系数/%	11.76	11.37	8.18	11.73
2014	平均值/%	28.4±1.4bCD	28.7±1.5abC	29.3±1.2aD	28.8±1.4DE
	变异系数/%	4.80	5.17	4.22	4.87
2008～2014	平均值/%	30.6±3.4b	30.8±3.5b	32.7±3.5a	31.4±3.6
	变异系数/%	11.12	11.49	10.67	11.46

3.2.2.3　面筋指数

2008～2014 年豫中地区 567 份大田小麦样品面筋指数平均值为(67.6±22.9)%，变异系数为 33.81%，变幅为 1.4%～100.0%，变异大。不同地区间进行方差分析可知，驻马店地区［(72.0±23.1)%］大田小麦面筋指数显著高于新乡地区［(64.7±24.4)%］和商丘地区［(66.2±20.5)%］，新乡地区与商丘地区之间没有显著差异。从不同年份来看，2008 年、2011 年、2012 年、2013 年三地区之间没有显著差异。2009 年商丘地区显著高于新乡地区，而驻马店地区与其余两地区无显著差异。2010 年、2014 年驻马店地区显著高于商丘地区，而新乡地区与其余两地区没有显著差异（$P<0.05$，表 2-8）。

表 2-8　2008～2014 年豫中地区大田小麦面筋指数

年份 \ 地区		新乡	驻马店	商丘	豫中
2008	平均值/%	70.4±24.9aAB	64.8±31.0aB	73.3±22.5aA	69.5±26.3B
	变异系数/%	35.31	47.85	30.67	37.80
2009	平均值/%	52.2±27.4bB	63.2±25.5abB	73.6±17.3aA	63.0±25.1BC
	变异系数/%	52.45	40.37	23.52	39.83
2010	平均值/%	64.7±22.0abAB	74.8±16.2aAB	54.4±14.0bBC	64.6±19.4BC
	变异系数/%	34.05	21.61	25.73	30.02
2011	平均值/%	77.6±17.6aA	85.6±14.7aA	76.8±15.9aA	80.0±16.4A
	变异系数/%	22.68	17.20	20.75	20.52
2012	平均值/%	67.8±26.8aAB	76.1±22.5aAB	74.1±13.3aA	72.7±21.7AB
	变异系数/%	39.54	29.59	17.98	29.79
2013	平均值/%	64.8±21.7aAB	76.3±11.1aAB	65.4±19.1aAB	68.8±18.4B
	变异系数/%	33.42	14.59	29.17	26.76
2014	平均值/%	55.5±22.0abB	63.0±25.8aB	45.8±19.1bC	54.8±23.3C
	变异系数/%	39.54	40.95	41.59	42.47
2008～2014	平均值/%	64.7±24.4b	72.0±23.1a	66.2±20.5b	67.6±22.9
	变异系数/%	37.68	32.08	30.90	33.81

年份之间进行方差分析可知，不同年份间豫中地区大田小麦面筋指数差异较小。2014 年豫中地区大田小麦面筋指数最低。2009 年、2010 年之间没有显著差异，2011 年豫中地区大田小麦面筋指数显著高于 2008 年、2009 年、2010 年、2013 年、2014 年。从不同地区来看，新乡地区 2009 年大田小麦面筋指数最低、2011 年最高。驻马店地区 2010 年、2012 年、2013 年变化不显著。商丘地区 2014 较除 2010 年外的其余各年显著偏低，2008 年、2009 年、2011 年、

2012 年、2013 年变化不显著（$P<0.05$，表 2-8）。

3.2.2.4 沉降指数

2008～2014 年豫中地区 567 份大田小麦样品籽粒沉降指数平均值为（48.9±11.4）mL，变异系数为 23.30%，变幅为 22.0～90.0mL，变异较大。不同地区间进行方差分析可知，驻马店地区大田小麦籽粒沉降指数［（51.0±11.1）mL］显著高于新乡地区［（46.9± 11.8）mL］，与商丘地区［（48.9±10.9）mL］无显著差异，新乡地区与商丘地区之间没有显著差异。从不同年份来看，2008 年、2011 年三地区间不存在显著差异。2012 年和 2013 年驻马店地区大田小麦籽粒沉降指数显著高于新乡地区和商丘地区，商丘地区与新乡地区之间没有显著差异。2009 年和 2014 商丘地区显著高于新乡地区。2010 年驻马店地区小麦籽粒沉降指数显著高于商丘地区，与新乡地区没有明显差异（$P<0.05$，表 2-9）。

表 2-9 2008～2014 年豫中地区大田小麦籽粒沉降指数

年份 \ 地区		新乡	驻马店	商丘	豫中
2008	平均值/mL	51.9±8.3aBC	51.0±10.4aB	53.0±10.4aB	52.0±9.6BC
	变异系数/%	15.94	20.29	19.59	18.53
2009	平均值/mL	47.9±4.3bC	50.0±4.3bB	53.8±4.6aB	50.6±5.0C
	变异系数/%	8.90	8.65	8.50	9.87
2010	平均值/mL	54.1±8.6abAB	57.9±7.0aA	53.0±6.4bB	55.0±7.6B
	变异系数/%	15.92	12.13	11.98	13.79
2011	平均值/mL	58.9±11.4aA	58.7±6.0aA	60.0±5.9aA	59.1±8.1A
	变异系数/%	19.38	10.12	9.85	13.66
2012	平均值/mL	40.7±6.8bD	50.2±7.4aB	41.7±4.8bC	44.2±7.7D
	变异系数/%	16.77	14.78	11.55	17.37
2013	平均值/mL	45.8±7.5bCD	57.7±7.0aA	48.9±9.6bB	50.8±9.5C
	变异系数/%	16.40	12.18	19.65	18.67
2014	平均值/mL	29.1±4.4bE	31.4±4.1abC	31.9±3.4aD	30.8±4.1E
	变异系数/%	14.99	13.12	10.71	13.40
2008～2014	平均值/mL	46.9±11.8b	51.0±11.1a	48.9±10.9ab	48.9±11.4
	变异系数/%	25.23	21.77	22.36	23.30

年份之间进行方差分析可知，不同年份之间豫中地区大田小麦样品籽粒沉降指数有显著差异，其中 2011 年显著高于其他 6 年，2014 年显著低于其他 6 年。从不同地区来看，新乡地区大田小麦样品籽粒沉降指数 2011 年最高，2014 年显著低于其他 6 年。驻马店地区 2010 年、2011 年、2013 年之间没有显著差异，但

显著高于其他 3 年，2014 年显著低于其他 6 年。商丘地区 2011 年最高，2014 年最低（P<0.05，表 2-9）。

3.2.3　粉质参数

3.2.3.1　面团吸水率

2008～2014 年豫中地区 567 份大田小麦样品面团吸水率平均值为（59.5±2.9）%，变异系数为 4.87%，变幅为 50.5%～68.0%，变异较小。不同地区进行方差分析可知，新乡地区大田小麦面团吸水率［（59.4±2.4）%］显著高于商丘地区［（58.8±3.0）%］，与驻马店地区［（60.3±3.0）%］无显著差异。2008 年驻马店地区显著高于新乡地区和商丘地区，新乡地区与商丘地区之间没有显著差异。2009 年、2012 年、2014 年驻马店地区与新乡地区之间没有显著差异。2010 年新乡地区显著低于驻马店地区和商丘地区，驻马店地区与商丘地区之间没有显著差异。2011 年和 2013 年三地区之间没有显著差异（P<0.05，表 2-10）。

表 2-10　2008～2014 年豫中地区大田小麦面团吸水率

年份＼地区		新乡	驻马店	商丘	豫中
2008	平均值/%	58.5±1.8bAB	61.7±3.4aA	59.0±3.5bAB	59.8±3.3A
	变异系数/%	3.04	5.48	5.89	5.47
2009	平均值/%	59.9±1.6aAB	60.8±2.6aAB	58.1±3.1bB	59.6±2.7A
	变异系数/%	2.74	4.20	5.32	4.55
2010	平均值/%	58.9±2.6bAB	61.3±2.2aA	60.7±2.2aA	60.3±2.5A
	变异系数/%	4.41	3.54	3.61	4.18
2011	平均值/%	59.6±2.3aAB	59.0±2.4aB	59.1±2.9aAB	59.2±2.5AB
	变异系数/%	3.91	4.03	4.83	4.25
2012	平均值/%	60.4±2.2aA	59.8±3.2abAB	58.7±2.2bAB	59.6±2.7A
	变异系数/%	3.69	5.40	3.76	4.47
2013	平均值/%	58.2±2.0aB	58.9±3.9aB	57.7±3.2aB	58.3±3.2B
	变异系数/%	3.43	6.62	5.61	5.40
2014	平均值/%	60.4±3.1aA	60.4±2.1aAB	58.1±3.2bB	59.6±3.0A
	变异系数/%	5.18	3.48	5.55	5.07
2008～2014	平均值/%	59.4±2.4a	60.3±3.0a	58.8±3.0b	59.5±2.9
	变异系数/%	4.04	5.01	5.16	4.87

年份之间进行方差分析可知，2013 年豫中地区大田小麦样品面团吸水率显著低于除 2011 年外的其余各年份，其余各年份之间无显著差异。从不同地区来看，三个地区年份间变化与豫中地区整体变化基本一致（P<0.05，表 2-10）。

3.2.3.2 面团稳定时间

2008～2014 年豫中地区 567 份大田小麦样品面团稳定时间平均值为（7.7±7.0）min，变异系数为 90.53%，变幅为 1.0～48.9min，变异特大。豫中地区大田小麦样品面团稳定时间平均值达到 7.0min 以上，符合《优质小麦 强筋小麦》（GB/T 17892—1999）二级标准。不同地区进行方差分析可知，新乡地区和驻马店地区大田小麦面团稳定时间平均值达到 7min 以上，符合《优质小麦 强筋小麦》（GB/T 17892—1999）二级标准。新乡地区大田小麦面团稳定时间显著高于商丘地区，与驻马店地区之间没有显著差异。从不同年份来看，2008 年三个地区间没有显著差异。2009 年商丘地区显著高于新乡地区与驻马店地区，新乡地区与驻马店地区没有显著差异。2010 年新乡地区显著高于驻马店地区和商丘地区，驻马店地区和商丘地区之间无显著差异。2011 年、2012 年、2014 年驻马店地区显著高于新乡地区和商丘地区，新乡地区和商丘地区之间无显著差异（$P<0.05$，表 2-11）。

表 2-11 2008～2014 年豫中地区大田小麦面团稳定时间

年份 \ 地区		新乡	驻马店	商丘	豫中
2008	平均值/min	9.1±10.2aA	6.1±5.90aB	6.4±4.95aAB	7.2±7.4BC
	变异系数/%	111.40	97.49	77.63	103.04
2009	平均值/min	5.0±2.2bA	3.6±1.4bB	7.6±3.6aA	5.4±3.0C
	变异系数/%	43.91	38.24	47.39	56.09
2010	平均值/min	9.5±9.0aA	5.5±1.8bB	4.6±2.3bB	6.5±5.8BC
	变异系数/%	95.37	33.10	50.02	89.15
2011	平均值/min	9.2±10.4bA	14.6±8.0aA	5.1±2.1bAB	9.6±8.6AB
	变异系数/%	112.70	55.05	41.85	88.80
2012	平均值/min	10.5±8.9bA	17.1±10.1aA	7.1±2.1bAB	11.6±8.8A
	变异系数/%	85.10	58.75	29.77	76.11
2013	平均值/min	6.3±2.7abA	4.6±1.1bB	6.9±4.6aAB	5.9±3.3C
	变异系数/%	43.12	23.96	65.85	54.80
2014	平均值/min	5.5±4.2bA	12.5±10.4aA	4.7±2.4bB	7.6±7.4BC
	变异系数/%	76.77	82.75	51.24	97.93
2008～2014	平均值/min	7.9±7.74a	9.1±8.31a	6.1±3.49b	7.7±7.0
	变异系数/%	98.15	91.03	57.66	90.53

年份之间进行方差分析可知，不同年份之间豫中地区大田小麦样品面团稳定时间 2012 年显著高于除 2011 年外的其余 5 年。从不同地区来看，新乡地区大田小麦面团稳定时间各年份间没有显著差异。驻马店地区年际变化较大，2012 年最

高，2009 年最低。商丘地区年份间变化较小，2009 年最高，2010 年最低（$P<0.05$，表 2-11）。

3.2.3.3　面团弱化度

2008～2014 年豫中地区 567 份大田小麦样品面团弱化度平均值为（68±41）BU，变异系数为 60.06%。变幅为 1～228BU，变异较大。不同地区进行方差分析可知，驻马店地区大田小麦面团弱化度[（73±51）BU]显著高于新乡地区[（63±33）BU]，与商丘地区［（68±35）BU］之间没有显著差异。从不同年份来看，2008 年三个地区之间没有显著差异。2009 年、2013 年驻马店地区显著高于新乡地区和商丘地区，新乡地区与商丘地区之间没有显著差异。2011 年、2012 年、2014 年驻马店地区显著低于新乡地区和商丘地区，新乡地区和商丘地区之间没有显著差异（$P<0.05$，表 2-12）。

年份之间进行方差分析可知，不同年份之间豫中地区大田小麦样品面团弱化度具有显著差异，其中 2013 年显著高于其他 6 年。2012 年显著低于其他 6 年。从不同地区来看，三个地区大田小麦面团弱化度年际变化与豫中地区整体上一致（$P<0.05$，表 2-12）。

表 2-12　2008～2014 年豫中地区大田小麦面团弱化度

年份＼地区		新乡	驻马店	商丘	豫中
2008	平均值/BU	73±42aAB	87±64aBC	75±37aAB	78±49B
	变异系数/%	57.37	73.74	49.78	62.51
2009	平均值/BU	52±24bBC	94±39aB	40±20bC	62±37C
	变异系数/%	45.60	41.39	49.64	59.41
2010	平均值/BU	42±22bC	69±29aBC	57±26abBC	56±28C
	变异系数/%	51.25	42.24	46.22	49.56
2011	平均值/BU	73±33aAB	38±20bDE	76±21aAB	63±31BC
	变异系数/%	45.47	53.71	27.26	49.10
2012	平均值/BU	38±24aC	20±14bE	39±12aC	32±19D
	变异系数/%	64.02	66.36	31.67	59.48
2013	平均值/BU	76±29bA	137±36aA	96±38bA	103±43A
	变异系数/%	38.68	26.67	40.22	41.84
2014	平均值/BU	84±25aA	63±32bCD	89±31aA	79±31B
	变异系数/%	29.34	51.52	34.96	39.90
2008～2014	平均值/BU	63±33b	73±51a	68±35ab	68±41
	变异系数/%	53.21	70.02	51.58	60.06

3.2.3.4 粉质质量指数

2008～2014 年豫中地区 567 份大田小麦样品面团粉质质量指数平均值为(94±73)mm，变异系数为 77.18%，变幅为 21～526mm，变异特大。不同地区进行方差分析可知，新乡地区大田小麦面团粉质质量指数［(97±78) mm］显著高于商丘地区［(78±35) mm］，和驻马店地区［(108±90) mm］无显著差异。从不同年份来看，2008 年三地区之间没有显著差异。2009 年商丘地区大田小麦面团粉质质量指数显著高于新乡地区，新乡地区显著高于驻马店地区。2010 年新乡地区显著高于驻马店地区，商丘地区与新乡地区和驻马店地区之间没有显著差异。2011 年驻马店地区显著高于新乡地区和商丘地区，新乡地区和商丘地区间大田小麦面团粉质质量指数没有显著差异（P<0.05，表 2-13)。

年份之间进行方差分析可知，2011 年和 2012 年豫中地区大田小麦面团粉质质量指数均显著高于 2009 年、2010 年和 2013 年。不同地区来看，新乡地区大田小麦面团粉质质量指数年份间没有显著差异。驻马店地区 2011 年、2012 年、2014 年显著高于其他各年，其余 4 年间没有显著差异。商丘地区 2009 年显著高于 2011 年和 2014 年，其余各年无显著差异（P<0.05，表 2-13)。

表 2-13 2008～2014 年豫中地区大田小麦面团粉质质量指数

年份 \ 地区		新乡	驻马店	商丘	豫中
2008	平均值/mm	123±122aA	85±65aB	80±50aAB	96±86AB
	变异系数/%	98.82	76.18	62.59	89.55
2009	平均值/mm	71±24bA	48±15cB	95±42aA	71±35B
	变异系数/%	33.83	30.70	44.30	48.79
2010	平均值/mm	96±69aA	67±16bB	68±25abAB	77±45B
	变异系数/%	71.90	24.38	36.29	58.40
2011	平均值/mm	112±108bA	181±92aA	67±23bB	120±94A
	变异系数/%	96.05	50.73	33.25	78.60
2012	平均值/mm	111±85abA	150±105aA	87±17bAB	116±82A
	变异系数/%	76.73	69.82	19.72	70.68
2013	平均值/mm	84±27aA	60±9bB	87±44aAB	77±32B
	变异系数/%	32.51	14.56	50.68	41.88
2014	平均值/mm	80±45bA	163±126aA	65±23bB	103±89AB
	变异系数/%	56.40	77.15	36.18	86.38
2008～2014	平均值/mm	97±78a	108±90a	78±35b	94±73
	变异系数/%	80.07	83.77	45.16	77.18

3.2.4 拉伸特性

3.2.4.1 面团延伸度

2008～2014 年豫中地区 567 份大田小麦样品面团延伸度平均值为（151±20）mm，变异系数为 13.07%，变幅为 101～218mm，变异较大。不同地区进行方差分析可知，驻马店地区大田小麦样品面团延伸度显著高于商丘地区，与新乡地区之间没有显著差异。从不同年份来看，2009 年、2010 年驻马店地区大田小麦面团延伸度显著高于新乡地区，与商丘地区没有显著差异。2012 年新乡地区显著高于商丘地区，与驻马店地区没有显著差异。2014 年驻马店地区小麦面团延伸度显著高于商丘地区。其余三年三个地区之间没有显著差异（P<0.05，表 2-14）。

表 2-14 2008～2014 年豫中地区大田小麦面团延伸度

年份	地区	新乡	驻马店	商丘	豫中
2008	平均值/mm	158±16aAB	161±15aAB	155±13aAB	158±15AB
	变异系数/%	10.31	9.62	8.55	9.54
2009	平均值/mm	147±12bABC	161±18aAB	152±16abAB	153±17B
	变异系数/%	8.48	11.68	10.65	11.02
2010	平均值/mm	151±19bABC	173±16aA	162±22abA	162±21A
	变异系数/%	12.47	9.40	13.34	12.86
2011	平均值/mm	136±14aC	133±14aD	142±15aBC	137±15C
	变异系数/%	9.94	10.24	10.82	10.59
2012	平均值/mm	159±29aA	156±16abBC	142±17bBC	153±22B
	变异系数/%	17.85	10.40	11.86	14.35
2013	平均值/mm	157±22aAB	152±16aBC	149±16aB	152±18B
	变异系数/%	13.95	10.44	10.56	11.93
2014	平均值/mm	143±18abBC	146±18aCD	133±12bC	141±17C
	变异系数/%	12.51	11.97	9.05	11.94
2008～2014	平均值/mm	150±21ab	154±20a	148±18b	151±20
	变异系数/%	13.69	12.90	12.28	13.07

年份之间进行方差分析可知，不同年份间豫中地区大田小麦面团延伸度有显著差异，2011 年、2014 年两年之间没有显著差异，显著低于其余 5 年。2010 年最高。从不同地区来看，三个地区大田小麦面团延伸度年际变化趋势与豫中地区一致（P<0.05，表 2-14）。

3.2.4.2 面团拉伸阻力（5cm）

2008～2014 年豫中地区 567 份大田小麦样品面团拉伸阻力（5cm）平均值为（265± 93）BU，变异系数为 35.14%，变幅为 85～664BU，变异较大。不同地区进行方差分析可知，三个地区间大田小麦样品面团拉伸阻力（5cm）具有显著差异，其中驻马店地区［（287±105）BU］最大，其次是新乡地区［（257±98）BU］，商丘地区［（250±69）BU］最小，新乡地区与商丘地区间无显著差异。从不同年份来看，2010 年新乡地区显著高于驻马店地区和商丘地区，驻马店地区与商丘地区之间没有显著差异。2011 年驻马店地区显著高于商丘地区。2008 年和 2009 年三个地区之间均没有显著差异。2012 年驻马店地区显著高于新乡地区与商丘地区，商丘地区与新乡地区之间没有显著差异。2013 商丘地区显著高于新乡地区，驻马店与其余两地区之间没有显著差异。2014 年驻马店地区显著高于新乡地区和商丘地区，新乡地区与商丘地区之间没有显著差异（$P<0.05$，表 2-15）。

表 2-15 2008～2014 年豫中地区大田小麦面团 5cm 处拉伸阻力

年份	地区	新乡	驻马店	商丘	豫中
2008	平均值/BU	245±100aB	231±69aBC	233±71aBCD	237±81C
	变异系数/%	40.79	30.04	30.30	34.05
2009	平均值/BU	228±53aB	240±89aBC	253±42aABCD	240±64C
	变异系数/%	23.06	37.05	16.59	26.77
2010	平均值/BU	273±77aAB	220±62bC	203±46bD	232±69C
	变异系数/%	28.03	28.34	22.75	29.79
2011	平均值/BU	341±127abA	406±98aA	289±69bA	345±111A
	变异系数/%	37.41	24.10	23.76	32.07
2012	平均值/BU	251±113bB	362±107aA	266±68bABC	293±109B
	变异系数/%	45.04	29.41	25.38	37.02
2013	平均值/BU	231±79bB	262±50abBC	283±77aAB	258±72BC
	变异系数/%	33.98	18.97	27.22	27.84
2014	平均值/BU	228±69bB	291±90aB	227±67bCD	249±81C
	变异系数/%	30.06	30.85	29.35	32.46
2008～2014	平均值/BU	257±98b	287±105a	250±69b	265±93
	变异系数/%	37.95	36.49	27.64	35.14

年份之间进行方差分析可知，不同年份间豫中地区大田小麦面团拉伸阻力（5cm）有显著差异，2011 年最高，显著高于其余 6 年，2008 年、2009 年、2010 年、2013 年、2014 之间无显著差异。从不同地区来看，三个地区大田小麦面团拉伸阻力（5cm）年份间变化趋势与豫中地区大致一致，新乡地区年份间变化较小

（P<0.05，表 2-15）。

3.2.4.3　面团最大拉伸阻力

2008～2014 年豫中地区 567 份大田小麦样品面团最大拉伸阻力平均值为（358±159）BU，变异系数为 44.47%，变幅为 86～1050BU，变异较大。不同地区进行方差分析可知，驻马店地区大田小麦样品面团最大拉伸阻力［（402±169）BU］显著高于新乡地区［（350±183）BU］和商丘地区［（323±105）BU］，新乡地区与商丘地区之间没有显著差异。从不同年份来看，2008 年、2009 年、2013 年三个地区之间没有显著差异。2012 年和 2014 年驻马店地区大田小麦面团最大拉伸阻力显著高于新乡地区和商丘地区，新乡地区和商丘地区之间没有显著差异。2010 年新乡地区显著高于商丘地区，与驻马店地区没有显著差异。2011 年驻马店地区显著高于商丘地区，与新乡地区没有显著差异（P<0.05，表 2-16）。

表 2-16　2008～2014 年豫中地区大田小麦面团最大拉伸阻力

年份 \ 地区		新乡	驻马店	商丘	豫中
2008	平均值/BU	342±181aAB	318±140aB	305±123aBCD	322±149B
	变异系数/%	53.06	44.06	40.45	46.39
2009	平均值/BU	290±109aB	330±141aB	329±60aABCD	317±109B
	变异系数/%	37.53	42.73	18.34	34.40
2010	平均值/BU	373±160aAB	350±140abB	276±89bCD	333±138B
	变异系数/%	42.88	39.93	32.26	41.38
2011	平均值/BU	456±250abA	533±156aA	356±84bAB	448±189A
	变异系数/%	54.85	29.25	23.68	42.24
2012	平均值/BU	380±227bAB	569±180aA	342±80bABC	430±198A
	变异系数/%	59.68	31.58	23.32	46.04
2013	平均值/BU	332±140aAB	342±68aB	394±135aA	356±121B
	变异系数/%	42.25	19.94	34.34	33.94
2014	平均值/BU	276±123bB	373±142aB	259±88bD	303±129B
	变异系数/%	44.33	38.14	34.13	42.47
2008～2014	平均值/BU	350±183b	402±169a	323±105b	358±159
	变异系数/%	52.26	42.13	32.56	44.47

年份之间进行方差分析可知，不同年份间豫中地区大田小麦面团最大拉伸阻力有显著差异，2011 年、2012 年最高，显著高于其余 5 年，其他 5 年之间没有显著差异；2014 年最低。从不同地区来看，商丘地区年份间变化较大，2013 年最高，2014 年最低。新乡地区、驻马店地区年份间变化较小（P<0.05，表 2-16）。

3.2.4.4 面团拉伸能量

2008～2014 年豫中地区 567 份大田小麦样品面团拉伸能量平均值为（73±32）cm^2，变异系数为 44.18%，变幅为 18～214cm^2，变异较大。不同地区进行方差分析可知，驻马店地区大田小麦样品面团最大拉伸能量［（81±33）cm^2］显著高于新乡地区［（72±39）cm^2］和商丘地区［（65±20）cm^2］，新乡地区与商丘地区之间没有显著差异。从不同年份来看，2011 年驻马店地区显著高于商丘地区。2012 年驻马店地区显著高于新乡地区和商丘地区，新乡地区和商丘地区之间无显著差异。2008 年、2009 年、2010 年、2013 年三个地区之间没有显著差异。2014 年驻马店地区显著高于商丘地区，新乡地区与其余两地区没有显著差异（P<0.05，表 2-17）。

年份之间进行方差分析可知，不同年份间豫中地区大田小麦面团最大拉伸阻力具有显著差异，2012 年最高，显著高于 2008 年、2009 年、2014 年，2014 年最低。从不同地区来看，新乡地区年份间无显著差异，驻马店地区年份间变异较小，2012 年显著高于除 2011 年外的其余 5 年，其余 5 年无显著差异。商丘地区年份间变异较小，2014 年显著低于其余 6 年，其余 6 年间无显著差异（P<0.05，表 2-17）。

表 2-17 2008～2014 年豫中地区大田小麦面团拉伸能量

年份	地区	新乡	驻马店	商丘	豫中
2008	平均值/cm^2	74±37aA	71±32aB	64±23aA	70±31BCD
	变异系数/%	50.49	44.89	36.06	44.71
2009	平均值/cm^2	60±23aA	71±29aB	69±12aA	67±23CD
	变异系数/%	39.13	40.85	16.90	34.27
2010	平均值/cm^2	79±37aA	81±34aB	62±22aA	74±33ABC
	变异系数/%	46.70	42.32	35.26	43.84
2011	平均值/cm^2	84±46abA	93±29aAB	69±12bA	82±33AB
	变异系数/%	55.07	30.70	17.35	40.62
2012	平均值/cm^2	82±53bA	112±36aA	66±14bA	86±42A
	变异系数/%	65.55	32.14	21.79	48.83
2013	平均值/cm^2	70±32aA	70±14aB	76±26aA	72±25ABCD
	变异系数/%	45.18	19.65	33.65	34.28
2014	平均值/cm^2	56±30abA	72±29aB	47±15bB	59±27D
	变异系数/%	53.17	39.59	32.03	46.36
2008～2014	平均值/cm^2	72±39b	81±33a	65±20b	73±32
	变异系数/%	53.88	40.07	30.87	44.18

从 2008～2014 年豫中地区 567 份大田小麦样品籽粒质量分析结果可知，豫中地区大田小麦籽粒千粒重平均值为（43.9±4.4）g，变幅为 32.2～56.2g；籽粒容重平均值为（785

±19) g/L，变幅为 704～840g/L；籽粒硬度指数平均值为（63±6）%，变幅为 38%～76%；籽粒降落数值平均值为（319±84）s，变幅为 71～492s；籽粒沉降指数平均值为（48.9±11.4）mL，变幅为 22.0～90.0 mL；籽粒蛋白质含量平均值为（14.5±1.3）%，变幅为 11.6%～18.5%；湿面筋含量平均值为（31.4±3.6）%，变幅为 23.4%～45.1%；面团吸水率平均值为（59.5±2.9）%，变幅为 50.5%～68.0%；面团稳定时间平均值为（7.7±7.0）min，变幅为 1.0～48.9min；面团延伸度平均值为（151±20）mm，变幅为 101～218mm；面团最大拉伸阻力平均值为（358±159）BU，变幅为 86～1050BU；面团拉伸能量平均值为（73±32）cm^2，变幅为 18～214cm^2。整体来看，豫中地区大田小麦籽粒容重、籽粒蛋白质含量较高，湿面筋含量偏低。其中容重、蛋白质含量平均水平均达到《优质小麦　强筋小麦（GB/T 17892—1999)》标准。豫中地区大田小麦整体表现为中筋偏强类型。

3.3　豫中地区优质小麦生产现状

3.3.1　2008～2014 年豫中地区优质强筋小麦生产现状

参照《优质小麦　强筋小麦（GB/T 17892—1999)》，对 2008～2014 年豫中地区抽取的 567 份大田小麦样品优质率统计分析可知，有 79.2%的样品容重大于 770g/L，符合国家小麦二级标准；分别以降落数值、蛋白质含量、湿面筋含量和稳定时间单项指标符合程度判断，单项达到《优质小麦　强筋小麦》二等标准的比例分别为 71.3%、63.7%、42.4%、33.3%。根据国家优质小麦强筋标准，以容重、蛋白质含量、湿面筋含量、降落数值和面团稳定时间同时达到要求为判别依据，2008～2014 年达到优质小麦强筋二等标准要求的小麦样品比例为 7.58%（表 2-18）。

表 2-18　2008～2014 年豫中地区强筋小麦比例

品质性状＼年份	2008（n=81）	2009（n=81）	2010（n=81）	2011（n=81）	2012（n=81）	2013（n=81）	2014（n=81）	2008～2014（n=567）
容重（≥770g/L）	75/92.6	58/71.6	74/91.4	61/75.3	47/58	59/72.8	75/92.6	449/79.2
蛋白质含量（≥14.0%）	47/58.0	33/40.7	74/91.4	51/63	70/86.4	79/97.5	7/8.6	361/63.7
湿面筋含量（≥32%）	15/18.5	2/2.5	41/50.6	28/34.6	65/80.2	55/67.9	0/0	206/42.4
稳定时间（≥7.0min）	28/34.6	19/23.5	17/21.0	34/42.0	51/63	19/23.5	21/25.9	189/33.3
降落数值（≥300s）	74/91.4	49/60.5	36/44.4	64/79	75/92.6	26/32.1	80/98.8	404/71.3
容重≥770g/L 蛋白质含量≥14.0% 湿面筋含量≥32% 稳定时间≥7.0min 降落数值≥300s	6/7.4	1/1.2	5/6.2	7/8.6	18/22.2	6/7.4	0/0	43/7.58

注：参照《优质小麦　强筋小麦》(GB/T 17892—1999)。“75/92.6”中的“75”表示达标样品数量为 75，“92.6”表示达标样品数量占样品总数的百分比为 92.6%。其余以此类推

从单项性状达到优质强筋比例来看，容重比例最高，其次是降落数值、蛋白质含量、湿面筋含量，面团稳定时间达到优质强筋比例最低。湿面筋含量较低、面团稳定时间较短是导致该区优质小麦强筋比例较低的主要原因。仅以面团稳定时间≥7.0min 为标准进行判别，驻马店地区优质强筋小麦的比例最高，为 41.3%，其次是新乡地区，为 30.2%，商丘地区的比例最低，为 28.6%。说明驻马店、新乡地区小麦筋力大于商丘地区。

3.3.2 2008～2014 年豫中地区优质弱筋小麦生产现状

参照《优质小麦　弱筋小麦（GB/T 17893—1999)》，对 2008～2014 年豫中地区抽取的 567 份大田小麦样品优质率统计分析可知，分别以容重、蛋白质含量、湿面筋含量、降落数值和稳定时间单项指标符合程度判断，单项达到《优质小麦　弱筋小麦》二等标准的比例分别为 96.1%、0、0、71.3%、9.0%。依据标准规定的判别原则，以容重、蛋白质含量、湿面筋含量、降落数值和稳定时间 5 个指标同时满足要求作为判断依据，2008～2013 年豫中地区大田小麦样品中无样品达到《优质小麦　弱筋小麦》标准（表 2-19)。从单项指标达到优质弱筋的比例来看，容重比例最高，达到 96.1%，其次是降落数值和面团稳定时间，而籽粒蛋白质含量和湿面筋含量达到优质弱筋比例最低，均为 0。调查结果说明，样本达到优质弱筋的比例极低，该区域不适宜生产弱筋小麦。

表 2-19　2008～2014 年豫中地区弱筋小麦比例

品质性状＼年份	2008（*n*=81）	2009（*n*=81）	2010（*n*=81）	2011（*n*=81）	2012（*n*=81）	2013（*n*=81）	2014（*n*=81）	2008～2014（*n*=567）
容重（≥750g/L）	81/100	76/93.8	81/100	76/93.8	72/88.9	78/96.3	81/100	545/96.1
蛋白质含量（≤11.5%）	0/0	0/0	0/0	0/0	0/0	0/0	0/0	0/0
湿面筋含量（≤22.0%）	0/0	0/0	0/0	0/0	0/0	0/0	0/0	0/0
稳定时间（≤2.5min）	13/16.0	9/11.1	5/6.2	2/2.5	9/11.1	5/6.2	8/9.9	51/9.0
降落数值（≥300s）	74/91.4	49/60.5	36/44.4	64/79	75/92.6	26/32.1	80/98.8	404/71.3
容重≥750g/L 蛋白质含量≤11.5% 湿面筋含量≤22.0% 降落数值≥300s 稳定时间≤2.5min	0/0	0/0	0/0	0/0	0/0	0/0	0/0	0/0

注：参照《优质小麦　弱筋小麦》(GB/T 17893—1999)。“81/100.00”中的“81”表示达标样品数量为 81，“100”表示达标样品数量占样品总数的百分比为 100%。其余以此类推

四、小结和建议

4.1　小结

（1）2008～2014 年抽取的 567 份小麦样品包括 93 个小麦品种（系）。7 年样品数量均居前五位的品种有矮抗 58；有 4 年进入前五名的品种有周麦 18、郑麦 9023；有两年进入前五名的品种有郑麦 366、众麦 1 号、周麦 22；仅有一年进入前五名的品种有周麦 16、温麦 18、衡观 35、西农 9718。从全区来看，大田种植的小麦品种数量逐年递减，品种有趋于集中的趋势。主栽品种矮抗 58 种植比例明显上升，西农 979、郑麦 9023 和周麦 18 的种植面积基本稳定。

（2）2008～2014 年采集到的 567 份大田小麦样品，有 79.2%的样品籽粒容重大于 770g/L，符合国家小麦二级标准；63.7%的小麦样品籽粒蛋白质含量≥14.0%，42.4%的小麦样品湿面筋含量≥32%，33.3%的小麦样品面团稳定时间≥7.0min，达到优质小麦强筋二级标准；71.3%的小麦样品降落数值≥300s。根据国家优质小麦强筋标准，以容重、蛋白质含量、湿面筋含量、降落数值和面团稳定时间同时达到要求为判别依据，2008～2014 年达到优质小麦强筋二级标准要求的小麦样品比例为 7.58%。湿面筋含量较低、面团稳定时间较短是导致该区优质小麦强筋比例较低的主要原因。

（3）2008～2014 年豫中小麦产区抽取矮抗 58 样品 176 份，居第一位，占全部样品的 31.0%。2008 年、2009 年、2010 年、2011 年、2012 年、2013 年和 2014 年抽取的矮抗 58 样品占当年全部样品的比例分别为 13.6%、33.3%、28.4%、37.0%、30.9%、43.2%和 30.9%，结果表明矮抗 58 在河南小麦主产区域的种植面积趋稳。抽取的 176 份矮抗 58 大田样品中，83.0%的矮抗 58 样品容重均在 770g/L 以上，61.9%的矮抗 58 样品籽粒蛋白质含量在 14.0%以上，37.5%的样品湿面筋含量在 32%以上，67.6%的矮抗 58 样品降落数值在 300s 以上。仅以面团稳定时间（≥7.0min）为判别标准，有 19.3%的矮抗 58 样品达到国家优质强筋小麦二级标准。

（4）2008～2014 年豫中小麦产区抽取西农 979 样品 56 份，样品数量位居第二位，占全部样品的 9.88%。2008 年、2009 年、2010 年、2011 年、2012 年、2013 年和 2014 年豫中小麦产区抽取的西农 979 样品占当年全部样品的比例分别为 18.5%、8.6%、13.6%、9.9%、12.3%、2.5%和 3.7%，表明西农 979 在 2013 年和 2014 年的种植面积有所减少。抽取的 56 份西农 979 大田样品中，71.4%的样品容重在 770g/L 以上，50.0%的样品籽粒蛋白质含量在 14.0%以上，16.1%的样品湿面筋含量在 32%以上，55.4%的样品降落数值在 300s 以上。仅以面团稳定时间（≥

7.0min）为判别标准，有 64.3%的西农 979 小麦样品达到国家优质强筋小麦二级标准。

（5）2008～2014 年豫中小麦产区仓储小麦样品有 76.7%的容重符合二级小麦标准（GB1351—2008，≥770g/L）。57.3%的小麦样品籽粒蛋白质含量在 14.0%以上，29.1%的小麦样品湿面筋含量在 32%以上，76.5%的小麦样品降落数值在 300s 以上。仅以面团稳定时间（≥7.0min）为优质小麦强筋判别标准，有 43.9%的小麦样品达到优质小麦强筋二级标准。

（6）大田小麦样品的千粒重、湿面筋含量、面团吸水率和弱化度均显著高于仓储小麦样品，而大田小麦样品的面筋指数、降落数值和面团 5cm 处拉伸阻力、最大拉伸阻力和拉伸能量均显著低于仓储小麦样品，其余品质性状均无显著差异。总体来看，豫中大田小麦样品的质量优于仓储小麦样品。

（7）总体来看，2010 年、2011 年和 2012 年豫中小麦质量优于 2008 年、2009 年、2013 年和 2014 年。从品种的构成分析来看，仅以面团稳定时间为判别标准（GB/T 17892—1999），2008～2014 年达到优质小麦强筋标准的小麦品种比例依次为 44%、50%、35%、52%、78%、41%和 25.9%；优质小麦品种的种植比例有所波动。

4.2 存在问题

（1）生产上品种多，品质参差不齐，优质小麦种植面积较低。目前，小麦育种家已经培育出一批较优异的优质小麦品种，但受小麦品种产量、稳定性、收储政策、生产成本、种子经营者利益等多种因素的影响，优质小麦品种的种植面积较低。农户在选择小麦品种时，主要考虑品种的产量和抗逆性。产量高、抗倒伏、便于机械收割的小麦品种更受农户欢迎。

（2）小麦品种加工适应性较差，个别品质指标存在“短板”现象。从豫中小麦品质检测分析结果可以看出，小麦籽粒的容重平均在 780g/L 以上；蛋白质含量平均在 14.0%以上；湿面筋含量平均在 31.0%以上；稳定时间平均在 8.0min 以上；仓储小麦样品的湿面筋含量更低，平均值为 30.0%。大面积推广品种的湿面筋含量较低是值得育种家关注的问题。

（3）小麦产业链分段管理，政策和措施的协调性有待加强。科学研究、遗传育种、小麦生产、粮食收储、食品加工体制上隶属于不同部门，各自的主体目标不同，管理有重复，也有缺失，如国家有关小麦的质量标准就缺少一致性和包容性，甚至基础研究支撑也显不足。农业部门推广的优质品种在粮食部门收购时达不到优质小麦的收购标准，同一品种的品质性状的变异过于突出，粮食收购部门收购的小麦不能满足面粉生产和食品加工企业对品质的要求。另外，粮食收储部门对收购的粮食不能做到优质优价，分收分储，这种陈旧的混收混储管理方式是导致商品粮质量不能满足需求的主要原因。

4.3 建议

（1）加强优质专用小麦品种的培育和推广。连续 7 年小麦田间抽样样品分析结果显示，豫中小麦品种品质以中筋小麦为主，强筋小麦品种偏少，达到国家标准规定的优质强筋小麦品种更少。因此，在重视提高小麦产量的同时，还应继续加强优质专用小麦品种的选育和推广，从质和量两个方面全面提高小麦品种的质量水平。

（2）根据市场需求变化，重视优质小麦品质育种。小麦育种、生产管理和收储机构应全面了解面粉加工和食品加工企业对产品质量的需求，加强小麦品质改良的研究和优质专用小麦品种的选育，重视优质小麦品种质量性状的协调性和稳定性，特别要重视面筋含量和面筋质量问题。

（3）重视小麦优质栽培技术的推广。连续 7 年的大田小麦抽样调查分析结果显示，生产上优质小麦品种的采用比例和种植面积在不断增加，但能够达到优质小麦标准的小麦产品的比例提高不大。说明小麦品种仅仅是决定小麦产品质量的关键因素之一，品种提纯复壮、栽培技术也是影响小麦产品质量的重要因素。因此，还应开展农户生产技术培训，采取合理的栽培措施，良种良法相结合，从品种、栽培两个方面保障小麦产品的质量水平。

（4）建立完善的仓储体系，重视商品小麦的品质。连续 7 年仓储小麦样品分析结果显示，仓储小麦样品的加工品质不高。因此，在小麦收储过程中，应重视小麦品质检测及分级储藏，真正实现优质优价并加强小麦仓储及流通过程中的品质监管。

主要参考文献

方萍, 何延. 2003. 试验设计与统计. 杭州: 浙江大学出版社

胡纪鹏, 路辉丽, 张威, 等. 2012. 2011 年河南省仓储小麦品质状况研究. 粮食储藏, (5): 32-35

胡学旭, 周桂英, 吴丽娜, 等. 2009. 中国主产区小麦在品质区域间的差异. 作物学报, 35(6): 1167-1172

路辉丽, 权兆龙, 尹成华, 等. 2009. 2008 年河南省大田小麦品质状况分析. 粮食与饲料工业, (7): 6-8

路辉丽, 尹成华, 胡纪鹏, 等. 2011. 2009 年河南省仓储小麦品质状况分析. 粮食加工, 36(1): 4-7

孙辉, 尹成华, 赵仁勇, 等. 2010. 我国小麦品质评价与检验技术的发展现状, 粮食与食品工业, 17(5): 14-18

魏益民. 2005. 谷物品质与食品加工—小麦籽粒品质与食品加工. 北京:中国农业出版社: 37-40

张国权, 王格格, 欧阳韶晖, 等. 2006. 陕西关中小麦品种品质性状与面包体积的通径分析. 安徽农业科学, 3(418): 4809-4811

Gaines C S. 1986. Texture (hardness and softness) variation among individual soft and hard wheat kernels. *Cereal Chem*, 63(6): 479-484

Morris C F, DeMacon V L, Giroux M J, *et al*. 1999. Wheat grain hardness among chromosome 5D homozygous recombinant sub-stitution lines using different methods of measurement. *Cereal Chemistry*, 76(2): 249-254

MorrisK G. 2002. Puroindoline, the molecular genetic basis of wheat grain hardness. *Plant Molecular Biology*, 48: 633-647

第三章　鲁西地区小麦籽粒质量调查研究报告

一、引　　言

鲁西地区属于黄淮冬麦区，在小麦品质区划方案中列为黄淮北部强筋中筋小麦产区，是山东省重要的优质小麦产区和商品粮供应基地。地处鲁西小麦生产核心区的济宁市、泰安市、聊城市 2003～2013 年小麦播种面积占山东省的 22.10%～27.19%；产量占山东省小麦总产量的 24.63%～31.39%；2013 年单产达到了 438.06kg/亩。本报告调查和分析了 2008～2014 年济宁地区（汶上县、曲阜市、兖州市）、泰安地区（肥城市、宁阳县、岱岳区）、聊城地区（东阿县、茌平县、东昌府）农户大田小麦样品的品种构成、籽粒性状、蛋白质量及面粉的流变学特性（粉质参数、拉伸参数），以了解鲁西地区的优质小麦生产现状，指导优质小麦产业基地建设，促进小麦加工业和小麦产区区域经济的可持续发展。

1.1　2003～2013 年山东小麦生产概况

山东省属黄淮冬麦区，小麦种植面积、产量均居全国前列，为我国最主要小麦产区之一。由图 3-1 可知，2003～2013 年山东省小麦播种面积占全国小麦播种面积的 13.73%～15.23%，小麦总产量占全国小麦总产量的 17.23%～18.56%。

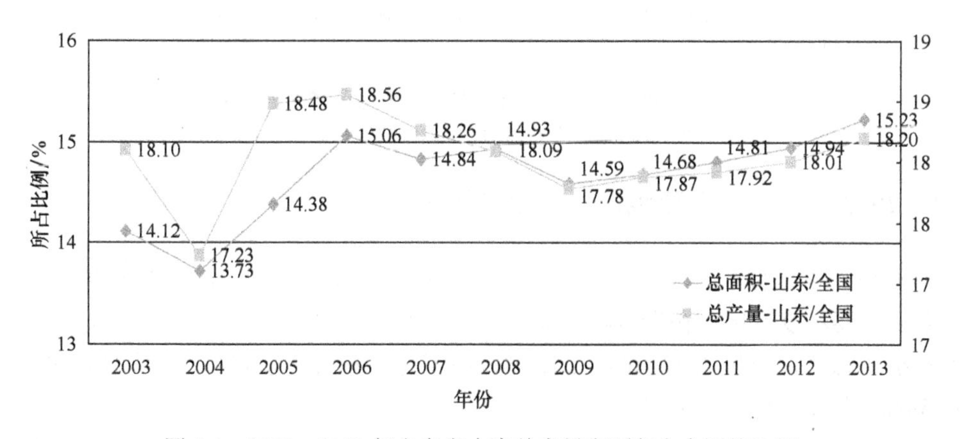

图 3-1　2003～2013 年山东省小麦总产量和面积占全国的比例

数据来源于中国国家统计年鉴（2003～2013 年）

山东省小麦播种面积年均增长 1.95%，2006 年增长幅度最大，达 8.47%。2013 年小麦播种面积达到 3 673 270hm^2，较 2003 年增长 18.29%（图 3-2）。

山东省小麦总产量年均增长 3.22%，2006 年增长幅度最大，达 11.79%。2013 年小麦总产量达到 22 188 000 t，较 2003 年增长 41.77%（图 3-2）。

山东省小麦平均单产年增长 3.22%，2013 年小麦平均单产达 6040.4 kg/hm^2(402.7kg/亩)，较 2003 年增长 19.84%（图 3-3）。从 2003～2013 年山东省小麦生产数据可以看出，2003 年以来，山东省小麦播种面积、总产量单均呈“连续增长”趋势（图 3-2，图 3-3）。

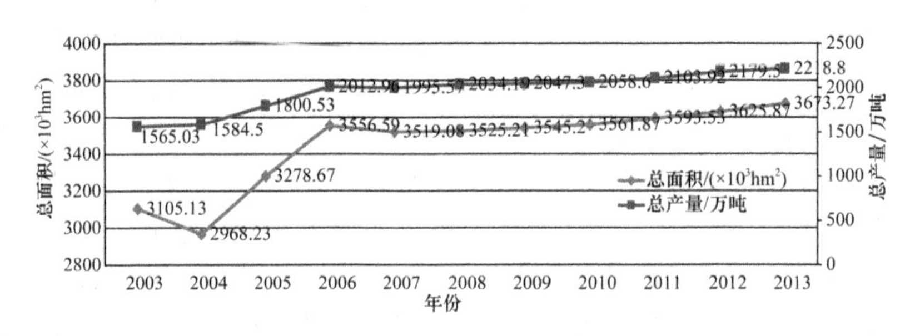

图 3-2　2003～2013 年山东省小麦生产现状

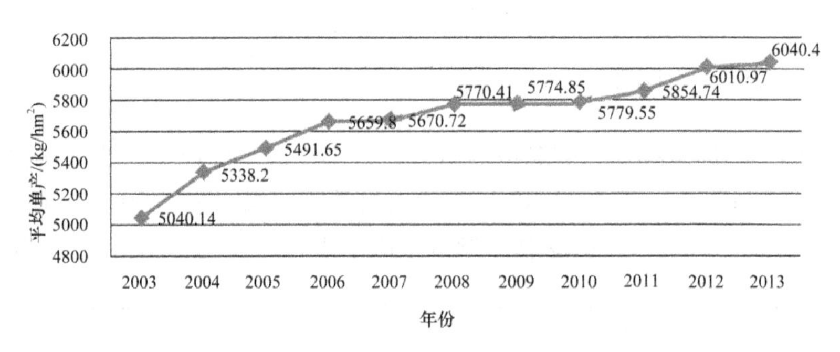

图 3-3　2003～2013 年山东省小麦平均单产水平变化

数据来源于中国国家统计年鉴（2003～2013 年）

1.2　2003～2013 年鲁西地区小麦生产概况

本研究涉及的泰安、济宁、聊城三地区处于山东省西部，属黄淮冬麦区，是山东省主要小麦产区。由图 3-4 可知，2003～2013 年鲁西地区小麦播种面积占山东省小麦总播种面积的 22.10%～27.10%，小麦总产量占山东省总产量的 24.63%～31.39%，且呈逐年增长趋势。

2003～2013 年鲁西地区小麦种植面积变化趋势与山东省一致，也呈现“连续增长”趋势。2013 年鲁西地区小麦种植面积 890 360hm^2，较 2003 年增加 166 340hm^2，

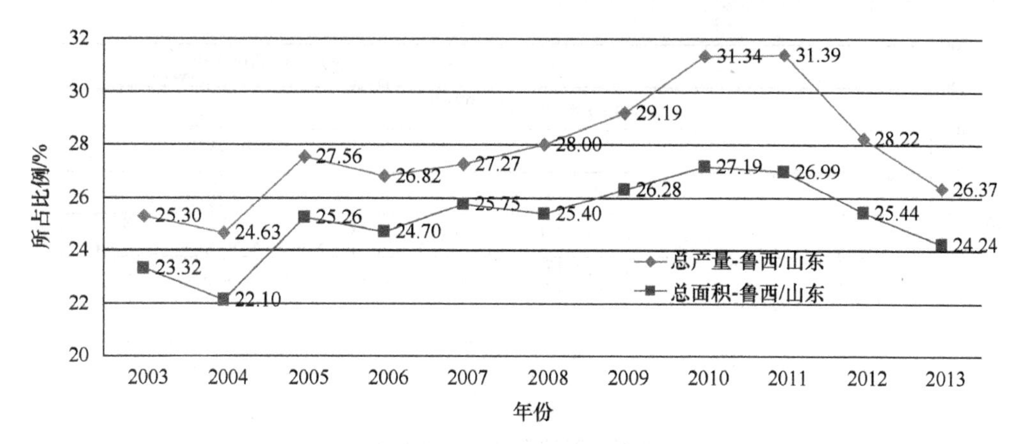

图 3-4　2003～2013 年鲁西地区小麦总产量和播种面积占山东省的比例

增长 22.97%。三个地区年份间变化趋势与鲁西一致，其中济宁和聊城地区小麦播种面积年份间变化趋势与鲁西一致，聊城小麦播种面积最大，其次为济宁和泰安地区（图 3-5）。

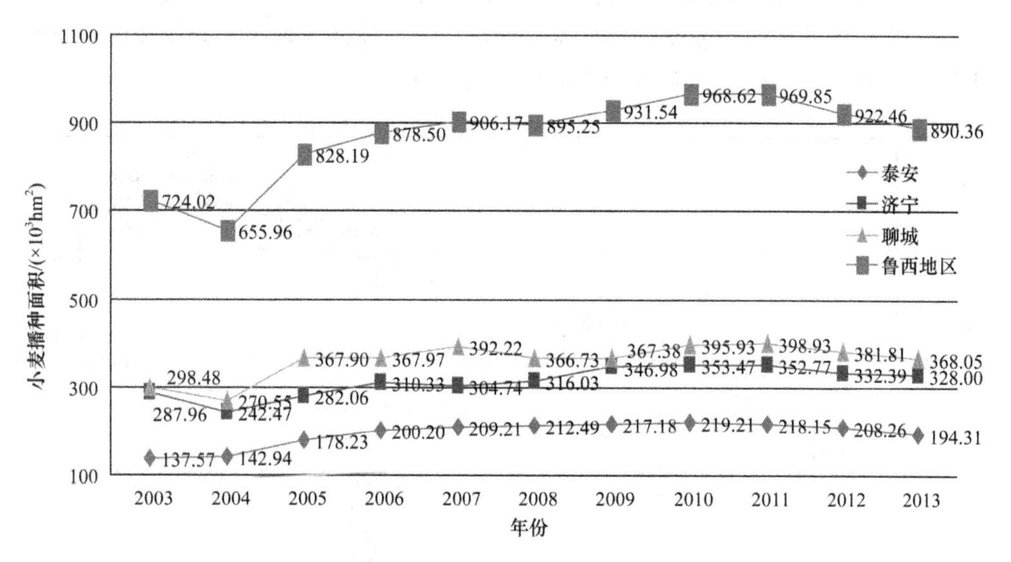

图 3-5　2003～2013 年鲁西地区小麦播种面积

数据来源于山东统计年鉴（2003～2013 年）

2003～2013 年鲁西地区小麦总产量变化趋势与山东省一致，呈“连续增长”趋势。2013 年鲁西地区小麦总产量达 5 850 500t，较 2003 年增加 1 890 800t，增长 47.75%。三个地区年份间变化趋势与鲁西一致，其中聊城地区小麦产量最大，其次为济宁和泰安地区（图 3-6）。

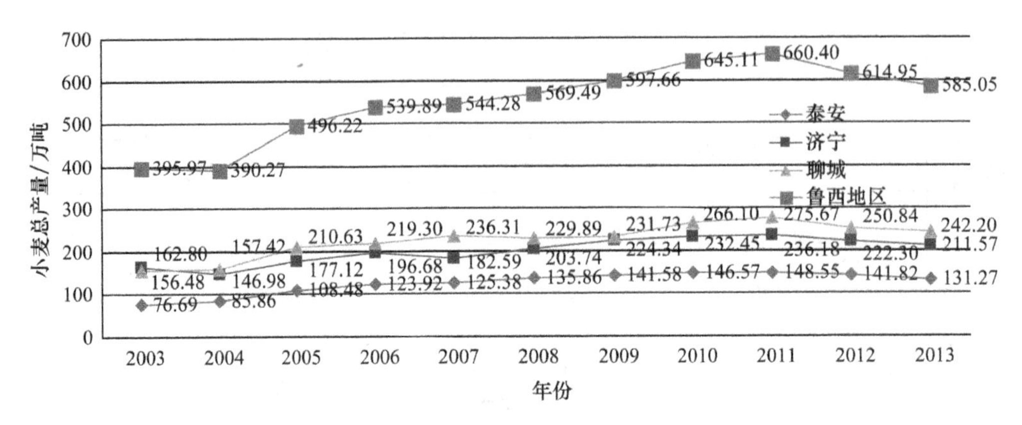

图 3-6 2003～2013 年鲁西地区小麦总产量

数据来源于山东统计年鉴（2003～2013 年）

2003～2013 年鲁西地区小麦单产水平变化趋势与山东省一致，呈“连续增长”趋势。2013 年鲁西地区小麦平均单产达 6570.91kg/hm^2（438.06kg/亩），较 2003 年增加 1101.02kg/hm^2（73.46kg/亩），增长 20.14%。三个地区年份间变化趋势与鲁西地区一致，其中聊城地区小麦平均单产水平最高，其次为济宁地区和泰安地区。鲁西地区小麦单产水平高于山东省平均水平（图 3-7）。

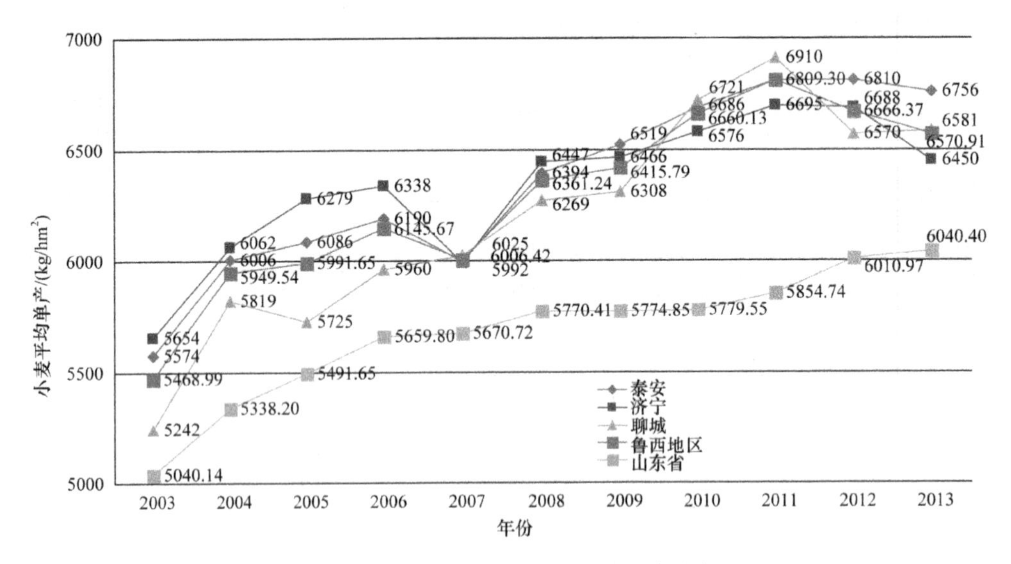

图 3-7 2003～2013 年鲁西地区小麦单产

数据来源于山东统计年鉴（2003～2013 年）

二、材料与方法

2.1　试验材料

2.1.1　样品采集

根据国家小麦产业技术研发中心加工研究室编制的《小麦产业技术体系质量调查指南》的要求，分别于2008～2014年夏收时，在鲁西小麦主产区济宁地区（汶上县、曲阜市、兖州市）、泰安地区（肥城市、宁阳县、岱岳区）、聊城地区（东阿县、茌平县、东昌府）布点采集农户大田小麦样品。布点方法为每个地市选 3 个县区，每个县区选 3 个乡（镇），每个乡（镇）选该乡镇种植的主要栽培品种，并选代表性农户按品种抽取 3 份样品，每个样品 5kg。每年抽取大田小麦样品 81 份，7 年共抽取小麦样品 567 份。采样点见图 3-8。

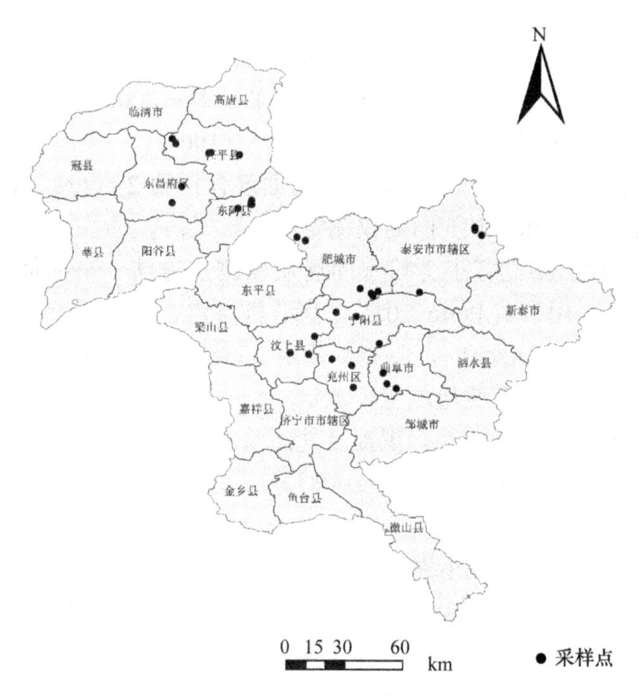

图 3-8　鲁西地区大田小麦采样点分布图

2.1.2　样品处理

收集到的小麦样品经晒干后，筛理除杂，熏蒸杀虫，籽粒后熟 15d 后，进行磨粉，测定籽粒及面粉质量性状。

2.2 试验方法

2.2.1 磨粉

根据籽粒硬度指数进行润麦，低于 60.0%的样品，润麦含水量为 14.5%；硬度指数大于等于 60.0%的样品，润麦含水量为 15.5%。润麦时间为 24h。采用 Buhler 实验磨粉机制粉。

2.2.2 籽粒质量性状检测方法

（1）千粒重：参照《谷物与豆类千粒重的测定（GB/T 5519—2008）》方法测定。

（2）容重：参照《粮食、油料检验 容重测定法（GB/T 5498—1985）》测定。

（3）籽粒蛋白质含量：参照《粮油检验 小麦粗蛋白质含量测定 近红外法（GB/T 24899—2010）》，采用瑞典 Perten DA7200 型近红外（NIR）谷物品质分析仪测定。

（4）籽粒硬度：参照《小麦硬度测定 指数法（GB/T21304—2007）》，采用无锡锡粮机械制造有限公司生产的 JYDB100×40 型小麦硬度指数测定仪测定。

（5）出粉率：参照《小麦实验制粉（NY/T 1094—2006）》，采用 Buhler 实验磨粉机进行测定，出粉率=$M_{面粉}$/（$M_{面粉}$+$M_{麸皮}$）×100%。

（6）湿面筋含量：参照《小麦和小麦粉面筋含量第 2 部分：机洗法测定湿面筋部分》，采用瑞典 Perten2015 面筋仪测定。

（7）面筋指数：参照《小麦粉湿面筋质量测定方法——面筋指数法（SB/T 10248—1995）》，采用瑞典 Perten2015 型离心机测定。

（8）沉降指数：参照《小麦 沉降指数测定 Zeleny 试验（GB/T 21119—2007）》，采用德国 Brabender 公司沉淀值测定仪测定。

（9）降落数值：参照《小麦、黑麦及其面粉，杜伦麦及其粗粒粉 降落数值的测定 Hagberg Perten 法（GB/T 10361—2008）》，采用瑞典波通仪器公司 1500 型降落数值仪测定。

（10）粉质参数：参照《小麦粉 面团的物理特性 吸水量和流变学特性的测定 粉质仪法（GB/T 14614—2006）》，采用德国 Brabender 粉质仪测定。

（11）拉伸参数：参照《小麦粉 面团的物理特性 流变学特性的测定 拉伸仪法（GB/T 14615—2006）》，采用德国 Brabender 拉伸仪测定。

2.3 数据分析方法

2.3.1 数据整理分析

采用 Excel 2007 整理数据和表格。采用 SPSS 18.0 统计分析软件进行方差分析等数理统计分析。

2.3.2　地统计分析

地统计分析采用 GS+（Geostatistics for the Environmental Sciences）9.0 软件拟合半变异函数、建立拟合模型，在 ArcGis 10.0 软件中采用 Ordinary Kriging 法输出小麦籽粒质量性状空间分布图。

三、结果分析

3.1　鲁西地区小麦品种（系）构成

3.1.1　2008～2014 年小麦品种（系）构成

2008 年抽取的 81 份小麦样品包括 12 个小麦品种（系）。样品数量居前四位的品种依次为山农 12（14）、潍麦 8 号（12）、济麦 22（10）、泰山 9818（10），累计占全部抽样数的 56.79%。占样品比例 8%以下的品种（系）有 8 个（表 3-1）。

2009 年抽取的 81 份小麦样品包括 12 个小麦品种（系）。样品数量居前三位的依次为济麦 22（34）、良星 99（11）、泰山 9818（9），累计占全部样品的 66.67%。占样品比例 8%以下的品种（系）有 9 个（表 3-1）。

2010 年抽取的 81 份小麦样品包括 13 个小麦品种（系）。样品数量居前三位的小麦品种（系）依次为济麦 22（34）、泰农 18（14）、良星 66（7），累计占全部抽样数的 69.13%。占样品比例 7%以下的品种（系）有 9 个（表 3-1）。

2011 年抽取的 81 份小麦样品包括 11 个小麦品种（系）。样品数量居前五位的小麦品种（系）为济麦 22（41）、泰农 18（9）、良星 66（6）、临麦 4 号（6）、良星 99（6），累计占全部抽样数的 82.72%。占样品比例 5% 以下的品种（系）有 6 个（表 3-1）。

2012 年抽取的 81 份小麦样品包括 9 个小麦品种（系）。样品数量居前五位的品种依次为济麦 22（21）、泰农 18（18）、良星 66（14）、济南 17（9）、汶农 14（9），累计占全部抽样数的 87.65%。占样品比例 5%以下的品种（系）有 4 个（表 3-1）。

2013 年抽取的 81 份小麦样品包括 8 个小麦品种（系）。样品数量居前五位的品种依次为济麦 22（25）、泰农 18（18）、汶农 14（14）、淄麦 12（10）、鲁源 502（8），累计占全部抽样数的 92.59%。占样品比例 5%以下的品种（系）有 2 个，占样品比例在 2%以下的品种（系）有 1 个（表 3-1）。

2014 年抽取的 81 份小麦样品包括 10 个小麦品种（系）。样品数量居前四位的依次为济麦 22（32）、泰农 18（14）、鲁源 502（11）、山农 20（9），累计占全部抽样数的 81.48%。占样品比例 5%以下的品种（系）有 6 个，占样品比例在 2%以下的品种（系）有 2 个（表 3-1）。

2008～2014 年鲁西地区抽取的 567 份小麦样品中共涉及 29 个小麦品种（系）。累计样品数量居前五位的依次为济麦 22（197）、泰农 18（75）、良星 66（27）、良星 99（26）、汶农 14 和泰山 9818（23），累计占全部抽样量的 65.43%（表 3-1）。

表 3-1　2008～2014 年鲁西地区小麦品种（系）构成

编号	品种（系）名称	样本数/个							比例/%						
		2008	2009	2010	2011	2012	2013	2014	2008	2009	2010	2011	2012	2013	2014
1	济麦 22 号	10	34	34	41	21	25	32	12.35	41.98	41.98	50.62	25.93	30.86	39.51
2	潍麦 8 号	12	—	—	3	—	—	—	14.81	—	—	3.70	—	—	—
3	山农 12 号	14	3	1	—	2	—	1	17.28	3.70	1.23	—	2.47	—	1.23
4	泰山 9818	10	9	2	2	—	—	—	12.35	11.11	2.47	2.47	—	—	—
5	淄麦 12 号	7	—	—	—	—	—	—	8.64	—	—	—	—	—	—
6	济宁 16 号	6	6	—	—	2	3	—	7.41	7.41	—	—	2.47	3.70	—
7	良星 99 号	5	11	5	5	—	—	—	6.17	13.58	6.17	6.17	—	—	—
8	汶农 6 号	5	—	—	—	—	—	—	6.17	—	—	—	—	—	—
9	济麦 20 号	4	2	—	2	—	—	—	4.94	2.47	—	2.47	—	—	—
10	济南 17 号	3	2	3	3	9	—	—	3.70	2.47	3.70	3.70	11.11	—	—
11	泰麦 1 号	3	3	3	—	—	—	—	3.70	3.70	3.70	—	—	—	—
12	济麦 21 号	2	—	—	—	—	—	—	2.47	—	—	—	—	—	—
13	临麦 4 号	—	5	4	6	3	—	3	—	6.17	4.94	7.41	3.70	—	3.70
14	泰农 18	—	2	14	9	18	18	14	—	2.47	17.28	11.11	22.22	22.22	17.28
15	泰山 23	—	3	3	—	—	—	—	—	3.70	3.70	—	—	—	—
16	汶农 6 号	—	1	3	—	—	—	—	—	1.23	3.70	—	—	—	—
17	山农 0919	—	—	1	—	—	—	—	—	—	1.23	—	—	—	—
18	山农 06-278	—	—	1	—	—	—	—	—	—	1.23	—	—	—	—
19	良星 66 号	—	—	7	6	14	—	—	—	—	8.64	7.41	17.28	—	—
20	聊麦 18 号	—	—	—	2	—	—	4	—	—	—	2.47	—	—	4.94
21	山农 21 号	—	—	—	2	—	—	—	—	—	—	2.47	—	—	—
22	山农 20 号	—	—	—	—	3	2	9	—	—	—	—	3.70	2.47	11.11
23	汶农 14	—	—	—	—	9	14	—	—	—	—	—	11.11	17.28	—
24	鲁源 502	—	—	—	—	—	8	11	—	—	—	—	—	9.88	13.58
25	山农 23 号	—	—	—	—	—	1	—	—	—	—	—	—	1.23	—
26	淄麦 12	—	—	—	—	—	10	—	—	—	—	—	—	12.35	—
27	良星 77	—	—	—	—	—	—	3	—	—	—	—	—	—	3.70
28	山农 26 号	—	—	—	—	—	—	3	—	—	—	—	—	—	3.70
29	泰山 22	—	—	—	—	—	—	1	—	—	—	—	—	—	1.23
	合计	81	81	81	81	81	81	81	100	100	100	100	100	100	100

3.1.2　2008～2014 年小麦品种（系）构成变化

从鲁西地区大田小麦品种构成来看，济麦 22 小麦品种数量连续 6 年居鲁西地区样品总数第一位，在 2011 年达到 41 个，占当年样品总数的 50.62%；泰农 18 小麦品种数量 2010 年起连续 5 年居鲁西地区样品总数第二位；其余小麦品种（系）不同年份之间变化较大（表 3-1）。

2008～2014 年鲁西地区大田种植的小麦品种（系）数量变化不大，2008 年略高，2009 年、2011 年、2014 年略低。不同地区间变化不尽一致。济宁地区小麦品种 2014 年较少，其他年份稳定，泰安地区 2010 年较多，聊城地区较少（图 3-9）。2008～2014 年鲁西地区及各个地市大田主栽小麦品种济麦 22 种植数除 2008 年较少外，其他年份均较多且稳定（图 3-10）。可以看出鲁西大田小麦种植品种数相对集中。

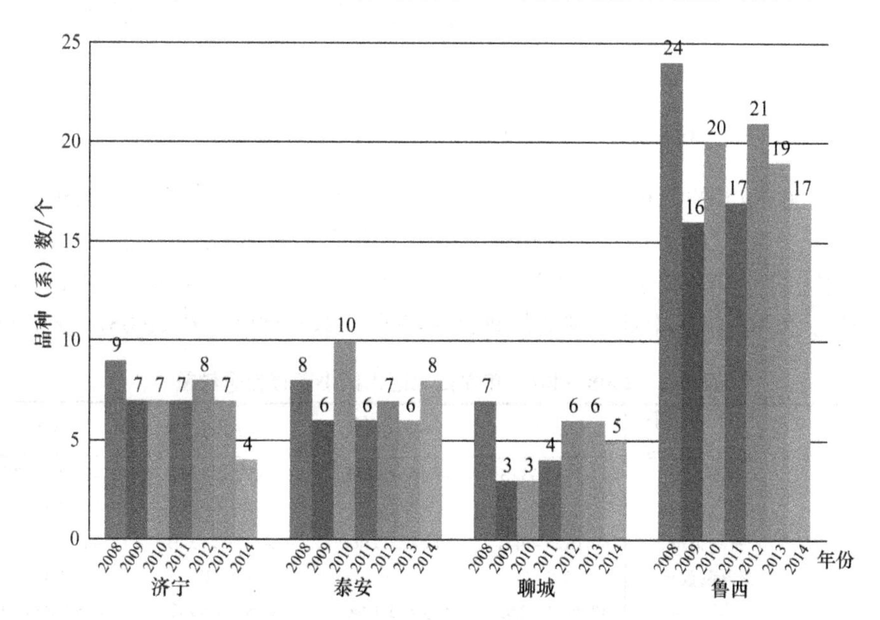

图 3-9　2008～2014 年鲁西地区大田小麦品种（系）数

3.2　鲁西地区小麦籽粒质量

3.2.1　籽粒物理性状

3.2.1.1　千粒重

2008～2014 年鲁西地区 567 份大田小麦样品的籽粒千粒重平均值为（42.74±3.71）g，变异系数 8.69%，变幅 34.20～52.10g，变异较小。对 7 年不同地区间小麦籽粒千粒重的方差分析可知，济宁地区［（43.12±3.44）g］和聊城地区

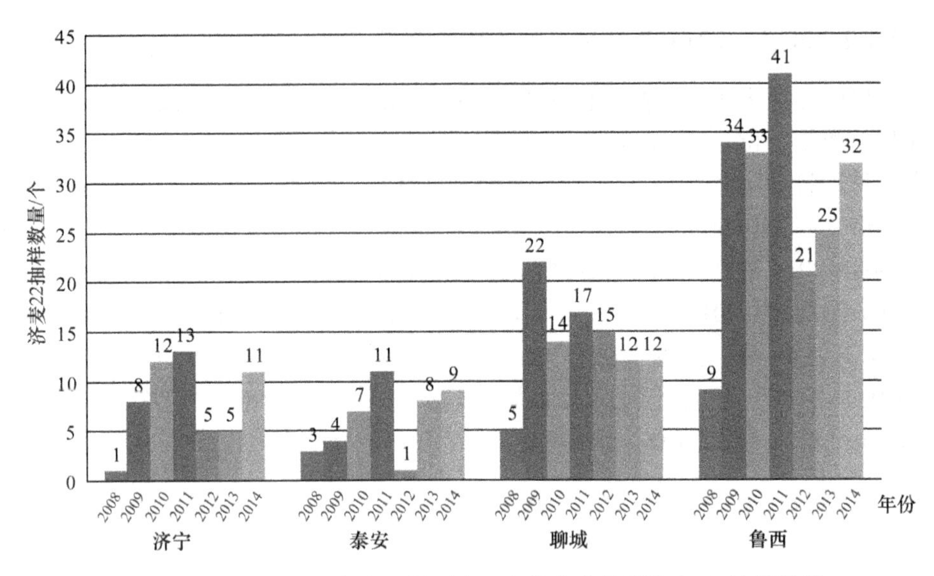

图 3-10 2008～2014 年鲁西地区大田主栽小麦品种济麦 22 抽样数量

[(43.28±4.00) g] 的大田小麦籽粒千粒重显著高于泰安地区 [(41.83±3.50) g]。从不同年份来看，2008 年、2010 年济宁地区显著高于其他两地区，2009 年、2013 年三个地区间小麦籽粒千粒重无显著差异，2011 年和 2014 年聊城地区显著高于其他两地，2012 年济宁地区和聊城地区显著高于泰安地区（$P<0.05$，表 3-2）。

表 3-2 2008～2014 年鲁西地区大田小麦籽粒千粒重

年份 \ 地区		济宁	泰安	聊城	鲁西
2008	平均值/g	44.39±3.33aB	42.46±1.79bB	40.72±3.18cC	42.52±3.22C
	变异系数/%	7.51	4.23	7.81	7.58
2009	平均值/g	44.16±3.47aB	44.68±3.53aA	44.37±2.72aB	44.40±3.27B
	变异系数/%	7.86	7.89	6.12	7.36
2010	平均值/g	43.39±1.72aB	40.44±3.19cC	41.80±1.59bC	41.87±2.60CD
	变异系数/%	3.96	7.88	3.8	6.2
2011	平均值/g	40.26±1.54bC	41.00±2.37bBC	45.67±3.36aB	42.31±3.48C
	变异系数/%	3.81	5.77	7.35	8.23
2012	平均值/g	41.41±4.04aC	38.68±3.56bD	41.85±4.40aC	40.65±4.25E
	变异系数/%	9.75	9.2	10.52	10.46
2013	平均值/g	41.56±2.57aC	40.88±2.27aBC	40.62±2.63aC	41.02±2.53DE
	变异系数/%	6.18	5.56	6.47	6.16
2014	平均值/g	46.68±4.53bA	44.65±2.54cA	47.97±2.75aA	46.43±2.71A
	变异系数/%	3.29	5.69	5.73	5.83
2008～2014	平均值/g	43.12±3.44a	41.83±3.50b	43.28±4.00a	42.74±3.71
	变异系数/%	7.97	8.36	9.24	8.68

由年份之间的方差分析结果可知，2014 年鲁西地区大田小麦籽粒千粒重[(46.43±2.71)g]显著高于前 6 年，其次为 2009 年，2008 年、2010 年和 2011 年之间没有显著差别，2012 年最低。不同地区来看，济宁地区、聊城地区 2014 年大田小麦籽粒千粒重均显著高于其余 6 年。泰安地区 2009 年、2014 年显著高于其他年份。聊城地区 2014 年最高，其次为 2009 年、2011 年，其他年份较低（P<0.05，表 3-2）。

3.2.1.2　容重

2008～2014 年鲁西地区 567 份大田小麦样品籽粒的容重平均值（800±17）g/L，变异系数为 2.07%，变幅 763～840g/L。鲁西地区大田小麦样品容重整体平均达到 770g/L 以上，符合《优质小麦　强筋小麦（GB/T 17892—1999)》标准对容重的要求。由不同地区间小麦籽粒容重的方差分析可知，济宁地区大田小麦籽粒容重［(801±18）g/L］显著高于泰安地区［(798±16）g/L]，与聊城地区[(800±15)g/L]没有显著差异。从不同年份来看，2008 年、2012 年和 2014 年三个地区之间没有显著差异，2009 年济宁地区和聊城地区显著高于泰安地区，2010 年和 2013 年聊城地区显著高于济宁地区，与泰安地区没有显著差异，2011 年济宁地区显著高于其他两地区（P<0.05，表 3-3)。

表 3-3　2008～2014 年鲁西地区大田小麦籽粒容重

年份 \ 地区		济宁	泰安	聊城	鲁西
2008	平均值/（g/L）	796±14aB	800±14aAB	793±16aD	796±15CD
	变异系数/%	1.76	1.72	1.98	1.86
2009	平均值/（g/L）	812±18aA	799±18bAB	808±12aA	806±17A
	变异系数/%	2.21	2.23	1.53	2.12
2010	平均值/（g/L）	796±16bB	798±16abAB	807±16aAB	800±17BC
	变异系数/%	2	2.05	1.93	2.08
2011	平均值/（g/L）	815±13aA	795±13bB	799±9bBCD	803±15AB
	变异系数/%	1.58	1.65	1.16	1.83
2012	平均值/（g/L）	808±14aA	806±17aA	805±15aABC	806±16A
	变异系数/%	1.79	2.12	1.89	1.94
2013	平均值/（g/L）	786±16bC	790±17abB	796±17aCD	791±17E
	变异系数/%	2.06	2.16	2.18	2.19
2014	平均值/（g/L）	797±11aB	794±13aB	793±12aD	795±12DE
	变异系数/%	1.44	1.65	1.5	1.55
2008～2014	平均值/（g/L）	801±18a	798±16b	800±15ab	800±17
	变异系数/%	2.2	2.04	1.92	2.07

由年份之间的方差分析结果可知，不同年份间鲁西地区大田小麦容重具有显著差异，其中 2009 年、2012 年显著高于除 2011 年外的其他年份，2013 年最低。从不同地区来看，济宁地区 2009 年、2011 年和 2012 年最大，显著大于其他年份。泰安地区年份间差异不大，2012 年最大。聊城地区年份间变化较大，2009 年最大，2008 年、2014 年最小（P<0.05，表 3-3）。

3.2.1.3 籽粒硬度指数

2008～2014 年鲁西地区 567 份大田小麦样品的籽粒硬度指数平均值为（66.3±4.2）%，变异系数为 6.31%，变幅 47.0%～73.0%，变异较小。对不同地区间进行方差分析，由结果可知，聊城地区［（66.9±2.9）%］籽粒硬度指数最大，显著高于泰安地区［（65.8±4.7）%］，和济宁地区［（66.1±4.7）%］之间没有显著差异。从不同年份来看，不同地区之间大田小麦籽粒硬度指数表现不同。2008 年、2009 年、2010 年、2012 年三个地区之间没有显著差异。2011 年聊城地区小麦籽粒硬度指数显著大于济宁地区和泰安地区，2013 年泰安地区的籽粒硬度指数显著大于济宁地区，与聊城地区没有显著差异，2014 年聊城地区籽粒硬度指数显著大于泰安地区，与济宁地区没有显著差异（P<0.05，表 3-4）。

表 3-4　2008～2014 年鲁西地区大田小麦籽粒硬度指数

年份 \ 地区		济宁	泰安	聊城	鲁西
2008	平均值/%	65.1±4.0aB	65.2±5.9aB	64.1±4.4aD	64.8±4.9C
	变异系数/%	6.22	9.1	6.85	7.54
2009	平均值/%	66.4±4.1aAB	65.5±4.9aB	66.2±0.8aC	66.0±3.7B
	变异系数/%	6.17	7.46	1.26	5.65
2010	平均值/%	66.3±6.4aAB	66.3±5.4aAB	67.7±0.5aB	66.8±4.9B
	变异系数/%	9.66	8.19	0.79	7.39
2011	平均值/%	68.3±3.7bA	66.7±4.7bAB	70.3±1.7aA	68.4±3.9A
	变异系数/%	5.37	7.1	2.48	5.69
2012	平均值/%	66.8±2.7aAB	66.6±2.8aAB	67.1±1.3aBC	66.8±2.4B
	变异系数/%	4.09	4.13	1.96	3.55
2013	平均值/%	67.6±1.5bAB	68.5±1.1aA	68.2±1.4abB	68.1±1.4A
	变异系数/%	2.25	1.61	2.11	2.08
2014	平均值/%	62.6±5.8abC	62.1±3.3bC	64.5±1.8aD	63.1±4.1D
	变异系数/%	9.25	5.27	2.79	6.52
2008～2014	平均值/%	66.1±4.7ab	65.8±4.7b	66.9±2.9a	66.3±4.2
	变异系数/%	7.05	7.11	4.32	6.31

由年份之间的方差分析结果表明，鲁西地区的大田小麦籽粒硬度指数具有显著差异，其中 2011 年、2013 年最高，2014 年最低。从不同地区来看，济宁地区小麦籽粒硬度指数 2011 年最高，显著高于 2008 年和 2014 年，与其余 4 年没有显著差异。泰安地区小麦籽粒硬度指数 2013 年最高，显著大于 2008 年、2009 年和 2014 年，其中 2014 年最低。聊城地区小麦籽粒硬度指数 2011 年最高，显著高于其余 6 年，2008 年和 2014 年最低（P<0.05，表 3-4）。

3.2.1.4　籽粒降落数值

2008～2014 年鲁西地区 567 份大田小麦样品的籽粒降落数值平均为（480±91）s，变异系数 18.89%，变幅 187～672s，变异较大。对不同地区进行方差分析可知，聊城地区［（487±72）s］大田小麦样品降落数值显著高于泰安地区［（466±91）s］，与济宁地区［（486±104）s］之间没有显著差异。从不同年份来看，2008 年、2010 年、2013 年三个地区之间无显著差异，2009 年聊城地区的小麦样品籽粒降落数值显著大于济宁地区，与泰安地区没有显著差异。2011 年济宁地区的小麦样品籽粒降落数值显著高于聊城地区，与泰安地区没有显著差异。2012 年济宁地区的小麦样品籽粒降落数值显著高于泰安地区，与聊城地区没有显著差异。2014 年三个地区小麦样品籽粒降落数值有显著差异，济宁最大，其次聊城，再次泰安（P<0.05，表 3-5）。

表 3-5　2008～2014 年鲁西地区大田小麦降落数值

年份 \ 地区		济宁	泰安	聊城	鲁西
2008	平均值/s	358±78aD	350±91aD	382±92aD	363±88D
	变异系数/%	21.7	26.05	24.04	24.26
2009	平均值/s	407±101bC	435±93abC	472±45aC	438±88C
	变异系数/%	24.91	21.42	9.6	20.06
2010	平均值/s	524±83aA	495±69aAB	529±46aA	516±70A
	变异系数/%	15.91	13.93	8.68	13.55
2011	平均值/s	546±59aA	533±73abA	507±40bAB	529±61A
	变异系数/%	10.77	13.73	7.81	11.53
2012	平均值/s	548±77aA	499±64bAB	531±52abA	526±68A
	变异系数/%	14.04	12.89	9.84	13
2013	平均值/s	471±75aB	463±49aBC	478±44aBC	471±58B
	变异系数/%	16.01	10.69	9.13	12.36
2014	平均值/s	548±42aA	485±56cB	511±42bA	515±54A
	变异系数/%	7.64	11.51	8.26	10.43
2008～2014	平均值/s	486±104a	466±91b	487±72a	480±91
	变异系数/%	21.39	19.55	14.86	18.89

由年份之间的方差分析结果可知，鲁西地区大田小麦籽粒降落数值 2010 年、2011 年、2012 年、2014 年之间没有显著差异，显著高于其余三年，其次 2013 年、2009 年，2008 年最低。从不同地区来看，济宁地区、聊城地区 2010 年、2011 年、2012 年、2014 年间没有显著差异，显著高于其余三年，2008 年最低。泰安地区 2010 年、2011 年、2012 年之间没有显著差异，显著高于其余 4 年，2008 年最低（$P<0.05$，表 3-5）。

3.2.2 籽粒蛋白质性状

3.2.2.1 籽粒蛋白质含量

2008～2014 年鲁西地区 567 份大田小麦样品籽粒蛋白质含量平均值为（13.9±1.0）%，变异系数 7.27%，变幅 11.4%～17.7%，变异较小。泰安地区大田小麦籽粒蛋白质含量平均值为（14.1±1.0）%，平均值符合《优质小麦 强筋二级标准（GB/T 17892—1999)》要求，其次为济宁地区 [（14.0±1.0）%]，聊城地区 [（13.8±1.0）%]。由不同地区间的方差分析结果可知，泰安地区籽粒蛋白质含量显著高于聊城地区，与济宁地区没有显著差异。从不同年份来看，2008 年济宁地区、聊城地区间没有显著差异，两地区均显著大于泰安地区，2009 年、2013 年三个地区间没有显著差异，2010 年、2012 年济宁地区、泰安地区间没有显著差异，两地区均显著大于聊城地区，2011 年、2014 年泰安地区、聊城地区间没有显著差异，两地区均显著大于济宁地区（$P<0.05$，表 3-6）。

由年份之间的方差分析结果可知，不同地区大田小麦籽粒蛋白质含量年份间存在显著差异。 2012 年整个鲁西地区大田小麦籽粒蛋白质含量最高，平均值为（15.1±0.6）%，其次 2013 年、2011 年、2008 年、2014 年、2010 年，2009 年鲁西地区大田小麦籽粒蛋白质含量最低。济宁地区和泰安地区 2012 年小麦籽粒蛋白质含量显著大于其他年份，2009 年最低。聊城地区 2012 年和 2013 年显著大于其他年份，2010 年最低（$P<0.05$，表 3-6）。

3.2.2.2 湿面筋含量

2008～2014 年鲁西地区 567 份大田小麦样品的湿面筋含量平均值为(34.7±2.6) %，变异系数 7.52%，变幅 24.7%～41.1%，变异不大。不同地区间进行方差分析可知，三个地区间湿面筋含量没有显著差异。从不同年份来看，2008 年、2009 年和 2013 年三个地区间湿面筋含量没有显著差异，2010 年济宁地区和泰安地区间没有显著差异，均显著高于聊城地区。2011 年三个地区之间有显著差异，泰安地区最高，其次是济宁地区，聊城地区最低。2012 年济宁地区显著高于泰安地区，与聊城地区没有显著差异。2014年泰安地区显著高于济宁地区，与聊城地区没有显著差异（$P<0.05$，表3-7）。

表3-6　2008～2014年鲁西地区大田小麦籽粒蛋白含量

年份 \ 地区		济宁	泰安	聊城	鲁西
2008	平均值/%	14.0±0.6aC	13.3±0.7bD	13.9±0.5aC	13.7±0.7D
	变异系数/%	4.19	5.56	3.46	4.99
2009	平均值/%	12.9±0.6aE	12.9±1.0aE	12.7±0.7aD	12.9±0.8F
	变异系数/%	4.54	7.49	5.18	5.94
2010	平均值/%	13.6±0.5aD	13.6±0.6aD	12.3±0.4bE	13.2±0.8E
	变异系数/%	3.6	4.35	3.17	5.93
2011	平均值/%	14.0±0.4bC	14.4±0.4aBC	14.2±0.4aB	14.2±0.5C
	变异系数/%	2.81	2.78	3.14	3.21
2012	平均值/%	15.3±0.9aA	15.2±0.3aA	14.8±0.4bA	15.1±0.6A
	变异系数/%	5.66	2.15	2.59	4.12
2013	平均值/%	14.8±0.7aB	14.7±0.3aB	14.7±0.5aA	14.8±0.5B
	变异系数/%	4.68	2.25	3.49	3.62
2014	平均值/%	13.2±0.6bE	14.2±1.0aC	13.8±0.7aC	13.7±0.9D
	变异系数/%	4.22	6.71	4.88	6.29
2008～2014	平均值/%	14.0±1.0ab	14.1±1.0a	13.8±1.0b	13.9±1.0
	变异系数/%	7.11	7.17	7.38	7.27

表3-7　2008～2014年鲁西地区大田小麦湿面筋含量

年份 \ 地区		济宁	泰安	聊城	鲁西
2008	平均值/%	34.5±3.2aC	34.1±3.8aB	35.6±1.9aA	34.7±3.1B
	变异系数/%	9.4	11.09	5.26	9.1
2009	平均值/%	33.9±3.4aC	34.5±3.7aAB	35.7±2.1aA	34.7±3.3B
	变异系数/%	10.04	10.8	5.98	9.37
2010	平均值/%	36.2±2.0aA	35.6±2.4aAB	33.9±2.5bB	35.2±2.5AB
	变异系数/%	5.54	6.88	7.38	7.24
2011	平均值/%	34.6±2.5bBC	35.9±1.2aA	33.4±2.6cB	34.6±2.4B
	变异系数/%	7.14	3.35	7.9	6.98
2012	平均值/%	36.0±1.8aAB	35.0±1.7bAB	35.9±1.8abA	35.6±1.8A
	变异系数/%	4.93	4.88	5	5.11
2013	平均值/%	34.6±2.5aBC	34.5±2.0aAB	34.7±2.2aAB	34.6±2.2B
	变异系数/%	7.24	5.79	6.3	6.48
2014	平均值/%	33.2±1.6bC	34.5±2.4aAB	33.7±2.3abB	33.8±2.2C
	变异系数/%	4.79	6.96	6.82	6.49
2008～2014	平均值/%	34.7±2.7a	34.8±2.7a	34.7±2.4a	34.7±2.6
	变异系数/%	7.8	7.74	7	7.52

年份之间的方差分析结果表明，2012 年鲁西地区大田小麦样品湿面筋含量与 2010 年之间没有显著差异，显著高于其余 5 年，2014 年最低。济宁地区 2010 年显著高于除 2012 年外的其他年份。泰安地区 2011 年显著高于 2008 年，与其余 5 年没有显著差异。聊城地区 2008 年、2009 年、2012 年之间没有显著差异，显著高于除 2013 年外的其余年份（P<0.05，表 3-7）。

3.2.2.3 面筋指数

2008～2014 年鲁西地区 567 份大田小麦样品的面筋指数平均值为（56.6±22.2）%，变异系数 39.27%，变幅 4.2%～99.0%，变异较大。由不同地区间方差分析可知，济宁地区小麦样品面筋指数［（61.3±21.5）%］显著高于泰安地区［（54.4±23.1）%］和聊城地区［（54.2±21.3）%］，后两个地区之间没有显著差异。从不同年份来看，2008 年、2011 年济宁地区小麦样品面筋指数均显著大于泰安地区，与聊城地区没有显著差异。2009 年济宁地区小麦样品面筋指数显著大于泰安地区和聊城地区，2010 年、2013 年、2014 年三个地区之间没有显著差异，2012 年济宁地区和泰安地区没有显著差异，两地区均显著高于聊城地区（P<0.05，表 3-8）。

表 3-8　2008～2014 年鲁西地区大田小麦面筋指数

年份	地区	济宁	泰安	聊城	鲁西
2008	平均值/%	79.4±22.1aA	63.1±26.0bA	68.7±27.7abA	70.4±26.2A
	变异系数/%	27.8	41.2	40.29	37.3
2009	平均值/%	66.3±23.1aB	48.9±22.2bBC	50.5±19.1bBCD	55.2±22.9C
	变异系数/%	34.8	45.4	37.81	41.4
2010	平均值/%	43.7±16.9aC	41.2±30.1aC	42.0±23.2aD	42.3±24.2D
	变异系数/%	38.66	73.2	55.27	57.24
2011	平均值/%	57.1±21.3aB	44.2±12.2bBC	49.1±18.2abCD	50.2±18.4C
	变异系数/%	37.36	27.52	37.1	36.76
2012	平均值/%	64.7±14.9aB	66.9±11.4aA	56.3±9.4bBC	62.6±12.9B
	变异系数/%	23.01	17.09	16.66	20.67
2013	平均值/%	61.8±19.6aB	61.7±19.2aA	61.4±17.8aAB	61.7±18.9B
	变异系数/%	31.78	31.02	28.92	30.61
2014	平均值/%	56.1±12.2aB	54.4±20.7aAB	51.2±17.4aBCD	53.9±17.2C
	变异系数/%	21.72	38.06	33.97	32
2008～2014	平均值/%	61.3±21.5a	54.4±23.1b	54.2±21.3b	56.6±22.2
	变异系数/%	35.07	42.55	39.28	39.27

由年份之间的方差分析结果可知，不同年份整个鲁西地区大田小麦面筋指数差异较大，2008 年鲁西地区大田小麦面筋指数最高，显著高于其余 6 年。2010 年鲁西地区大田小麦面筋指数最低。从不同地区来看，济宁和聊城地区大田小麦面筋指数都是 2008 年显著高于其余 6 年，2010 年最低。泰安地区大田小麦面筋指数 2008 年、2012 年和 2013 年之间没有显著差异，显著高于 2009 年、2010 年和 2011 年，其中 2010 年最低（$P<0.05$，表 3-8）。

3.2.2.4　沉降指数

2008～2014 年鲁西地区 567 份大田小麦样品的籽粒沉降指数平均值为(30.4±6.4) mL，变异系数 21.08%，变幅 19.1～63.0mL，变异较大。不同地区间的方差分析结果表明，济宁地区大田小麦沉降指数［(31.3±6.0) mL］最大，显著大于泰安地区［(29.9±6.6) mL］和聊城地区［(30.0±6.5) mL］，泰安地区和聊城地区之间没有显著差异。从不同年份看，2008 年、2010 年、2013 年和 2014 年三个地区间没有显著差异，2009 年、2011 年济宁地区显著大于泰安地区和聊城地区，2012 年济宁地区显著大于聊城地区，与泰安地区没有显著差异（$P<0.05$，表 3-9）。

表 3-9　2008～2014 年鲁西地区大田小麦沉降指数

年份＼地区		济宁	泰安	聊城	鲁西
2008	平均值/mL	35.6±7.1aA	32.0±7.6aA	36.2±11.8aA	34.6±9.3A
	变异系数/%	19.9	23.76	32.61	26.8
2009	平均值/mL	35.7±4.8aA	30.6±6.7bAB	32.1±7.1bB	32.8±6.6B
	变异系数/%	13.39	21.9	22.06	20.2
2010	平均值/mL	30.01±3.1aB	32.3±10.5aA	29.3±1.4aBC	30.6±6.5CD
	变异系数/%	10.32	32.52	4.81	21.43
2011	平均值/mL	31.0±3.5aB	27.8±1.8bBC	28.7±3.9bC	29.2±3.5DE
	变异系数/%	11.41	6.44	13.7	11.94
2012	平均值/mL	34.0±4.4aA	32.4±3.9abA	30.5±2.7bBC	32.3±4.0BC
	变异系数/%	13.04	11.92	8.72	12.35
2013	平均值/mL	28.5±5.9aB	28.1±3.4aBC	28.1±2.5aC	28.2±4.2E
	变异系数/%	20.65	11.91	8.78	14.75
2014	平均值/mL	24.5±1.0aC	25.9±4.7aC	24.9±1.3aD	25.1±2.9F
	变异系数/%	4.23	18.16	5.36	11.75
2008～2014	平均值/mL	31.3±6.0a	29.9±6.6b	30.0±6.5b	30.4±6.4
	变异系数/%	19.17	22.08	21.69	21.08

由年份之间的方差分析结果可知，不同年份间鲁西地区的大田小麦样品籽粒沉降指数有显著差异，2008 年大田小麦样品籽粒沉降指数最大，其次是 2009 年、2012 年、2010 年，2014 年最低。济宁地区 2008 年、2009 年和 2012 年之间没有

显著差异，显著大于其余 4 年，2014 年最低。泰安地区大田小麦样品籽粒沉降指数 2008 年、2009 年、2010 年和 2012 年之间没有显著差异，显著高于其余三年，2014 年最低。聊城地区大田小麦样品籽粒沉降指数 2008 年最大，显著大于其余 6 年，2014 年最低（$P<0.05$，表 3-9）。

3.2.3 粉质参数

3.2.3.1 面团吸水率

2008～2014 年鲁西地区 567 份大田小麦样品的面团吸水率平均值为（62.0±3.1）%，变异系数 5.04%，变幅 50.4%～70.3%，变异较小。由不同地区的方差分析结果可知，聊城地区小麦样品面团吸水率［（62.6±2.9）%］显著高于泰安地区［（61.5±3.0）%］，与济宁地区［（62.0±3.4）%］没有显著差异。从不同年份看，2008 年、2013 年、2014 年三个地区的小麦样品面团吸水率没有显著差异，2009 年聊城地区小麦样品面团吸水率显著大于济宁地区和泰安地区，2010 年三个地区小麦样品面团吸水率存在显著差异，其中聊城地区最大，其次为济宁地区，泰安地区最小，2011 年济宁地区和泰安地区小麦样品面团吸水率均显著大于聊城地区，2012 年济宁地区和聊城地区小麦样品面团吸水率显著大于泰安地区（$P<0.05$，表 3-10）。

表 3-10 2008～2014 年鲁西地区大田小麦面团吸水率

年份＼地区		济宁	泰安	聊城	鲁西
2008	平均值/%	59.7±2.7aC	60.6±2.0aC	61.1±2.5aD	60.5±2.5C
	变异系数/%	4.47	3.25	4.09	4.1
2009	平均值/%	66.0±3.0bA	65.5±2.6bA	67.6±1.1aA	66.4±2.5A
	变异系数/%	4.53	4	1.58	3.8
2010	平均值/%	60.2±2.9bC	58.8±2.2cD	63.8±0.4aB	60.9±3.0C
	变异系数/%	4.79	3.77	0.69	4.97
2011	平均值/%	63.7±2.5aB	62.6±2.4aB	61.3±2.0bD	62.5±2.5B
	变异系数/%	3.91	3.81	3.3	4.02
2012	平均值/%	63.1±2.2aB	61.8±2.0bB	62.9±21.5aC	62.6±2.0B
	变异系数/%	3.52	3.25	2.31	3.19
2013	平均值/%	58.8±2.2aC	58.9±1.4aD	59.1±0.8aE	59.0±1.6D
	变异系数/%	3.67	2.43	1.42	2.68
2014	平均值/%	62.6±0.9aB	62.0±1.5aB	62.5±1.1aC	62.3±1.2B
	变异系数/%	1.44	2.46	1.71	1.97
2008～2014	平均值/%	62.0±3.4ab	61.5±3.0b	62.6±2.9a	62.0±3.1
	变异系数/%	5.44	4.86	4.62	5.04

年份之间的方差分析结果表明，不同年份间鲁西地区大田小麦样品面团吸水率存在显著差异，2009 年最大，2013 年最小。从不同地区来看，三个地区年际变化与鲁西地区的整体变化基本一致（P<0.05，表 3-10）。

3.2.3.2　面团稳定时间

2008～2014 年鲁西地区 567 份大田小麦样品的面团稳定时间平均值为（4.9±3.5）min，变异系数 71.31%，变幅为 1.0～22.0min，变异较大。由不同地区的方差分析结果可知，济宁地区［（5.4±3.6）min］显著高于泰安地区［（4.6±3.4）min］和聊城地区［（4.6±3.3）min］，泰安地区和聊城地区之间没有显著差异。从不同年份来看，2011 年济宁地区、聊城地区大田小麦样品面团稳定时间显著大于泰安地区，2009 年济宁地区大田小麦样品面团稳定时间显著大于泰安地区和聊城地区，2010 年济宁地区、泰安地区大田小麦样品面团稳定时间大于聊城地区，2012 年济宁地区大田小麦样品面团稳定时间显著大于聊城地区，与泰安地区没有显著差异，2013 年、2014 年三个地区间无显著差异（P<0.05，表 3-11）。

表 3-11　2008～2014 年鲁西地区大田小麦面团稳定时间

年份 \ 地区		济宁	泰安	聊城	鲁西
2008	平均值/min	8.1±5.2aA	4.9±3.5bA	5.9±4.9abA	6.3±4.8A
	变异系数/%	64.94	71.54	81.72	75.9
2009	平均值/min	4.1±2.4aC	2.9±2.1bB	2.8±0.7bB	3.2±2.0D
	变异系数/%	59.48	72.2	26.89	61.4
2010	平均值/min	3.9±1.2abC	5.4±5.2aA	3.3±1.2bB	4.2±3.3CD
	变异系数/%	30.59	96.7	36.87	78.69
2011	平均值/min	4.9±2.5aBC	3.1±0.8bB	6.4±5.3aA	4.8±3.7BC
	变异系数/%	50.21	26.73	82.8	76.4
2012	平均值/min	6.3±4.7aAB	5.6±2.8abA	3.9±1.6bB	5.3±3.5ABC
	变异系数/%	74.22	51.1	40.83	65.65
2013	平均值/min	5.8±3.4aBC	5.7±3.6aA	5.7±2.7aA	5.7±3.2AB
	变异系数/%	57.9	62.79	47.82	56.5
2014	平均值/min	4.5±1.2aBC	4.9±3.1aA	4.0±1.3aB	4.5±2.1C
	变异系数/%	27.29	63.26	31.73	47.01
2008～2014	平均值/min	5.4±3.6a	4.6±3.4b	4.6±3.3b	4.9±3.5
	变异系数/%	66.29	74.55	72.55	71.31

年份之间的方差分析结果表明，不同年份间鲁西地区大田小麦样品的面团稳定时间以 2008 年最大，与 2012 年、2013 年没有显著差异，显著高于其余年份，

2009 年最低。不同地区来看，济宁地区 2008 年最大，显著大于其余年份（2012 年除外）。泰安地区大田小麦样品的面团稳定时间年份间变异较小，2009 年最低，显著低于其余年份（2011 年除外）。聊城地区 2008 年、2011 年、2013 年显著高于其余 4 年（P<0.05，表 3-11）。

3.2.3.3 面团弱化度

2008～2014 年鲁西地区 567 份大田小麦样品面团弱化度平均值为（70±35）BU，变异系数 49.84%，变幅 3～185BU，变异较大。不同地区方差分析可知，泰安地区小麦样品面团弱化度［(76±39) BU］显著大于济宁地区［(63±34) BU］，与聊城地区［(72±30) BU］之间没有显著差异。从不同年份来看，2008 年、2009 年、2010 年、2013 年三个地区小麦样品的面团弱化度之间没有显著差异，2011 年泰安地区小麦样品的面团弱化度显著大于济宁地区和聊城地区，2012 年、2014 年泰安地区与聊城地区小麦样品面团弱化度大于济宁地区（P<0.05，表 3-12）。

表 3-12 2008～2014 年鲁西地区大田小麦面团弱化度

年份 \ 地区		济宁	泰安	聊城	鲁西
2008	平均值/BU	58±53aB	78±50aAB	73±50aBC	69±52BC
	变异系数/%	92.05	64.1	68.08	74.3
2009	平均值/BU	80±44aA	98±39aA	88±16aAB	89±36A
	变异系数/%	55.23	39.3	17.89	40.5
2010	平均值/BU	68±14aAB	74±43aBC	73±16aBC	72±28B
	变异系数/%	20.9	59.02	21.48	39.46
2011	平均值/BU	55±25bB	74±17aBC	50±26bD	60±25CD
	变异系数/%	45.53	23.02	51.2	42.01
2012	平均值/BU	52±28bB	58±33abBC	71±20aC	60±28CD
	变异系数/%	52.83	55.86	28.12	46.79
2013	平均值/BU	52±22aB	55±25aC	50±20aD	52±22D
	变异系数/%	41.85	44.78	39.73	42.49
2014	平均值/BU	79±16bA	95±36aA	95±17aA	90±26A
	变异系数/%	19.98	37.72	17.98	28.81
2008～2014	平均值/BU	63±34b	76±39a	72±30a	70±35
	变异系数/%	53.26	51.63	42.45	49.84

年份之间的方差分析结果表明，不同年份间鲁西地区大田小麦样品的面团弱化度具有显著差异，其中 2014 年、2009 年最高，2013 年最低。从不同地区来看，济宁地区年份间变化较小，其中 2009 年、2014 年最高。泰安地区 2008 年、2009

年、2014年之间没有显著差异，均高于其余年份，2013年最低。聊城地区年份间具有显著差异，其中2014年最高，2011年最低（$P<0.05$，表3-12）。

3.2.3.4 粉质质量指数

2008～2014年鲁西地区年567份大田小麦样品面团粉质质量指数平均值为（69±33）mm，变异系数为48.48%，变幅为23～241mm，变异较大。不同地区方差分析可知，济宁地区大田小麦面团粉质质量指数［（74±32）mm］显著高于聊城地区［（67±35）mm］，与泰安地区［（63±34）mm］没有显著差异。从不同年份来看，2008年、2009年、2013年、2014年三个地区之间没有显著差异，2010年泰安地区显著高于聊城地区，与济宁地区没有显著差异，2011年聊城地区显著高于泰安地区，与济宁地区没有显著差异，2012年济宁地区和泰安地区显著高于聊城地区（$P<0.05$，表3-13）。

年份之间的方差分析结果表明，2008年鲁西地区大田小麦面团粉质质量指数与2012年和2013年没有显著差异，显著高于其余年份，2009年最低。不同地区来看，济宁地区2008年和2012年没有显著差异，显著高于其余5年，泰安地区各年份间差异不大，2013年最高，2011年最低，聊城地区2008年、2011年和2013年之间没有显著差异，三年均显著高于其余4年（$P<0.05$，表3-13）。

表 3-13　2008～2014年鲁西地区大田小麦粉质质量指数

年份 \ 地区		济宁	泰安	聊城	鲁西
2008	平均值/mm	97±47aA	73±41aABC	79±46aA	83±46A
	变异系数/%	48.25	55.55	58.14	55
2009	平均值/mm	65±26aBCD	55±27aBC	52±8aB	57±23D
	变异系数/%	40.01	49.1	15.67	39.8
2010	平均值/mm	60±11abD	74±52aAB	53±10bB	62±32CD
	变异系数/%	17.6	70.09	19.09	52.19
2011	平均值/mm	72±24abBCD	53±11bC	88±57aA	71±39BC
	变异系数/%	33	21.44	65.1	54.86
2012	平均值/mm	82±38aAB	76±25aA	60±15bB	72±29ABC
	变异系数/%	46.05	33.35	25.97	40.4
2013	平均值/mm	79±31aBC	76±33aA	76±24aA	77±29AB
	变异系数/%	38.55	43.35	31.01	38.06
2014	平均值/mm	62±13aCD	64±30aABC	55±12aB	60±20D
	变异系数/%	21.38	46.62	22.25	33.93
2008～2014	平均值/mm	74±32a	67±35ab	66±33b	69±33
	变异系数/%	43.1	51.44	50.55	48.48

3.2.4 拉伸特征

3.2.4.1 面团延伸度

2008～2014年鲁西地区567份大田小麦样品的面团延伸度平均值为（166.6±18.5）mm，变异系数11.12%，变幅117.0～244.0mm，变异较大。不同地区进行方差分析可知，泰安地区小麦样品面团延伸度［（168.8±17.0）mm］显著高于济宁地区［（164.1±18.1）mm］，与聊城地区［（166.9±20.1）mm］之间没有差异。从不同年份来看，2008年聊城地区显著大于济宁地区和泰安地区，2009年、2012年、2013年三个地区间无显著差异，2010年泰安地区显著高于聊城地区，与济宁地区之间没有显著差异，2011年济宁地区和泰安地区显著大于聊城地区，2014年泰安地区和聊城地区显著大于济宁地区（P<0.05，表3-14）。

年份之间的方差分析结果表明，不同年份间鲁西地区大田小麦的面团延伸度差异不大，2008年最高，2014年最低。不同地区来看，济宁地区2014年大田小麦的面团延伸度显著低于除2013年以外的其余年份，其余6年之间没有显著差异。泰安地区2010年显著高于2008年、2009年和2013年，与其余年份之间没有显著差异。聊城地区2008年显著高于其余年份，2011年最低（P<0.05，表3-14）。

表3-14 2008～2014年鲁西地区大田小麦面团延伸度

年份	地区	济宁	泰安	聊城	鲁西
2008	平均值/mm	165.9±18.1bA	163.4±22.1bB	189.6±28.1aA	171.2±25.1A
	变异系数/%	10.94	13.53	14.82	14.6
2009	平均值/mm	165.1±7.6aA	163.8±10.5aB	170.8±24.8aB	166.1±14.3ABC
	变异系数/%	4.63	6.4	14.49	8.6
2010	平均值/mm	169.7±16.7abA	177.9±14.9aA	161.8±17.3bBC	169.8±17.7AB
	变异系数/%	9.82	8.35	10.68	10.42
2011	平均值/mm	165.8±13.4aA	170.4±9.6aAB	156.0±15.7bC	164.1±14.4ABC
	变异系数/%	8.06	5.65	10.1	8.8
2012	平均值/mm	171.1±18.2aA	169.0±14.5aAB	172.3±10.9aB	170.8±14.9A
	变异系数/%	10.65	8.58	6.34	8.73
2013	平均值/mm	160.0±17.9aAB	163.5±14.9aB	164.7±12.7aBC	162.7±15.4BC
	变异系数/%	11.17	9.12	7.69	9.48
2014	平均值/mm	152.0±20.3bB	168.9±21.0aAB	165.6±20.9aBC	162.1±22.1C
	变异系数/%	13.33	12.41	12.62	13.54
2008～2014	平均值/mm	164.1±18.1b	168.8±17.0a	166.9±20.1ab	166.6±18.5
	变异系数/%	11.01	10.08	12.05	11.12

3.2.4.2　面团拉伸阻力（5cm 处）

2008～2014 年鲁西地区 567 份大田小麦样品的面团拉伸阻力（5cm 处）平均值为（214±85）BU，变异系数为 39.74%，变幅为 66～543BU，变异较大。不同地区方差分析可知，济宁地区大田小麦样品面团拉伸阻力［（226±88）BU］显著高于泰安地区［（205±88）BU］和聊城地区［（209±76）BU］。从不同年份来看，2008 年济宁地区显著大于泰安地区和聊城地区，2009 年济宁地区显著大于聊城地区，与泰安地区没有显著差异，2010 年、2013 年、2014 年三个地区之间没有显著差异，2011 年济宁地区和聊城地区均显著大于泰安地区（$P<0.05$，表 3-15）。

由年份之间的方差分析结果可知，鲁西地区大田小麦面团拉伸阻力（5cm 处）2008 年和 2013 年显著大于其他年份，2011 年和 2014 年最低。从不同地区来看，济宁地区 2008 年显著大于其他年份，2011 年最低，泰安地区 2013 年最大，显著大于 2011 年 、2012 年和 2014 年，与其余年份没有显著差异，聊城地区 2013 年最高，显著高于 2009 年、2012 年和 2014 年，与其余年份之间没有显著差异（$P<0.05$，表 3-15）。

表 3-15　2008～2014 年鲁西地区大田小麦面团 5cm 处拉伸阻力

年份 \ 地区		济宁	泰安	聊城	鲁西
2008	平均值/BU	324±125aA	243±107bAB	248±92bA	275±117A
	变异系数/%	38.59	44.15	37.01	42.6
2009	平均值/BU	250±69aB	226±106abAB	157±20bC	223±82B
	变异系数/%	27.56	46.9	12.44	36.5
2010	平均值/BU	198±48aCD	201±95aABC	202±51aABC	201±69BC
	变异系数/%	24.33	47.11	25.36	34.19
2011	平均值/BU	192±76aD	147±19bC	217±95aAB	185±77C
	变异系数/%	39.31	12.89	43.9	41.42
2012	平均值/BU	217±71aBCD	195±60abBC	180±36bBC	197±59BC
	变异系数/%	32.8	30.55	20.23	30.14
2013	平均值/BU	246±78aBC	258±99aA	254±71aA	253±84A
	变异系数/%	31.82	38.52	27.94	33.21
2014	平均值/BU	183±45aD	191±66aBC	174±52aBC	183±55C
	变异系数/%	24.41	34.73	29.63	30.3
2008～2014	平均值/BU	226±88a	205±88b	209±76b	214±85
	变异系数/%	38.97	42.92	36.35	39.74

3.2.4.3 面团最大拉伸阻力

2008～2014 年鲁西地区 567 份大田小麦样品的面团最大拉伸阻力平均值为（301±153）BU，变异系数 50.90%，变幅 71～884BU，变异较大。不同地区间方差分析结果可知，济宁地区大田小麦样品面团最大拉伸阻力［（323±162）BU］显著高于泰安地区［（293±169）BU］和聊城地区［（286±121）BU］，泰安地区和聊城地区之间没有显著差异。从不同年份来看，2008 年济宁地区显著高于泰安地区，与聊城地区没有显著差异，2009 年、2012 年济宁地区显著高于聊城地区，与泰安地区没有显著差异，2010 年、2013 年、2014 年三个地区没有显著差异，2011 年济宁地区和聊城地区均显著高于泰安地区（$P<0.05$，表 3-16）。

由年份之间的方差分析结果可知，不同年份间鲁西地区大田小麦的面团最大拉伸阻力有显著差异，2008 年显著高于其余年份，2011 年最低。从不同地区来看，济宁地区 2008 年显著大于其他年份，泰安地区年份间差异较小，聊城地区和济宁地区年份间变化情况基本相同（$P<0.05$，表 3-16）。

表 3-16 2008～2014 年鲁西地区大田小麦面团最大拉伸阻力

年份	地区	济宁	泰安	聊城	鲁西
2008	平均值/BU	498±202aA	359±192bA	405±170abA	423±200A
	变异系数/%	40.54	53.56	41.91	47.2
2009	平均值/BU	374±123aB	346±205abA	209±23bB	329±150BC
	变异系数/%	32.82	59.3	11.04	45.5
2010	平均值/BU	269±93aCDE	294±205aAB	258±71aB	274±138D
	变异系数/%	34.52	69.64	27.53	50.35
2011	平均值/BU	260±124aDE	180±26bB	282±133aB	241±114D
	变异系数/%	47.57	14.43	47	47.57
2012	平均值/BU	325±155aBCD	281±117abAB	251±71bB	286±123CD
	变异系数/%	47.51	41.58	28.37	43.07
2013	平均值/BU	353±171aBC	373±190 aA	365±121aA	364±163B
	变异系数/%	48.39	51.01	33.11	44.95
2014	平均值/BU	235±67aE	270±126aAB	227±75aB	244±95D
	变异系数/%	28.33	46.81	33.21	38.96
2008～2014	平均值/BU	323±162a	293±169b	286±121b	301±153
	变异系数/%	50.4	57.65	42.31	50.9

3.2.4.4 面团拉伸能量

2008～2014 年鲁西地区 567 份大田小麦样品的面团拉伸能量平均值为

（67.7±33.1）cm^2，变异系数 48.80%，变幅为 13.0～208.0cm^2，变异较大。三个地区间大田小麦样品面团拉伸能量没有显著差异，其中济宁地区［（71.4±34.7）cm^2］最大，其次为泰安地区［（67.1± 37.3）cm^2］，聊城地区［（64.4±25.2）cm^2］最低。从不同年份来看，2008 年、2009 年、2010 年、2012 年和 2013 年三个地区大田小麦样品的面团拉伸能量之间均没有显著差异，2011 年济宁地区和聊城地区均显著高于泰安地区，2014 年泰安地区显著高于济宁地区和聊城地区（P<0.05，表 3-17）。

表 3-17 2008～2014 年鲁西地区大田小麦面团拉伸能量

年份	地区	济宁	泰安	聊城	鲁西
2008	平均值/cm^2	107.6±40.0aA	81.4±46.2aA	100.8±42.1aA	96.4±44.3A
	变异系数/%	37.18	56.71	41.73	46.00
2009	平均值/cm^2	81.1±23.0aB	77.5±45.5aA	50.3±8.8aC	73.2±30.6BC
	变异系数/%	28.37	58.70	17.50	41.90
2010	平均值/cm^2	63.4±20.8aBCD	73.1±51.7aA	55.4±8.1aC	63.95CD
	变异系数/%	32.77	70.74	14.53	52.38
2011	平均值/cm^2	57.4±22.2aCD	44.0±5.6bB	57.1±18.2aC	52.8±18.0D
	变异系数/%	38.75	12.62	31.80	34.08
2012	平均值/cm^2	75.0±39.1aBC	63.1±23.7aAB	59.0±14.7aC	65.7±28.5C
	变异系数/%	52.14	37.56	24.86	43.45
2013	平均值/cm^2	76.4±39.2aBC	80.2±35.3aA	79.4±21.1aB	78.7±32.8B
	变异系数/%	51.30	44.01	26.55	41.73
2014	平均值/cm^2	49.1±8.9bD	61.1±26.7aAB	51.1±9.7bC	53.8±18.0D
	变异系数/%	18.06	43.74	19.06	33.47
2008～2014	平均值/cm^2	71.4±34.7a	67.1±37.3a	64.4±25.2a	67.7±33.1
	变异系数/%	48.58	55.61	39.19	48.80

年份之间的方差分析结果表明，不同年份间鲁西地区大田小麦的面团最大拉伸阻力存在显著差异，2008 年显著高于其余 6 年，2011 年最低。从不同地区来看，济宁地区和聊城地区表现一致，2008 年显著高于其余 6 年，2014 年最低。泰安地区年份间变异不大（P<0.05，表 3-17）。

从 2008～2014 年鲁西地区 567 份大田小麦样品籽粒质量分析结果可知，鲁西地区大田小麦样品籽粒千粒重平均值为（42.74±3.71）g，变幅为 34.20～52.10g；容重平均值为（800±17）g/L，变幅为 763～840g/L；籽粒硬度指数平均值为（66.3±4.2）%，变幅为 47.0%～73.0%；籽粒降落数值平均为（480±91）s，变幅为

187～672s；籽粒沉降指数平均值为（30.4±6.4）mL，变幅为 19.1～63.0mL；籽粒蛋白质含量平均值为（13.9±1.0）%，变幅为 11.4%～17.7%；湿面筋含量平均值为（34.7±2.6）%，变幅为 24.7%～41.1%；面团吸水率平均值为（62.0±3.1）%，变幅为 50.4%～70.3%；面团稳定时间平均值为（4.9±3.5）min，变幅为 1.0～22.0min；面团延伸度平均值为（166.6±18.5）mm，变幅为 117.0～244.0mm；面团最大拉伸阻力平均值为（301±153）BU，变幅为 71～884BU；面团拉伸能量平均值为（67.7±33.1）cm^2，变幅为 13～208.0cm^2。整体来看，鲁西地区大田小麦籽粒千粒重、籽粒蛋白质含量、湿面筋含量水平较高，面团稳定时间的中等水平。

3.3 鲁西地区大田小麦籽粒质量空间分布特征

3.3.1 容重空间分布特征

由 2008～2014 年鲁西地区大田小麦 7 年的容重空间分布图（图 3-11）可以看出，该区域南部容重较高，北部容重较低（聊城的东阿县除外），容重总体水平比较高，高值区在济宁地区的邹城市、微山县、金乡县，聊城地区的东阿县、莘县一带，低值区在泰安地区的新泰市、泰山区一带。

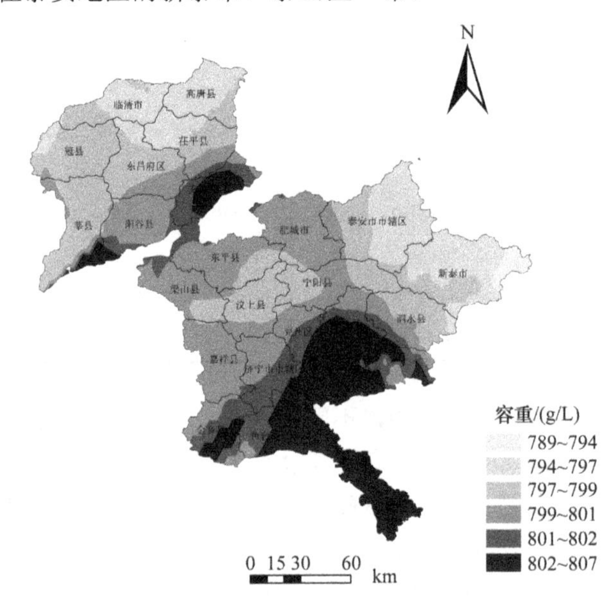

图 3-11 2008～2014 年鲁西地区大田小麦容重空间分布图（彩图请扫二维码）

3.3.2 籽粒蛋白质含量空间分布特征

由 2008～2014 年鲁西地区大田小麦 7 年的籽粒蛋白质含量空间分布图（图

3-12）可以看出，此区域的籽粒蛋白质含量出现中间高两边低的趋势，即处于中间的泰安地区高于处于北部和南部的聊城地区和济宁地区。高值区分布在泰安地区的肥城市、宁阳县、新泰市、东平县等地，以及接壤的济宁地区的汶上县、嘉祥县、兖州市。低值区分布在聊城地区的冠县、莘县、临清市、阳谷县、东昌府区等地，济宁地区的微山县、邹城市、金乡县、曲阜市等地。

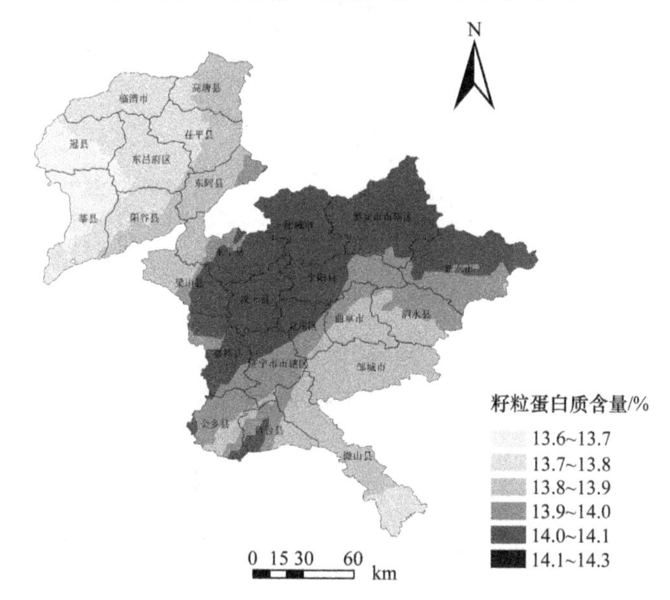

图 3-12 2008～2014 年鲁西地区大田小麦籽粒蛋白质含量空间分布图（彩图请扫二维码）

3.3.3 湿面筋含量空间分布特征

由 2008～2014 年鲁西地区大田小麦 7 年的湿面筋含量空间分布图（图 3-13）可以看出，此区域的湿面筋含量绝大部分地区处于较高值分布，与此同时，又形成了一个由西北到东南的低值分布带，聊城地区的临清市、茌平县、东阿县和泰安地区的肥城市，以及济宁地区的曲阜市、泗水县位于此带，另有聊城地区的高唐县和济宁地区的鱼台县表现出较高的湿面筋水平。

3.3.4 面团稳定时间空间分布特征

由 2008～2014 年鲁西地区大田小麦 7 年的湿面筋含量空间分布图（图 3-14）可以看出，此区域的面团稳定时间整体水平较低，总体上看，西南区域的小麦面团稳定时间高于西北和东北地区，西北地区主要包括济宁地区的大部分市县、泰安地区的部分市县，东北区域包括聊城地区的大部分市县和泰安地区的部分市县，最高值分布在鱼台县和济宁市区，最低值分布在冠县、新泰市和泰安区。

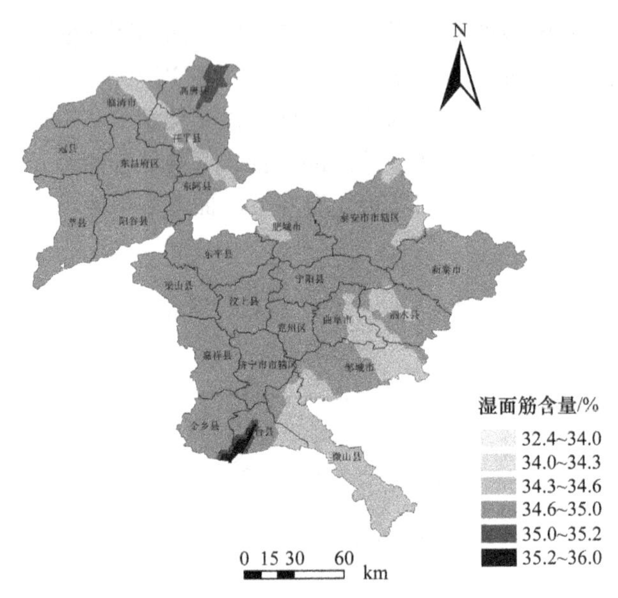

图 3-13 2008～2014 年鲁西地区大田小麦籽粒湿面筋含量空间分布图（彩图请扫二维码）

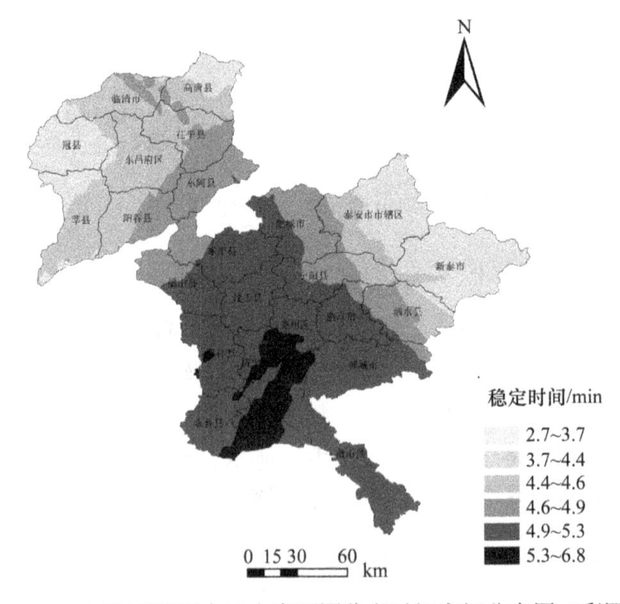

图 3-14 2008～2014 年鲁西地区大田小麦面团稳定时间空间分布图（彩图请扫二维码）

3.4 鲁西地区优质小麦生产现状

3.4.1 2008～2014 年鲁西地区优质强筋小麦生产现状

参照《优质小麦 强筋小麦（GB/T 17892—1999）》，对 2008～2014 年鲁西地

区抽取的 567 份大田小麦样品优质率进行了统计分析，结果可知，分别以容重、蛋白质含量、湿面筋和稳定时间单项指标符合程度判断，单项达到《优质小麦　强筋小麦》二等标准的比例分别为 97.53%、52.03%、86.42%、17.46%。依据标准规定的判别原则，以容重、蛋白质含量、湿面筋含量和稳定时间 4 个指标同时满足要求进行判别，2008～2014 年鲁西地区大田小麦样品中有 6.35%达到《优质小麦　强筋小麦》二等标准（表 3-18）。从单项性状达到优质强筋的比例来看，容重比例最高，其次是湿面筋含量、蛋白质含量，稳定时间最低。调查结果说明，鲁西地区符合标准的优质强筋小麦比例很低。

年份间比较，大田小麦优质强筋样品所占比例不同。籽粒蛋白质含量年份间变化较大，比例不同。易受小麦品种、施肥灌溉、气候变化等因素的影响。稳定时间偏低是造成鲁西地区整体优质强筋小麦比例偏低的限制性因素。

表 3-18　2008～2014 年鲁西地区强筋小麦比例

品质性状 \ 年份	2008（n=81）	2009（n=81）	2010（n=81）	2011（n=81）	2012（n=81）	2013（n=81）	2014（n=81）	2008～2014（n=567）
容重（≥770g/L）	75/92.59	80/98.76	77/95.08	81/100.00	79/97.53	80/98.76	81/100.00	553/97.53
蛋白质含量（≥14.0%）	34/66.67	7/8.64	12/14.81	56/69.13	80/98.75	77/95.08	29/35.80	295/52.03
湿面筋含量（≥32%）	66/81.48	63/77.78	67/82.71	71/87.65	81/100.00	76/93.82	60/74.07	490/86.42
稳定时间（≥7.0min）	29/35.80	8/9.87	6/7.41	15/18.52	13/16.05	22/27.16	6/7.41	99/17.46
容重≥770g/L 蛋白质含量≥14.0% 湿面筋含量≥32% 稳定时间≥7.0min	9/0.11	0/0	2/2.47	3/3.70	12/14.81	6/7.41	4/4.94	36/6.35

注：参照《优质小麦　强筋小麦（GB/T 17892—1999）》。“81/100.00”中的“81”表示达标样品数量为 81，“100”表示达标样品数量占样品总数的百分比为 100%。其余以此类推

3.4.2　2008～2014 年鲁西地区优质弱筋小麦生产现状

参照《优质小麦　弱筋小麦（GB/T 17893—1999）》，对 2008～2014 年鲁西地区抽取的 567 份大田小麦样品优质率进行统计分析可知，分别以容重、蛋白质含量、湿面筋含量和稳定时间单项指标符合程度判断，单项达到《优质小麦　弱筋小麦》二等标准的比例分别为 100.00%、0.53%、0、17.46%。依据标准规定的判别原则，以容重、蛋白质含量、湿面筋含量和稳定时间 4 个指标同时满足要求作为判断依据，2008～2014 年鲁西地区大田小麦样品中没有样品达到《优质小麦　弱筋小麦》标准（表 3-19）。从单项指标达到优质弱筋小麦的比例来看，容重最高，其次是面团稳定时间，由于没有湿面筋含量达到优质弱筋小麦的样品，所以 4 项均达到标准的样品比例为 0。调查结果说明，样本达到优质弱筋的比例极低，该区域不适宜生产弱筋小麦。

表 3-19　2008～2014 年鲁西地区弱筋小麦比例

品质性状＼年份	2008（n=81）	2009（n=81）	2010（n=81）	2011（n=81）	2012（n=81）	2013（n=81）	2014（n=81）	2008～2014（n=567）
容重（≥750g/L）	81/100.00	81/100.00	81/100.00	81/100.00	81/100.00	81/100.00	81/100.00	567/100.00
蛋白质含量（≤11.5%）	0/0	3	0/0	0/0	0/0	0/0	0/0	3/0.53
湿面筋含量（≤22.0%）	0/0	0/0	0/0	0/0	0/0	0/0	0/0	0/0
稳定时间（≤2.5min）	23/28.39	38/	17/57.91	11/13.58	7/8.6	0/0	3/3.7	99/17.46
容重≥750g/L 蛋白质含量≤11.5% 湿面筋含量≤22.0% 稳定时间≤2.5min	0/0	0/0	0/0	0/0	0/0	0/0	0/0	0/0

注：参照《优质小麦　弱筋小麦（GB/T 17893—1999）》。“81/100.00”中的“81”表示达标样品数量为 81，“100.00”表示达标样品数量占样品总数的百分比为 100%。其余以此类推

四、小结与展望

4.1　小结

（1）2008～2014 年鲁西地区抽取的 567 份小麦样品涉及 29 个小麦品种（系）。累计样品数量居前 5 位的品种依次为济麦 22（197）、泰农 18（75）、良星 66（27）、良星 99（26）和泰山 9818，占全部抽样量的 65.43%。济麦 22 小麦品种数量连续 6 年居鲁西地区样品总数第一位，为当地主栽小麦品种，其次为泰农 18。从小麦品种构成来看，鲁西地区大田平均种植小麦品种数为 4 个/年，品种数量相对集中。

（2）由 2008～2014 年鲁西地区 567 份大田小麦样品籽粒质量分析结果可知，鲁西地区大田小麦籽粒千粒重平均值为（42.74±3.71）g，变幅为 34.20～52.10g；籽粒容重平均值为（800±17）g/L，变幅为 763～840g/L；籽粒硬度指数平均值为（66.3±4.2）%，变幅为 47.0%～73.0%；降落数值平均为（480±91）s，变幅为 187～672s；籽粒沉降指数平均值为（30.4±6.4）mL，变幅为 19.1～63.0mL；籽粒蛋白质含量平均值为（13.9±1.0）%，变幅为 11.4%～17.7%；湿面筋含量平均值为（34.7±2.6）%，变幅为 24.7%～41.1%；面团吸水率平均值为（62.0±3.1）%，变幅为 50.4%～70.3%；面团稳定时间平均值为（4.9±3.5）min，变幅为 1.0～22.0min；面团延伸度平均值为（166.6±18.5）mm，变幅为 117.0～244.0mm；面团最大拉伸阻力平均值为（301±153）BU，变幅为 71～884BU；面团拉伸能量平均值为（67.7±33.1）cm^2，变幅为 13.0～208.0cm^2。

鲁西地区大田小麦籽粒容重、蛋白质含量、湿面筋含量较高，面团稳定时间中等，鲁西地区大田小麦质量为中强筋类型。

（3）参照《优质小麦　强筋小麦（GB/T 17892—1999）》和《优质小麦　弱筋小麦（GB/T 17893—1999）》，2008～2014 年鲁西地区抽取的 567 份大田小麦样品优质率的统计分析结果为，以容重、蛋白质含量、湿面筋含量和稳定时间 4 个指标同时满足要求作为判断依据，鲁西地区大田小麦样品中有 6.35% 达到《优质小麦　强筋小麦》二等标准；没有样品达到《优质小麦　弱筋小麦》标准。年份间比较，大田优质强筋小麦的比例不同。稳定时间低是造成鲁西地区优质小麦比例较低的限制性因素。

4.2　展望

4.2.1　存在问题

1）优质小麦品种特点不突出，质量参差不齐，优质小麦种植面积较低

鲁西地区大田小麦生产注重产量。抽样前几位的品种品质一般，而品质突出的种植较少，且质量参差不齐，强筋不强，弱筋不弱。

2）大田小麦优质率较低，个别质量性状存在“短板”现象

从 2008～2014 年连续 7 年对鲁西地区小麦籽粒质量调查分析的结果可以看出，大田小麦样品的容重平均为（800±17）g/L，籽粒蛋白质含量平均值为（13.9±1.0）%，湿面筋含量平均值为（34.7±2.6）%，面团稳定时间平均值为（4.86±3.47）min。以现行的优质小麦标准来判断，大田小麦样品稳定时间较低仍然是小麦优质率不高的主要限制性指标。大面积推广应引起育种、栽培和土肥工作者的重视。

3）优质小麦质量标准制定的依据不足，应提高指标的协调性

《优质小麦　强筋小麦》是一个粮食标准，过分地强调了蛋白质的作用，使蛋白质含量和湿面筋的指标水平与实际不符。强筋小麦顾名思义为面筋的筋力强，而反映筋力强弱的指标，如沉降指数、面筋指数，又未被包含。评价优质小麦的目的是为其用途提供依据，从食品加工工艺对原料需求的角度考虑，稳定时间无疑对食品加工业指导意义较大，另外，这一指标还会随着食品加工机械化和自动化水平的提高而进一步提高。

4）优质专用小麦生产规模化程度不高，生产区域不明确

目前农户大多仍为分散种植经营，生产规模小，小麦品种选择随机性强，配套栽培防控措施不到位，这些都是造成小麦品种质量性状不稳定或优质小麦表现不佳的重要原因。

5）小麦产业链分段管理，政策的协调性还有待加强

科学研究、遗传育种、小麦生产、粮食收储、品质加工在管理体制上隶属于不同部门，各自的重点目标和任务不同，法规、政策标准一致性或可操作性不高。

如国家有关小麦的质量标准就缺少一致性和包容性，甚至基础研究支撑也显得不足。农业部门推广的优质品种在粮食部门收购时达不到优质标准；粮食收购部门的小麦不能满足面粉生产和食品加工企业对质量的要求。粮食收储部门购强筋小麦不能做到分收分储或优质优价，这种几十年一贯制、陈旧的混管理方式不仅导致优质商品粮数量不足，还会影响农产品及食品加工业的可持续发展。

4.2.2 优质小麦发展潜力与前景

1）因地制宜，发展优质专用小麦

优质小麦生产首先应该选择具有能力或潜力的区域。籽粒蛋白含量和湿面筋含量与土壤、气候、栽培条件（施肥等）等有着密切联系。因此，在推广优质小麦生产时，要充分考虑当地气候、土壤等条件，选择适宜种植区域。同时育种家在选育小麦品种时，在保证产量的前提下应更多地关注加工适用性，尤其是对传统面制品（面条、馒头、饺子等）的加工适用性。

2）适度规模化经营，提升小麦质量

随着市场经济的发展以及土地流转政策的出台，农民合作社、种粮大户等不断涌现，适度的规模化生产经营，可以稳定小麦籽粒质量，提高小麦的产量，增加农民收入。

3）改革收储体系，促进产业发展

充分利用种粮大户、农民合作社等组织，借鉴国外经验，通过改革创新，建立符合市场化运作的小麦原粮收储体系，提高优质商品粮数量，促进农产品及食品加工业的可持续发展。

主要参考文献

关二旗. 2012. 区域小麦籽粒质量及加工利用研究. 北京: 中国农业科学院研究生院博士学位论文

关二旗, 魏益民, 张波, 等. 2012. 黄淮冬麦区部分区域小麦品种构成及品质性状分析. 中国农业科学, 45(6): 1159-1168

何中虎, 林作楫, 王龙俊, 等. 2002. 中国小麦品质区划的研究. 中国农业科学, 35(4): 359-364

何中虎, 晏月明, 庄巧生, 等. 2006. 中国小麦品种品质评价体系建立与分子改良技术研究. 中国农业科学, 39(6): 1091-1101

胡卫国, 赵虹, 王西成, 等. 2010. 黄淮冬麦区小麦品种品质改良现状分析. 麦类作物学报, 30(5): 936-943

胡学旭, 周桂英, 吴丽娜, 等. 2009. 中国主产区小麦在品质域间的差异. 作物学报, 35(6): 1167-1172

李立群, 张国权, 李学军. 2008. 黄淮南片小麦品种(系)籽粒品质性状研究. 西北农林科技大学

学报(自然科学版), 36(6): 49-55
李元清, 吴晓华, 崔国惠, 等. 2008. 基因型、地点及其互作对内蒙古小麦主要品质性状的影响. 作物学报, 34(1): 47-53
廖平安, 郭春强, 靳文奎. 2003. 黄淮南部小麦品种品质现状分析. 麦类作物学报, 23(4): 139-140
刘锐, 张波, 魏益民. 2012. 小麦蛋白质与面条品关系研究进展. 麦类作物学报, 32(2): 344-349
卢洋洋, 张影全, 刘锐, 等. 2014. 鲁西小麦籽粒质量性状空间变异特征. 麦类作物学报, 34(4): 495-501
卢洋洋, 张影全, 张波, 等. 2014. 同一基因型小麦籽粒质量性状的空间变异. 麦类作物学报, 34(2): 234-239
马艳明, 范玉顶, 李斯深, 等. 2004. 黄淮麦区小品种(系)质性状多样分析. 植物遗传资源学报, 5(2): 133-138
魏益民. 2002. 谷物品质与食品品质-小麦籽粒品质与食品品质. 西安: 陕西人民出版社
魏益民, 关二旗, 张波, 等. 2013. 黄淮冬麦区小麦籽粒质量调查与研究. 北京: 科学出版社
魏益民, 刘锐, 张波, 等. 2012. 关于小麦籽粒质量概念的讨论. 麦类作物学报, 32(2): 379-382
魏益民, 欧阳绍辉, 陈卫军, 等, 2009. 县域优质小麦生产效果分析. 麦类作物学报, 29(2): 256-260
魏益民, 张波, 关二旗, 等. 2013. 中国冬小麦品质改良研究进展. 中国农业科学, 46(20): 4189-4196
魏益民, 张波, 张影全, 等. 2013. 关于小麦籽粒质量标准的讨论. 麦类作物学报, 33(3): 608, 612
于振文. 2006. 小麦产量与品质生理及栽培技术. 北京: 中国农业出版社: 62-64
昝存香, 周桂英, 吴丽娜, 等. 2006. 我国小麦品质现状分析. 麦类作物学报, 26(6): 46-49
张影全. 2012. 小麦籽粒蛋白质特性与面条量关系研究. 咸阳: 西北农林科技大学硕士学位论文
赵莉, 汪建来, 赵竹, 等. 2006. 我国冬小麦品种(系)主要品质性状的表现及其相关性. 麦类作物学报, 26(3): 87-91

第四章　冀中地区小麦籽粒质量调查研究报告

一、引　　言

河北省是我国小麦主产省和重要商品粮基地，小麦播种面积和总产量分别占全国小麦播种面积和总产量的10%左右和11%左右。冀中地区属于黄淮冬麦区，是河北省重要的优质小麦产区和优质商品粮生产基地。地处冀中小麦生产核心区的衡水市、沧州市和石家庄市小麦播种面积占河北省播种面积的40%左右；产量占河北省总产量的48%左右；本报告调查和分析了2008～2014年衡水地区（阜城县、冀州市、深州市）、沧州地区（盐山县、献县、吴桥县）和石家庄地区（辛集市、赵县、无极县）采集的农户大田小麦样品的品种构成、籽粒性状、蛋白质质量，以及面粉的流变学特性（粉质参数、拉伸参数），以了解冀中地区的优质小麦生产现状，指导优质小麦产业基地建设，促进小麦加工业和小麦产区区域经济的可持续发展。

1.1　2003～2013年河北小麦生产概况

河北省是我国小麦主产省和重要商品粮基地，由图4-1可知，2003～2013年河北省小麦播种面积占全国小麦播种面积的9.86%～10.61%，河北省小麦总产量占全国小麦总产量的10.68%～11.80%。

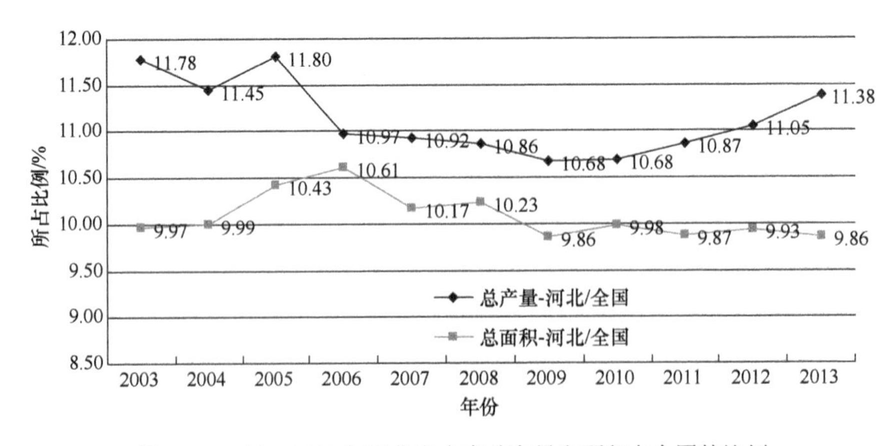

图4-1　2003～2013年河北省小麦总产量和面积占全国的比例

河北省小麦播种面积2005年和2006年增长幅度较大，增幅分别达到9.97%和

5.36%，2007～2013 年保持在 2 400 000hm^2 左右。2013 年河北省小麦播种面积为 2 377 700hm^2，较 2003 年增长 8.43%（图 4-2）。

河北省小麦总产量 2003～2013 年呈“连续增长”趋势，年均增长 3.62%，2005 年增长幅度最大，达到 9.22%。2013 年河北省小麦总产量达到 13 872 000t，较 2003 年增长 36.16%（图 4-2）。

河北省小麦平均单产 2003～2013 年呈“增长”趋势，年均增长 1.80%，2004 年增长幅度最大，达 4.89%。2013 年河北省小麦平均单产达 5481kg/hm^2，较 2003 年增长 17.97%（图 4-3）。

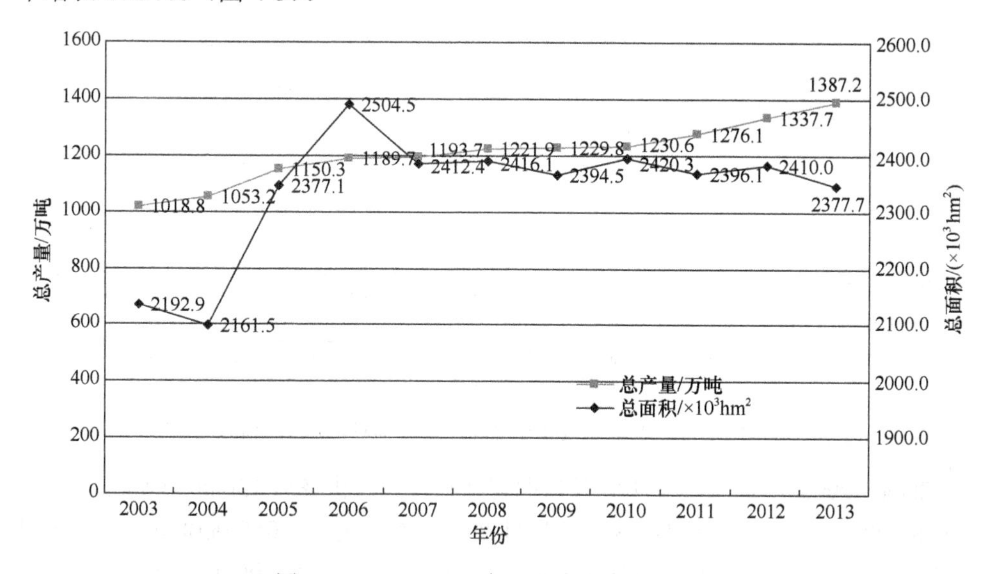

图 4-2　2003～2013 年河北省小麦生产现状

数据来源于河北省农村统计年鉴（2003～2013 年）

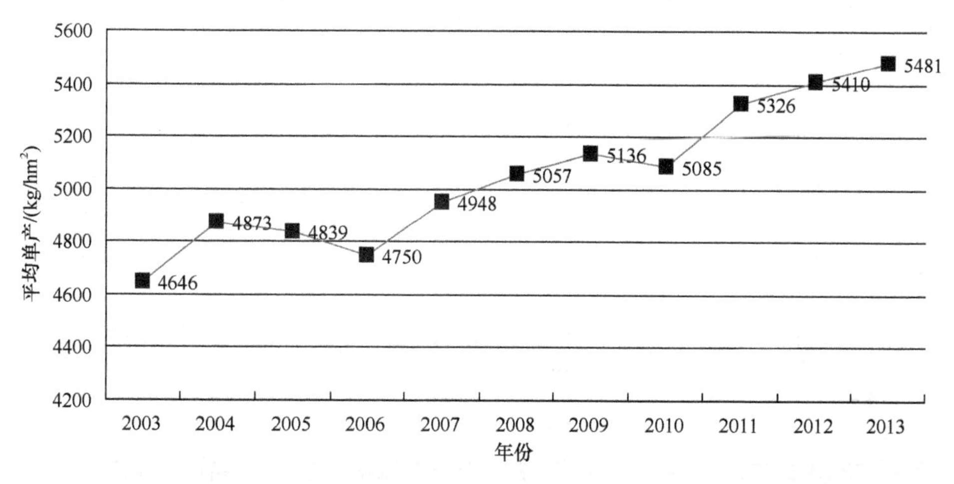

图 4-3　2003～2013 年河北省小麦平均单产水平变化

数据来源于河北省农村统计年鉴（2003～2013 年）

1.2 2003～2013 年冀中地区小麦生产概况

石家庄地区、衡水地区和沧州地区处于河北省中部，属黄淮冬麦区，是河北省主要小麦产区。由图 4-4 可知，2003～2013 年冀中地区小麦播种面积占河北省小麦播种面积的 38.79%～44.58%，小麦总产量占河北省小麦总产量的 44.07%～49.50%（图 4-4）。

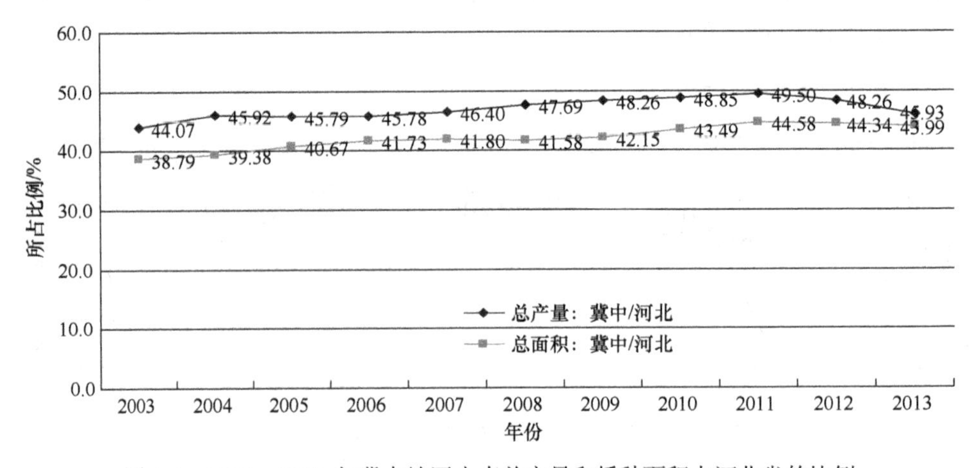

图 4-4 2003～2013 年冀中地区小麦总产量和播种面积占河北省的比例

2004～2006 年冀中地区小麦种植面积增长最快，由 851 150hm² 增长到 1 045 130hm²，2006～2013 年冀中地区小麦播种面积基本稳定在 1 050 000hm² 左右。2013 年冀中地区小麦种植面积 1 046 070hm²，较 2003 年增加 195 390hm²，增长 22.97%。三个地区年份间变化趋势与冀中地区基本一致，其中石家庄地区和沧州地区小麦播种面积相当，衡水地区播种面积较小（图 4-5）。

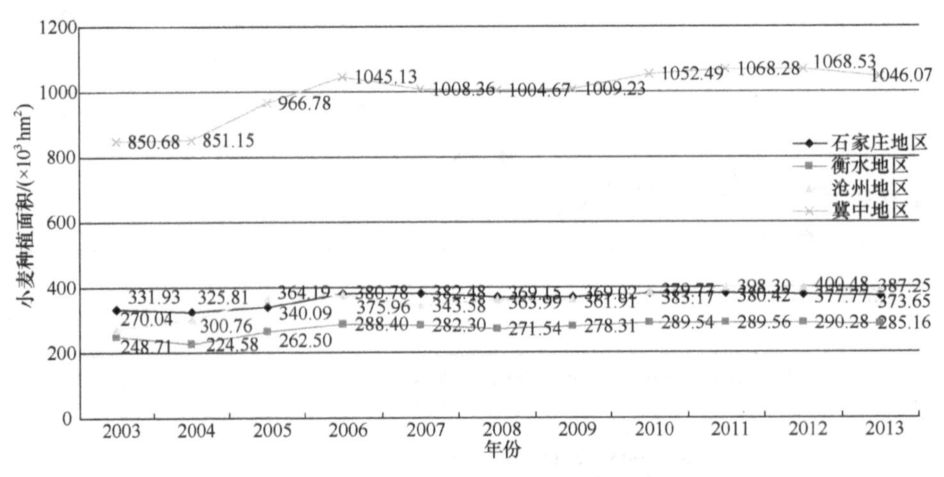

图 4-5 2003～2013 年冀中地区小麦播种面积

2003～2013 年冀中地区小麦总产量变化趋势与河北省变化趋势基本一致，呈“连续增长”趋势。2013 年冀中地区小麦总产量达 6 372 000t，较 2003 年增加 1 882 200t，增长 41.92%。三个地区年份间变化趋势与冀中地区一致，其中石家庄地区小麦产量最高，2007 年之前衡水地区小麦产量略高于沧州地区，2007 年之后沧州地区小麦产量略高于衡水地区（图 4-6）。

2003～2013 年冀中地区小麦单产水平变化呈现“先增长后降低再增长”的趋势，2013 年冀中地区小麦单产达 6125kg/hm^2（408.33kg/亩），较 2003 年增加 918 kg/hm^2（61.2kg/亩），增长 17.63%。衡水地区和沧州地区小麦单产水平变化趋势与冀中地区一致。石家庄地区小麦单产水平最高，衡水地区次之，沧州地区最小。冀中地区小麦单产水平高于河北省小麦平均单产水平（图 4-7）。

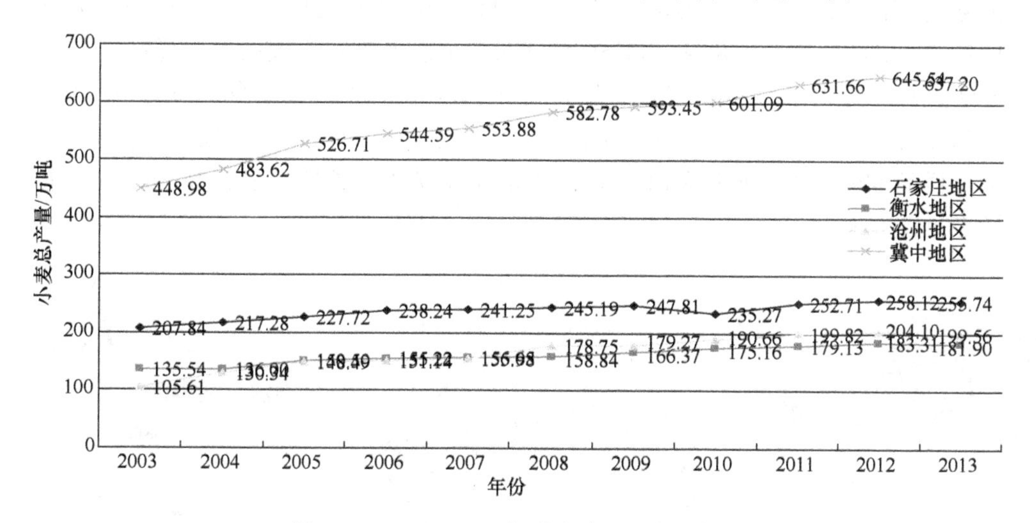

图 4-6　2003～2013 年冀中地区小麦总产量

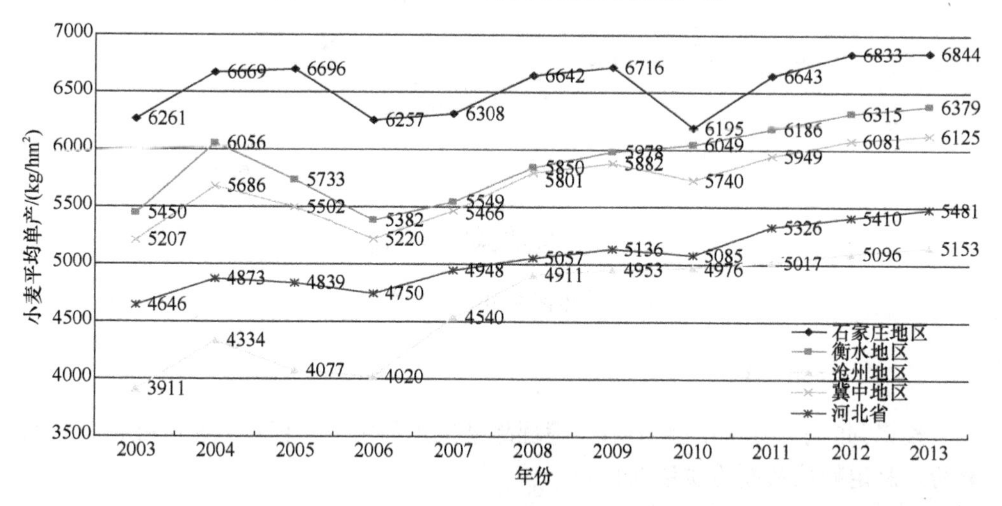

图 4-7　2003～2013 年冀中地区小麦单产

二、材料与方法

2.1 试验材料

2.1.1 样品采集

根据国家小麦产业技术研发中心加工研究室编制的《小麦产业技术体系小麦质量调查指南》的要求，分别于2008～2014年夏收时，在冀中小麦主产区衡水地区（阜城县、冀州市、深州市）、沧州地区（盐山县、献县、吴桥县）、石家庄地区（辛集市、赵县、无极县），分布范围为113°30′57.6″E～117°52′8.4″E、37°3′46.8″N～38°56′42.0″N，布点采集农户大田小麦样品。布点方法是每个地市选3个县（市）区，每个县（市）区选3个乡（镇），每个乡（镇）选该乡镇种植的主要栽培品种，并选代表性农户，按品种抽取3份样品，每个样品5kg。每年抽取大田小麦样品81份，7年共抽取小麦样品567份。采样点见图4-8。

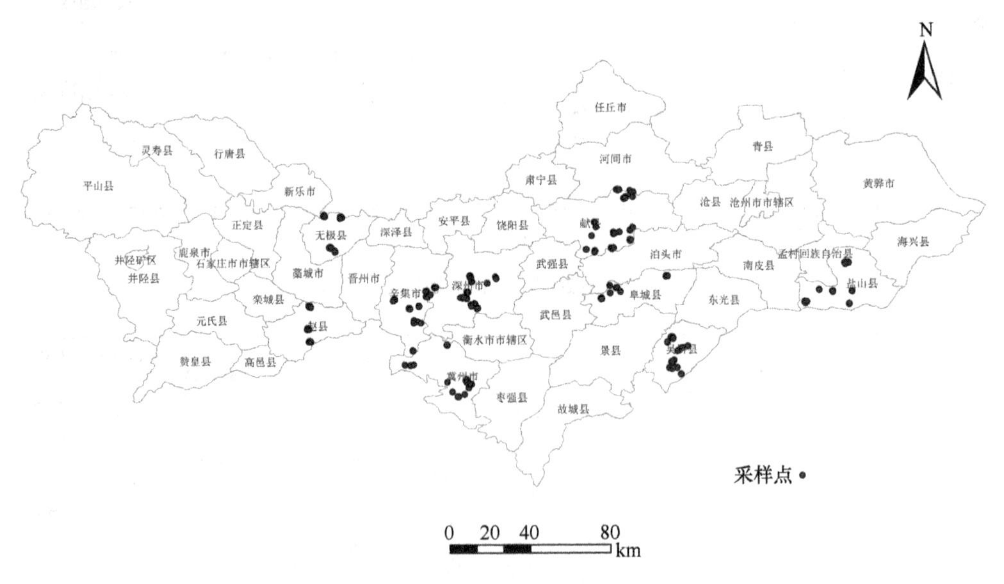

图4-8 冀中地区大田小麦采样点分布图

2.1.2 样品处理

收集到的小麦样品经晒干后，筛理除杂，熏蒸杀虫，籽粒后熟15d后，进行磨粉，测定籽粒及面粉质量性状。

2.2　试验方法

2.2.1　磨粉

根据籽粒硬度指数进行润麦，硬度指数低于 60.0%的样品，润麦含水量为 14.5%；硬度指数大于等于 60.0%的样品，润麦含水量为 16.5%。润麦时间为 24h。2008～2014 年采用 Buhler 实验磨粉机磨粉。

2.2.2　籽粒质量性状检测方法

（1）千粒重：参照《谷物与豆类千粒重的测定（GB/T 5519—2008）》测定。

（2）容重：参照《粮食、油料检验 容重测定法（GB/T 5498—1985）》测定。

（3）籽粒蛋白质含量：参照《粮油检验 小麦粗蛋白质含量测定 近红外法（GB/T 24899—2010）》，采用瑞典 Perten DA7200 型近红外（NIR）谷物品质分析仪测定。

（4）籽粒硬度：参照 ICC 标准，NO.202 进行，采用瑞典 Perten 7200 近红外（NIR）谷物品质分析仪测定。

（5）出粉率：参照《小麦实验制粉（NY/T 1094—2006）》，采用 Brabender Senior 实验磨粉机或 Buhler MLU202 型实验磨粉机进行测定，出粉率=$M_{面粉}$/（$M_{面粉}$+$M_{麸皮}$）×100%。

（6）湿面筋含量：参照《小麦和小麦粉面筋含量第 1 部分：手洗法测定湿面筋（GB/T5506.1—2008）》，采用手洗法测定。

（7）面筋指数：参照《小麦粉湿面筋质量测定方法——面筋指数法（SB/T 10248—1995）》，采用瑞典 Perten 2015 型离心机测定。

（8）沉降指数：参照《小麦 沉降指数测定 Zeleny 试验（GB/T 21119—2007）》，采用德国 Brabender 公司沉淀值测定仪测定。

（9）降落数值：参照《小麦、黑麦及其面粉，杜伦麦及其粗粒粉 降落数值的测定 Hagberg-Perten 法（GB/T 10361—2008）》，采用瑞典波通仪器公 1500 型降落数值仪测定。

（10）粉质参数：参照《小麦粉 面团的物理特性 吸水量和流变学特性的测定 粉质仪法（GB/T 14614—2006）》，采用德国 Brabender 粉质仪测定。

（11）拉伸参数：参照《小麦粉 面团的物理特性 流变学特性的测定 拉伸仪法（GB/T 14615—2006）》，采用德国 Brabender 拉伸仪测定。

2.3　数据分析方法

2.3.1　数据整理分析

采用 Excel 2003 整理数据和表格。

采用 SPSS 18.0 统计分析软件进行方差分析等数理统计分析。

2.3.2 地统计分析

地统计分析采用 GS+（Geostatistics for the Environmental Sciences）9.0 软件拟合半变异函数、建立拟合模型，在 ArcGis10.0 软件中采用 Ordinary Kriging 法输出小麦籽粒质量性状空间分布图。

三、结果分析

3.1 冀中地区小麦品种构成

3.1.1 2008～2014 年小麦品种构成

2008 年抽取的 81 份小麦样品包括 23 个小麦品种，样品数量居前七位（含并列，下同）的品种依次为石麦 14、石新 828、良星 99、藁 9415、邯 7086、冀师 02-1、石麦 15，累计占全部抽样的 59.26%（表 4-1）。

2009 年抽取的 81 份小麦样品包括 25 个小麦品种。样品数量居前五位的品种依次为衡观 35、邯 7086、良星 99、石麦 14、石麦 15，累计占全部样品的 50.61%。占样品比例 5%以下的品种有 19 个，占样品比例 2%以下的品种有 10 个（表 4-1）。

2010 年抽取的 81 份小麦样品包括 21 个小麦品种。样品数量居前六位的品种依次为衡观 35、良星 99、石麦 15、石新 828、石优 17、石家庄 8 号，累计占全部抽样的 58.02%。占样品比例 5%以下的品种有 15 个，占样品比例在 2%以下的品种有 6 个（表 4-1）。

2011 年抽取的 81 份小麦样品包括 22 个小麦品种。样品数量居前五位的品种依次为济麦 22、石麦 15、良星 99、良星 66 和衡 4399，累计占全部抽样的 59.26%。占样品比例 5%以下的品种有 16 个，占样品比例在 2%以下的品种有 8 个（表 4-1）。

2012 年抽取的 81 份小麦样品包括 23 个小麦品种，样品数量居前五位的品种依次为良星 99、济麦 22、石麦 15、衡 4399、邯 6172，累计占全部抽样的 56.79%。占样品比例 5%以下的品种有 17 个，占样品比例在 2%以下的品种有 10 个（表 4-1）。

2013 年抽取的 81 份小麦样品包括 24 个小麦品种，样品数量居前五位的品种依次为济麦 22、良星 66、良星 99、衡观 35 和石麦 15，累计占全部抽样的 55.56%。占样品比例 5%以下的品种有 18 个，占样品比例在 2%以下的品种有 10 个（表 4-1）。

2014 年抽取的 81 份小麦样品包括 25 个小麦品种，样品数量居前五位的品种依次为济麦 22、衡观 35、石麦 15、良星 99 和衡 4399，累计占全部抽样的 54.32%。占样品比例 5%以下的品种有 19 个，占样品比例在 2%以下的品种有 13 个（表 4-1）。

2008～2014 年冀中地区抽取的 567 份小麦样品中共涉及 60 个小麦品种。

表 4-1　2008～2014 年冀中地区小麦品种构成

编号	品种名称	样本数							比例/%						
		2008	2009	2010	2011	2012	2013	2014	2008	2009	2010	2011	2012	2013	2014
1	石麦 14	9	7	3	—	1	—	—	11.1	8.64	3.70	—	1.23	—	—
2	石新 828	8	6	6	1	1	2	—	9.88	7.41	7.41	1.23	1.23	2.47	—
3	良星 99	7	7	11	9	14	10	7	8.64	8.64	13.58	11.1	17.28	12.35	8.64
4	藁 9415	6	1	—	—	—	—	—	7.41	1.23	—	—	—	—	—
5	邯 7086	6	9	4	1	1	—	1	7.41	11.11	4.94	1.23	1.23	—	1.23
6	冀师 02-1	6	3	4	2	1	—	—	7.41	3.70	4.94	2.47	1.23	—	—
7	石麦 15	6	7	9	11	8	6	8	7.41	8.64	11.11	13.58	9.88	7.41	9.88
8	藁 8901	4	—	—	—	—	—	—	4.94	—	—	—	—	—	—
9	衡观 35	4	11	11	2	3	7	8	4.94	13.58	13.58	2.47	3.70	8.64	9.88
10	科农 199	4	1	3	—	—	—	—	4.94	1.23	3.70	—	—	—	—
11	石新 733	4	3	—	4	—	—	2	4.94	3.70	—	4.94	—	—	2.47
12	石优 17	3	3	5	2	4	3	3	3.70	3.70	6.17	2.47	4.94	3.70	3.70
13	石家庄 8 号	2	4	5	3	5	1	4	2.47	4.94	6.17	3.70	6.17	1.23	4.94
14	衡 5229	2	2	1	1	—	—	—	2.47	2.47	1.23	1.23	—	—	—
15	石麦 12	2	2	1	—	—	—	—	2.47	2.47	1.23	—	—	—	—
16	邯麦 9 号	1	1	—	—	—	—	—	1.23	1.23	—	—	—	—	—
17	78-1	1	—	—	—	—	—	—	1.23	—	—	—	—	—	—
18	抗丰 8 号	1	—	—	—	—	—	—	1.23	—	—	—	—	—	—
19	济麦 22	1	1	4	14	13	11	15	1.23	1.23	4.94	17.28	16.05	13.58	18.52
20	石麦 10	1	—	1	—	—	—	—	1.23	—	1.23	—	—	—	—
21	冀丰 703	1	—	1	—	—	—	—	1.23	—	1.23	—	—	—	—
22	乐 639	1	1	—	1	—	1	1	1.23	1.23	—	1.23	—	1.23	1.23
23	石 4185	1	—	—	—	—	—	—	1.23	—	—	—	—	—	—
24	济麦 20	—	3	—	—	—	1	—	—	3.70	—	—	—	1.23	—
25	邯 6172	—	2	—	3	5	2	—	—	2.47	—	3.70	6.17	2.47	—
26	良星 66	—	2	2	7	4	11	—	—	2.47	2.47	8.64	4.94	13.58	—
27	藁 2018	—	1	—	2	3	3	1	—	1.23	—	2.47	3.70	3.70	1.23
28	邯 5316	—	1	—	—	—	—	—	—	1.23	—	—	—	—	—
29	冀麦 32 号	—	1	—	—	—	—	—	—	1.23	—	—	—	—	—
30	金麦 54	—	1	—	—	—	—	—	—	1.23	—	—	—	—	—
31	石新 618	—	1	—	—	—	—	—	—	1.23	—	—	—	—	—
32	衡 4399	—	—	3	7	6	4	6	—	—	3.70	8.64	7.41	4.94	7.41
33	邢麦 4 号	—	—	3	—	—	—	—	—	—	3.70	—	—	—	—
34	冀 5265	—	—	2	2	—	—	—	—	—	2.47	2.47	—	—	—
35	济麦 21	—	—	1	—	—	—	—	—	—	1.23	—	—	—	—

续表

编号	品种名称	样本数							比例/%						
		2008	2009	2010	2011	2012	2013	2014	2008	2009	2010	2011	2012	2013	2014
36	石麦 18	—	—	1	5	2	6	6	—	—	1.23	6.17	2.47	7.41	7.41
37	沧麦 6002	—	—	—	1	—	—	—	—	—	—	1.23	—	—	—
38	山农 17	—	—	—	1	—	—	—	—	—	—	1.23	—	—	—
39	石麦 19	—	—	—	1	1	2	—	—	—	—	1.23	1.23	2.47	—
40	石新 811	—	—	—	1	2	—	1	—	—	—	1.23	2.47	—	1.23
41	石优 20	—	—	—	—	2	1	1	—	—	—	—	2.47	1.23	1.23
42	良星 77	—	—	—	—	1	—	—	—	—	—	—	1.23	—	—
43	山农 16	—	—	—	—	1	—	—	—	—	—	—	1.23	—	—
44	石麦 21	—	—	—	—	1	—	—	—	—	—	—	1.23	—	—
45	中捷 3219	—	—	—	—	1	—	—	—	—	—	—	1.23	—	—
46	河农 6049	—	—	—	—	1	—	—	—	—	—	—	1.23	—	—
47	邯麦 13	—	—	—	—	—	2	1	—	—	—	—	—	2.47	1.23
48	鲁原 502	—	—	—	—	—	2	3	—	—	—	—	—	2.47	3.70
49	冀麦 585	—	—	—	—	—	1	3	—	—	—	—	—	1.23	3.70
50	轮选 601	—	—	—	—	—	1	1	—	—	—	—	—	1.23	1.23
51	石麦 22	—	—	—	—	—	1	—	—	—	—	—	—	1.23	—
52	汶农 14	—	—	—	—	—	1	1	—	—	—	—	—	1.23	1.23
53	中麦 155	—	—	—	—	—	1	—	—	—	—	—	—	1.23	—
54	繁 17	—	—	—	—	—	1	—	—	—	—	—	—	1.23	—
55	婴泊 700	—	—	—	—	—	—	3	—	—	—	—	—	—	3.70
56	泰山 22	—	—	—	—	—	—	1	—	—	—	—	—	—	1.23
57	农大 399	—	—	—	—	—	—	1	—	—	—	—	—	—	1.23
58	沧 6001	—	—	—	—	—	—	1	—	—	—	—	—	—	1.23
59	衡 4444	—	—	—	—	—	—	1	—	—	—	—	—	—	1.23
60	衡 216	—	—	—	—	—	—	1	—	—	—	—	—	—	1.23
	合计	81	81	81	81	81	81	81	100	100	100	100	100	100	100

累计样品数量居前五位的品种依次为良星 99（65）、济麦 22（59）、石麦 15（55）、衡观 35（46）和良星 66（26），累计占全部抽样量的 44.27%（表 4-1）。

3.1.2 2008～2014 年小麦品种构成变化

从冀中地区大田小麦品种构成来看，良星 99、石麦 15 小麦品种数量 2008～2014 年连续 7 年居冀中地区样品总数的前五位，良星 99 小麦品种数量在 2010 年和 2012 年居冀中地区样品总数第一位，济麦 22 小麦品种数量在 2011 年、2013 年和 2014 年居冀中地区样品总数第一位。其余小麦品种不同年份之间变化较大（表 4-1）。

2008～2014 年冀中地区大田种植的小麦品种数量呈现“先升高后降低再升高”的趋势，尤其从 2010 年以来，冀中地区种植的小麦品种数量逐年增加。不同地区间变化不尽一致。衡水地区小麦品种数呈现“先降低后升高”的趋势，沧州地区小麦品种数比较稳定，石家庄地区从 2008～2012 年小麦品种数量比较稳定，约为 14 个，而 2013 年小麦品种数量明显增加，达到 18 个（图 4-9）。

2008～2014 年冀中地区及各个地市大田主栽小麦品种良星 99 种植数均大致呈现“先增加后降低”的趋势（图 4-10）；济麦 22 种植数在冀中地区呈现“先增加后降低再增加”的趋势（图 4-11），石麦 15 种植数在冀中地区呈现“先增加后降低再增加”的趋势（图 4-12）。冀中地区大田小麦品种数总体呈现“品种多，更新快”的现象。

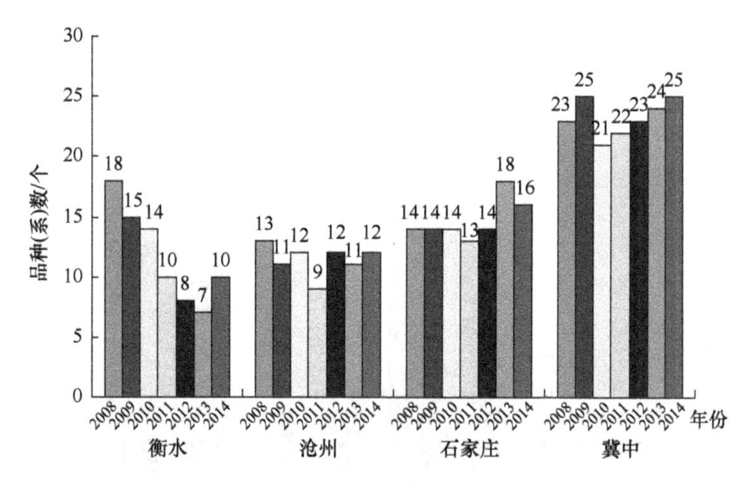

图 4-9　2008～2014 年冀中地区大田小麦品种数

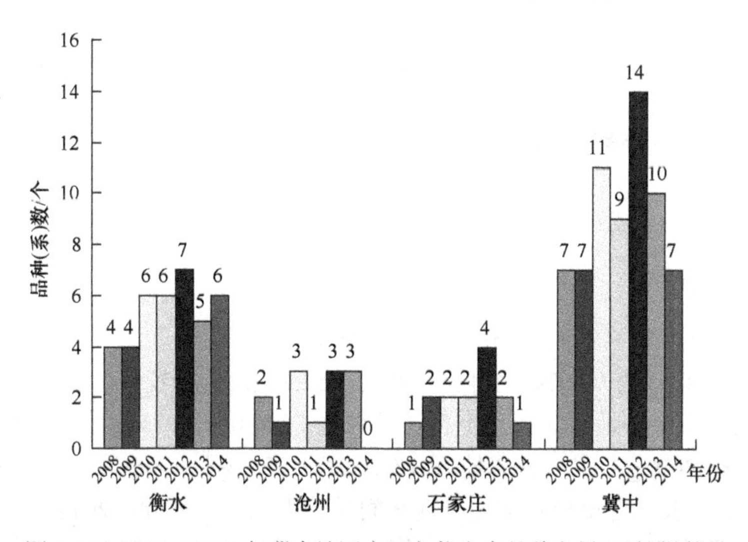

图 4-10　2008～2014 年冀中地区大田主栽小麦品种良星 99 抽样数量

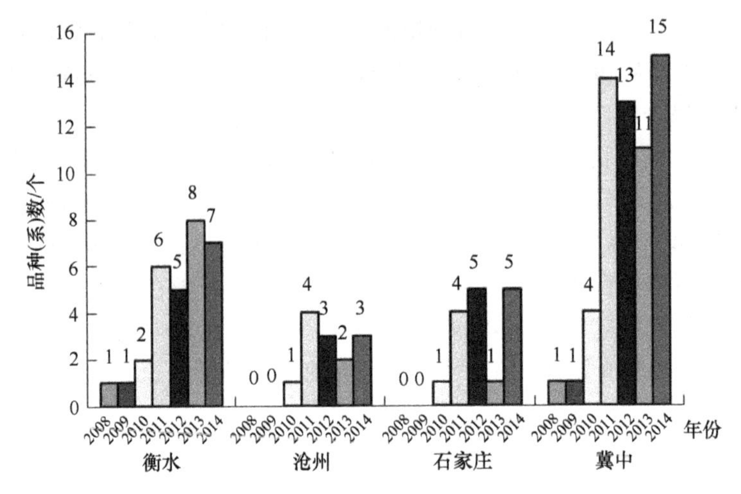

图 4-11　2008～2014 年冀中地区大田主栽小麦品种济麦 22 抽样数量

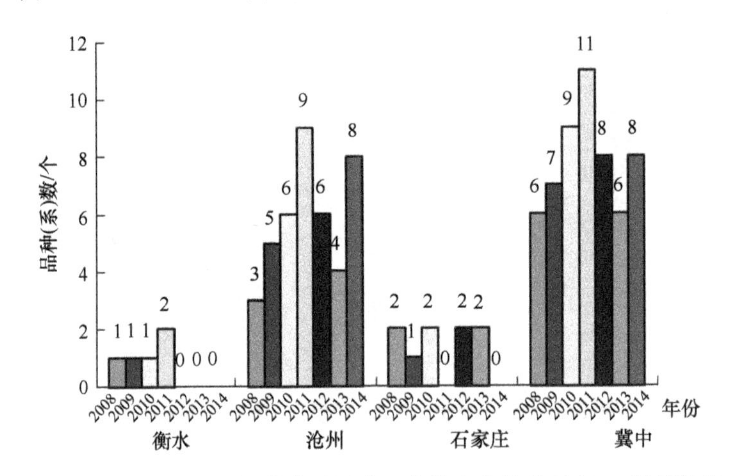

图 4-12　2008～2014 年冀中地区大田主栽小麦品种石麦 15 抽样数量

3.2　冀中地区小麦籽粒质量

3.2.1　籽粒物理性状

3.2.1.1　千粒重

2008～2014 年冀中地区 567 份大田小麦样品籽粒千粒重平均值为（41.06±3.98）g，变异系数为 9.69%，变幅为 30.00～52.70g，变异较小。不同地区间进行方差分析可知，沧州地区大田小麦籽粒千粒重［(40.09±3.97) g］显著低于衡水地区［(41.85±4.36) g］和石家庄地区［(41.22±3.38) g］。从不同年份来看，2008 年、2010 年衡水、沧州和石家庄三地区间千粒重无显著差异；2011 年、2014 年衡水地区显著高于沧州地区、石家庄地区；2009 年、2012 年衡水地区显著高于沧州地区，与石家庄地区无显著差异；2013年衡水地区显著低于石家庄地区，与沧州地区之间无显著差异（$P<0.05$，表4-2）。

表4-2　2008～2014年冀中地区大田小麦籽粒千粒重

年份 \ 地区		衡水	沧州	石家庄	冀中
2008	平均值/g	39.93±4.15aE	39.74±2.60aB	41.33±3.12aA	40.33±3.39D
	变异系数/%	10.41	6.54	7.55	8.40
2009	平均值/g	40.84±2.79aDE	38.81±3.12bB	39.39±4.59abB	39.68±3.65D
	变异系数/%	6.83	8.05	11.66	9.19
2010	平均值/g	42.98±3.11aBC	41.98±3.33aA	41.56±2.67aA	42.17±3.07BC
	变异系数/%	7.24	7.92	6.41	7.27
2011	平均值/g	46.61±3.42aA	42.35±3.54bA	42.58±3.28bA	43.85±3.90A
	变异系数/%	7.33	8.37	7.69	8.90
2012	平均值/g	42.37±2.66aCD	39.06±3.98bB	42.76±2.10aA	41.39±3.42C
	变异系数/%	6.27	10.20	4.91	8.25
2013	平均值/g	35.86±2.03bF	36.61±3.36bC	38.63±2.23aB	37.03±2.83E
	变异系数/%	5.67	9.19	5.77	7.65
2014	平均值/g	44.39±2.47aB	42.10±4.22bA	42.31±2.90bA	42.93±3.40AB
	变异系数/%	5.56	10.02	6.85	7.92
2008～2014	平均值/g	41.85±4.36a	40.09±3.97b	41.22±3.38a	41.06±3.98
	变异系数/%	10.42	9.90	8.20	9.69

注：同行不同小写字母表示在0.05水平下，不同地区间差异显著；数据为“平均值±标准差”；下同。同列不同大写字母表示在0.05水平下，不同年份间差异显著；数据为“平均值±标准差”；下同

年份间进行方差分析可知，2011年、2010年、2008年和2013年冀中地区千粒重依次显著降低；2011年与2014年无显著差异；2008年与2009年无显著差异。从不同地区间来看，衡水地区千粒重年份间变化较大，2011年、2014年、2012年、2008年和2013年千粒重依次显著降低；沧州地区2010年、2011年和2014年显著高于其他4年，2013年显著最低；石家庄地区2009年和2013年显著低于其他5年（$P<0.05$，表4-2）。

3.2.1.2　容重

2008～2014年冀中地区567份大田小麦样品籽粒容重平均值为（792±24）g/L，变异系数为3.05%，变幅为711～841 g/L，变异较小。不同地区间方差分析可知，沧州地区小麦容重［（782±24）g/L］显著低于衡水地区［（798±21）g/L］和石家庄地区［（796±24）g/L］。从不同年份来看，2009年、2010年、2011年、2012年和2014年沧州地区显著低于衡水地区和石家庄地区；2008年和2013年三地区间无显著差异（$P<0.05$，表4-3）。

表 4-3　2008～2014 年冀中地区大田小麦籽粒容重

年份	地区	衡水	沧州	石家庄	冀中
2008	平均值/（g/L）	791±17aB	782±21aABC	781±20aC	784±19C
	变异系数/%	2.18	2.65	2.53	2.50
2009	平均值/（g/L）	809±14aA	792±23bA	808±22aA	803±21A
	变异系数/%	1.73	2.92	2.74	2.66
2010	平均值/（g/L）	801±14aA	784±16bAB	795±15aB	793±16B
	变异系数/%	1.69	2.01	1.87	2.05
2011	平均值/（g/L）	803±16aA	789±20bA	808±18aA	800±20AB
	变异系数/%	2.00	2.57	2.20	2.45
2012	平均值/（g/L）	810±13aA	782±25bABC	811±13aA	801±22A
	变异系数/%	1.60	3.21	1.58	2.77
2013	平均值/（g/L）	766±18aC	769±25aC	768±27aD	768±24D
	变异系数/%	2.41	3.21	3.48	3.07
2014	平均值/（g/L）	803±18aA	775±29bBC	803±18aAB	794±26B
	变异系数/%	2.41	3.71	2.28	3.23
2008～2014	平均值/（g/L）	798±21a	782±24b	796±24a	792±24
	变异系数/%	2.65	3.06	3.06	3.05

年份间进行方差分析可知，2009 年、2012 年冀中地区大田小麦容重显著高于 2010 年、2014 年、2008 年和 2013 年，2013 年显著最低。从不同地区来看，衡水地区 2009 年、2010 年、2011 年、2012 年、2014 年间无显著差异，显著高于 2008 年、2013 年；沧州地区 2009 年、2011 年显著高于 2013 年、2014 年；石家庄地区 2009 年、2011 年、2012 年容重显著高于 2010 年、2008 年和 2013 年；2013 年三地区容重均最低（$P<0.05$，表 4-3）。

3.2.1.3　籽粒硬度指数

2008～2014 年冀中地区 567 份大田小麦样品籽粒硬度指数平均值为（59.9±4.6）%，变异系数为 7.71%，变幅为 40.4%～70.3%，变异较小。不同地区间方差分析可知，衡水地区大田小麦硬度指数［（60.5±5.2）%］显著高于沧州地区［（59.3±4.0）%］，与石家庄地区［（60.1±4.5）%］无显著差异。从不同年份来看，2008 年、2010 年、2014 年衡水、沧州和石家庄三地区间无显著差异；2009 年、2012 年和 2013 年衡水地区小麦硬度指数显著高于沧州地区，与石家庄地区无显著差异；2011 年衡水地区小麦硬度指数显著高于沧州地区和石家庄地区（$P<0.05$，表 4-4）。

年份间进行方差分析可知，2011 年、2012 年、2013 年冀中地区大田小麦硬度指数显著高于 2014 年、2010 年和 2008 年，2008 年硬度指数最低。从不同地区

表 4-4　2008～2014 年冀中地区大田小麦籽粒硬度指数

年份 \ 地区		衡水	沧州	石家庄	冀中
2008	平均值/%	50.8±4.2aD	56.0±3.7aC	53.8±3.9aC	53.6±4.4C
	变异系数/%	8.20	6.55	7.18	8.24
2009	平均值/%	63.2±3.6aA	58.1±3.3bB	61.2±3.7aAB	60.8±4.1AB
	变异系数/%	5.64	5.71	6.05	6.70
2010	平均值/%	60.2±2.7aC	59.7±3.6aAB	59.6±2.5aB	59.8±2.9B
	变异系数/%	4.46	6.08	4.20	4.94
2011	平均值/%	63.0±1.2aA	61.0±2.9bA	61.3±4.0bAB	61.8±3.0A
	变异系数/%	1.85	4.81	6.46	4.88
2012	平均值/%	62.6±3.4aAB	60.0±5.6bAB	62.0±3.8abA	61.6±4.4A
	变异系数/%	5.42	9.26	6.15	7.21
2013	平均值/%	62.7±3.8aAB	60.5±3.2bA	62.2±3.0abA	61.8±3.4A
	变异系数/%	5.99	5.29	4.87	5.56
2014	平均值/%	61.0±3.8aBC	59.6±2.9aAB	60.3±4.4aAB	60.3±3.7B
	变异系数/%	6.21	4.83	7.22	6.17
2008～2014	平均值/%	60.5±5.2a	59.3±4.0b	60.1±4.5ab	59.9±4.6
	变异系数/%	8.68	6.70	7.48	7.71

来看，衡水地区 2009 年、2011 年显著高于 2014 年、2010 年和 2008 年；沧州地区 2011 年、2013 年显著高于 2009 年和 2008 年；石家庄地区 2012 年、2013 年显著高于 2010 年和 2008 年；2008 年大田小麦硬度指数在三地区均最低（P<0.05，表 4-4）。

3.2.1.4　籽粒降落数值

2008～2014 年冀中地区 567 份大田小麦样品籽粒降落数值平均值为（442±102）s，变异系数为 23.16%，变幅为 105～709s，变异较大。不同地区间方差分析可知，衡水地区［(466±85）s］降落数值显著高于沧州地区［(426±102）s］和石家庄地区［(434±114）s］。从不同年份来看，2008 年和 2014 年衡水地区显著高于石家庄地区，与沧州地区无显著差异；2009 年和 2013 年衡水地区显著高于沧州地区；2011 年沧州地区显著低于石家庄地区，与衡水地区无显著差异；2010 年和 2012 年三地区间降落数值无显著差异（P<0.05，表 4-5）。

年份间进行方差分析可知，不同年份之间冀中地区大田小麦样品降落数值有显著差异，2012 年最高，2008 年最低。从不同地区来看，衡水地区和沧州地区 2011 年、2012 年、2014 年三年之间降落数值无显著差异，均显著高于其余 4 年，2008 年最低；石家庄地区 2011 年降落数值显著最高，2008 年最低（P<0.05，表 4-5）。

表 4-5　2008～2014 年冀中地区大田小麦籽粒降落数值

年份	地区	衡水	沧州	石家庄	冀中
2008	平均值/s	383±83aD	337±93abC	323±122bE	348±103D
	变异系数/%	21.76	27.61	37.94	29.64
2009	平均值/s	415±52aCD	378±79bBC	428±65aCD	407±69C
	变异系数/%	12.43	20.83	15.22	16.86
2010	平均值/s	420±50aC	383±66aB	387±90aD	397±71C
	变异系数/%	11.99	17.09	23.18	18.01
2011	平均值/s	514±62abA	488±60bA	541±56aA	514±63AB
	变异系数/%	12.16	12.40	10.40	12.24
2012	平均值/s	547±69aA	514±78aA	510±99aAB	524±84A
	变异系数/%	12.59	15.19	19.45	15.97
2013	平均值/s	469±79aB	386±92bB	382±104bD	412±100C
	变异系数/%	16.76	24.00	27.13	24.17
2014	平均值/s	512±47aA	493±84abA	471±73bBC	492±71B
	变异系数/%	9.26	17.09	15.42	14.43
2008～2014	平均值/s	466±85a	426±102b	434±114b	442±102
	变异系数/%	18.32	23.98	26.19	23.16

3.2.2　籽粒蛋白质性状

3.2.2.1　籽粒蛋白质含量

2008～2014 年冀中地区 567 份大田小麦样品籽粒蛋白质含量平均值为（13.9±0.8）%，变异系数为 5.88%，变幅为 11.8%～16.5%，变异较小。不同地区间方差分析可知，沧州地区大田小麦籽粒蛋白质含量［（13.8±0.9）%］显著低于衡水地区［（14.0±0.8）%］和石家庄地区［（14.0±0.8）%］。从不同年份来看，2008 年、2011 年、2013 年和 2014 年三地区间无显著差异；2009 年和 2010 年沧州地区显著低于石家庄地区， 2012 年衡水地区显著高于沧州地区、石家庄地区（P＜0.05，表 4-6）。

年份间进行方差分析可知，不同年份之间冀中地区大田小麦籽粒蛋白质含量有显著差异，2008 年和 2013 年最高，2009 年最低。从不同地区来看，衡水地区 2008 年最高，2009 年最低；沧州地区 2008 年和 2013 年籽粒蛋白质含量年份间无显著差异，均显著高于其他 5 年；石家庄地区 2008 年和 2013 年间无显著差异，均显著高于除 2010 年的其他 4 年（P＜0.05，表 4-6）。

3.2.2.2　湿面筋含量

2008～2014 年冀中地区 567 份大田小麦湿面筋含量平均值为（30.6±2.4）%，

表 4-6　2008～2014 年冀中地区大田小麦籽粒蛋白质含量

年份	地区	衡水	沧州	石家庄	冀中
2008	平均值/%	14.5±1.0aA	14.4±0.7aA	14.4±0.8aA	14.4±0.8A
	变异系数/%	6.65	4.92	5.43	5.67
2009	平均值/%	13.5±0.5abE	13.4±1.0bB	13.8±0.8aB	13.6±0.8C
	变异系数/%	4.00	7.10	5.47	5.75
2010	平均值/%	13.9±0.7aCD	13.5±0.6bB	14.2±0.9aAB	13.8±0.8B
	变异系数/%	5.11	4.68	6.56	5.88
2011	平均值/%	14.0±0.7aBCD	13.6±0.8aB	13.8±0.7aB	13.8±0.7BC
	变异系数/%	5.03	5.97	4.78	5.32
2012	平均值/%	14.3±0.8aABC	13.6±0.6bB	13.8±0.7bB	13.9±0.8B
	变异系数/%	5.55	4.68	5.16	5.52
2013	平均值/%	14.4±0.7aAB	14.2±0.9aA	14.3±0.8aA	14.3±0.8A
	变异系数/%	4.76	6.27	5.57	5.52
2014	平均值/%	13.8±0.5aDE	13.6±0.8aB	13.8±0.7aB	13.8±0.7BC
	变异系数/%	3.36	6.24	5.16	5.02
2008～2014	平均值/%	14.0±0.8a	13.8±0.9b	14.0±0.8a	13.9±0.8
	变异系数/%	5.55	6.25	5.64	5.88

变异系数为 7.68%，变幅为 21.5%～37.1%，变异较小。不同地区间方差分析可知，衡水地区小麦湿面筋含量［(31.0±2.0）%］显著高于沧州地区［(30.2±2.6）%］和石家庄地区［(30.5±2.4）%］。从不同年份来看，2008 年衡水地区小麦湿面筋含量显著高于沧州地区、石家庄地区；2009 年和 2012 年沧州地区显著低于石家庄地区；2011 年和 2013 年衡水地区显著高于沧州地区，与石家庄地区无显著差异；2010 年沧州地区显著低于衡水地区、石家庄地区；2014 年冀中地区间无显著差异（$P<0.05$，表 4-7)。

年份间进行方差分析可知，2012 年冀中地区大田小麦湿面筋含量显著高于其余 6 年，其余 6 年间湿面筋含量没有显著差异。从不同地区来看，衡水地区 2009 年显著低于 2008 年、2011 年、2012 年和 2013 年；沧州地区 2012 年显著最高，2009 年显著最低；石家庄地区 2009 年显著高于 2008 年（$P<0.05$，表 4-7)。

3.2.2.3　面筋指数

2008～2014 年冀中地区 567 份大田小麦面筋指数平均值为（65.1±17.6）%，变异系数为 27.02%，变幅为 5.0%～99.0%，变异较大。不同地区间方差分析可知，石家庄地区大田小麦面筋指数［(71.7±16.2）%］最高，衡水地区面筋指数［(63.8±15.7）%］次之，沧州地区面筋指数［(59.7±18.6）%］最低。从不同年份来看，

表 4-7 2008～2014 年冀中地区大田小麦湿面筋含量

年份	地区	衡水	沧州	石家庄	冀中
2008	平均值/%	31.6±2.1aA	30.5±1.6bB	29.5±2.6bB	30.5±2.3B
	变异系数/%	6.65	5.24	8.85	7.49
2009	平均值/%	29.8±1.5abB	28.8±3.6bC	31.2±2.0aA	29.9±2.7B
	变异系数/%	5.01	12.44	6.35	8.93
2010	平均值/%	30.7±1.7aAB	29.5±1.7bBC	30.7±2.8aAB	30.4±2.2B
	变异系数/%	5.57	5.67	9.12	7.21
2011	平均值/%	31.3±1.7aA	30.2±1.9bB	30.5±1.7abAB	30.7±1.8B
	变异系数/%	5.38	6.43	5.51	5.92
2012	平均值/%	31.8±3.0abA	32.5±1.8bA	31.0±2.1aA	31.8±2.4A
	变异系数/%	9.58	5.51	6.71	7.61
2013	平均值/%	31.1±1.7aA	29.4±3.1bBC	29.9±3.2abAB	30.2±2.8B
	变异系数/%	5.43	10.39	10.63	9.24
2014	平均值/%	30.8±1.2aAB	30.4±2.2aB	30.7±1.6aAB	30.7±1.7B
	变异系数/%	3.86	7.07	5.18	5.47
2008～2014	平均值/%	31.0±2.0a	30.2±2.6b	30.5±2.4b	30.6±2.4
	变异系数/%	6.41	8.54	7.77	7.68

2009 年、2010 年和 2014 年石家庄地区面筋指数显著高于衡水地区、沧州地区；2011 年、2013 年沧州地区显著低于衡水地区、石家庄地区；2008 年、2012 年衡水、沧州和石家庄三地区间没有显著差异（P<0.05，表 4-8）。

年份间进行方差分析可知，不同年份之间冀中地区大田小麦面筋指数差异较大，除 2008 年外，2013 年冀中地区大田小麦面筋指数显著高于其余 5 年，2009 年、2010 年和 2014 年没有显著差异，均显著低于其余 4 年。从不同地区来看，衡水地区 2013 年显著高于其余 6 年，2009 年、2010 年和 2014 年年份间没有显著差异，均显著低于其余 4 年；沧州地区 2008 年、2012 年和 2013 年 3 年间没有显著差异，均显著高于其余 4 年；石家庄地区 2008 年和 2013 年面筋指数显著高于 2009 年、2010 年和 2014 年，2010 年和 2014 年面筋指数最低（P<0.05，表 4-8）。

3.2.2.4 沉降指数

2008～2014 年冀中地区 567 份大田小麦沉降指数平均值为（26.1±6.4）mL，变异系数为 24.68%，变幅为 4.0～49.0mL，变异较大。不同地区间进行方差分析可知，石家庄地区大田小麦沉降指数［（28.0±6.9）mL］显著高于衡水地区［（25.7±5.6）mL］和沧州地区［（24.5±6.3）mL］。从不同年份来看，2009 年石家庄地区沉降指数显著高于衡水地区和沧州地区；2010 年和 2011 年沧州地区沉降

表 4-8　2008～2014 年冀中地区大田小麦面筋指数

年份	地区	衡水	沧州	石家庄	冀中
2008	平均值/%	70.0±16.0aB	72.7±15.6aA	77.6±15.8aA	73.4±15.9AB
	变异系数/%	22.81	21.43	20.39	21.66
2009	平均值/%	54.4±9.0bC	51.6±11.2bB	67.2±17.3aBC	57.7±14.6D
	变异系数/%	16.58	21.78	25.72	25.20
2010	平均值/%	53.4±9.5bC	49.7±10.9bB	64.0±18.0aC	55.7±14.5D
	变异系数/%	17.88	22.01	28.15	26.09
2011	平均值/%	68.6±21.4aB	56.4±25.5bB	75.4±12.0aAB	66.8±21.7C
	变异系数/%	31.15	45.28	15.96	32.45
2012	平均值/%	67.8±10.1aB	68.1±19.4aA	72.5±14.4aABC	69.5±15.1BC
	变异系数/%	14.88	28.46	19.85	21.70
2013	平均值/%	78.4±11.7aA	70.1±13.8bA	79.2±15.2aA	75.9±14.1A
	变异系数/%	14.95	19.62	19.22	18.56
2014	平均值/%	53.8±6.8bC	49.5±11.5bB	66.2±15.2aC	56.5±13.6D
	变异系数/%	12.62	23.31	22.90	24.00
2008～2014	平均值/%	63.8±15.7b	59.7±18.6c	71.7±16.2a	65.1±17.6
	变异系数/%	24.62	31.08	22.66	27.02

指数显著低于衡水地区、石家庄地区；2012 年石家庄地区沉降指数显著高于沧州地区，与衡水地区无显著差异；2014 年石家庄地区沉降指数显著高于衡水地区，与沧州地区没有显著差异；2008 年、2013 年在三地区间沉降指数没有显著差异（P<0.05，表 4-9）。

年份间进行方差分析可知，不同年份之间冀中地区大田小麦沉降指数差异较大，2013 年冀中地区沉降指数显著高于其余 6 年，2008 年最低。从不同地区来看，衡水地区 2013 年沉降指数显著高于除 2012 年之外的其余 5 年，2008 年沉降指数最低；沧州地区 2013 年沉降指数显著高于其余 6 年，2011 年最低；石家庄地区 2013 年沉降指数显著高于 2010 年、2014 年和 2008 年，2008 年最低（P<0.05，表 4-9）。

3.2.3　*粉质参数*

3.2.3.1　面团吸水率

2008～2014 年冀中地区 567 份大田小麦面团吸水率平均值为（61.5±2.4）%，变异系数为 3.95%，变幅为 52.6%～69.8%，变异较小。不同地区间方差分析可知，衡水地区大田小麦面团吸水率［(62.2±2.2）%］显著高于沧州地区［(60.7±2.6）%］和石家庄地区［(61.7±2.3）%］，沧州地区面团吸水率最低。从不同年份来看，2009 年沧州地区显著低于衡水地区和石家庄地区；2011 年衡水地区最高，沧州地区最低；2012 年、2014 年衡水地区显著高于沧州地区和石家庄地区；2008 年、

2010年和2013年在三地区间面团吸水率没有显著差异（P<0.05，表4-10）。

表4-9　2008～2014年冀中地区大田小麦籽粒沉降指数

年份	地区	衡水	沧州	石家庄	冀中
2008	平均值/mL	20.5±7.3aD	23.7±5.9aBC	20.8±8.5aC	21.7±7.4aD
	变异系数/%	35.73	24.99	40.84	34.05
2009	平均值/mL	25.4±4.7bBC	22.7±6.0bCD	29.8±6.6aAB	26.0±6.5C
	变异系数/%	18.41	26.39	22.20	24.93
2010	平均值/mL	24.9±4.6aC	22.9±4.5bBCD	27.0±4.8aB	24.9±4.9C
	变异系数/%	18.64	19.54	17.87	19.62
2011	平均值/mL	26.3±6.6aBC	20.4±6.7bD	29.0±5.5aAB	25.2±7.2C
	变异系数/%	25.06	32.95	19.02	28.47
2012	平均值/mL	28.0±2.8abAB	26.0±5.9bB	30.0±6.4aAB	28.0±5.5B
	变异系数/%	10.05	22.85	21.34	19.60
2013	平均值/mL	30.4±3.2aA	29.9±5.4aA	31.6±5.6aA	30.6±4.8A
	变异系数/%	10.35	18.19	17.59	15.78
2014	平均值/mL	24.6±3.5bC	26.1±4.9abB	27.8±5.0aB	26.2±4.6C
	变异系数/%	14.36	18.65	17.83	17.75
2008～2014	平均值/mL	25.7±5.6b	24.5±6.3b	28.0±6.9a	26.1±6.4
	变异系数/%	21.93	25.55	24.55	24.68

表4-10　2008～2014年冀中地区大田小麦面团吸水率

年份	地区	衡水	沧州	石家庄	冀中
2008	平均值/%	61.1±1.9aB	61.3±2.3aABC	62.3±2.0aAB	61.5±2.1ABC
	变异系数/%	3.11	3.69	3.15	3.39
2009	平均值/%	63.1±1.8aA	60.1±3.1bBCD	62.7±1.9aA	62.0±2.7AB
	变异系数/%	2.77	5.12	3.08	4.30
2010	平均值/%	61.2±2.1aB	60.7±2.8aABCD	61.4±1.9aBC	61.1±2.3C
	变异系数/%	3.44	4.52	3.17	3.73
2011	平均值/%	63.2±2.2aA	59.9±2.4cCD	61.3±2.8bBC	61.5±2.8BC
	变异系数/%	3.52	3.98	4.61	4.58
2012	平均值/%	63.2±1.8aA	61.9±2.0bA	61.8±2.7bAB	62.3±2.3A
	变异系数/%	2.86	3.30	4.37	3.65
2013	平均值/%	60.7±1.7aB	59.6±2.3aD	60.4±2.2aC	60.2±2.1D
	变异系数/%	2.73	3.90	3.65	3.50
2014	平均值/%	63.2±1.9aA	61.4±2.3bAB	62.1±1.6bAB	62.2±2.1A
	变异系数/%	2.95	3.78	2.66	3.34
2008～2014	平均值/%	62.2±2.2a	60.7±2.6c	61.7±2.3b	61.5±2.4
	变异系数/%	3.49	4.22	3.71	3.95

年份间进行方差分析可知，不同年份之间冀中地区大田小麦面团吸水率差异较大，2012 年和 2014 年冀中地区大田小麦面团吸水率显著高于 2010 年、2011 年和 2013 年，2013 年面团吸水率最低。从不同地区来看，衡水地区 2009 年、2011 年、2012 年和 2014 年 4 年间没有显著差异，均显著高于其余 3 年；沧州地区 2008 年、2012 年和 2014 年显著高于 2011 年和 2013 年，2013 年面团吸水率最低，与 2011 年无显著差异；石家庄地区 2008 年、2009 年和 2014 年显著高于 2010 年、2011 年和 2013 年，2013 年面团吸水率最低（P<0.05，表 4-10）。

3.2.3.2 面团稳定时间

2008～2014 年冀中地区 567 份大田小麦面团稳定时间平均值为(4.4±5.1)min，变异系数为 115.65%，变幅为 0.4～43.0min，变异较大。不同地区间方差分析可知，石家庄地区大田小麦面团稳定时间［(6.3±6.7) min］显著高于衡水地区［(4.1±4.5) min］和沧州地区［(2.9±2.7) min］，沧州地区最低。从不同年份来看，2009 年、2010 年、2012 年和 2014 年石家庄地区面团稳定时间显著高于衡水地区和沧州地区；2011 年和 2013 年石家庄地区显著高于沧州地区，与衡水地区没有显著差异；2008 年三地区间面团稳定时间没有显著差异（P<0.05，表 4-11）。

表 4-11 2008～2014 年冀中地区大田小麦面团稳定时间

年份 \ 地区		衡水	沧州	石家庄	冀中
2008	平均值/min	7.1±7.0aA	5.6±5.5aA	6.5±5.8aAB	6.4±6.1A
	变异系数/%	98.89	98.61	88.99	95.33
2009	平均值/min	3.2±1.7bB	2.5±1.5bB	9.6±10.9aA	5.1±7.1AB
	变异系数/%	52.39	60.39	113.27	138.73
2010	平均值/min	3.4±5.2bB	2.6±1.6bB	6.4±6.9aAB	4.2±5.2BC
	变异系数/%	149.54	59.98	106.92	126.28
2011	平均值/min	3.8±5.2abB	2.4±1.5bB	5.8±4.7aAB	4.0±4.3BC
	变异系数/%	137.02	62.62	81.65	107.73
2012	平均值/min	3.3±2.8bB	2.5±1.7bB	6.0±7.4aAB	3.9±4.8BC
	变异系数/%	86.80	67.60	123.48	124.09
2013	平均值/min	5.1±3.9aAB	2.7±1.1bB	5.1±5.1aB	4.3±3.9BC
	变异系数/%	77.57	41.27	99.46	90.68
2014	平均值/min	2.7±0.8bB	1.9±1.1bB	4.5±3.2aB	3.0±2.2C
	变异系数/%	31.36	58.54	70.32	73.75
2008～2014	平均值/min	4.1±4.5b	2.9±2.7c	6.3±6.7a	4.4±5.1
	变异系数/%	109.29	92.73	107.51	115.65

年份间进行方差分析可知，不同年份之间冀中地区大田小麦面团稳定时间差异较大，2008 年冀中地区大田小麦面团稳定时间显著高于除 2009 年之外的其余 5

年。从不同地区来看，衡水地区 2008 年面团稳定时间显著高于除 2013 年的其余 5 年；沧州地区 2008 年显著高于其余 6 年；石家庄地区 2009 年显著高于 2013 年和 2014 年，其余年份间没有显著差异（$P<0.05$，表 4-11）。

3.2.3.3 面团弱化度

2008～2014 年冀中地区 567 份大田小麦面团弱化度平均值为（104±44）BU，变异系数为 42.61%，变幅为 5～248BU，变异较大。不同地区间进行方差分析可知，沧州地区大田小麦面团弱化度[（127±47）BU]显著高于衡水地区[（99±32）BU] 和石家庄地区 [（88±43）BU]，石家庄地区最低。从不同年份来看，2009 年石家庄地区大田小麦面团弱化度显著低于衡水地区和沧州地区；2013 年衡水地区面团弱化度显著低于沧州地区和石家庄地区；面团弱化度 2010 年、2011 年、2012 年和 2014 年沧州地区显著高于衡水地区和石家庄地区；2008 年三地区间面团弱化度无显著差异（$P<0.05$，表 4-12）。

表 4-12　2008～2014 年冀中地区大田小麦面团弱化度

年份	地区	衡水	沧州	石家庄	冀中
2008	平均值/BU	87±39aB	102±54aB	96±57aAB	95±50B
	变异系数/%	44.50	52.89	59.39	52.91
2009	平均值/BU	110±28aA	128±35aAB	73±38bB	104±41AB
	变异系数/%	25.53	27.01	52.84	39.35
2010	平均值/BU	103±30bAB	127±44aAB	90±41bAB	107±41AB
	变异系数/%	29.50	34.23	45.37	38.63
2011	平均值/BU	98±44bAB	131±52aA	73±28cB	100±48AB
	变异系数/%	44.77	39.95	38.62	48.02
2012	平均值/BU	103±26bAB	138±56aA	90±39bAB	110±46AB
	变异系数/%	24.67	40.86	43.35	41.96
2013	平均值/BU	88±23bB	119±39aAB	103±49abA	103±40AB
	变异系数/%	25.94	32.98	47.14	38.65
2014	平均值/BU	101±26bAB	142±42aA	90±40bAB	111±43A
	变异系数/%	25.55	29.67	44.96	38.72
2008～2014	平均值/BU	99±32b	127±47a	88±43c	104±44
	变异系数/%	32.47	37.48	49.18	42.61

年份间进行方差分析可知，不同年份之间冀中地区大田小麦面团弱化度差异较小，2008 年冀中地区大田小麦面团弱化度显著低于 2014 年。从不同地区来看，衡水地区 2009 年显著高于 2008 年和 2013 年；沧州地区 2011 年、2012 年和 2014 年无显著差异，均显著高于 2008 年；石家庄地区 2013 年显著高于 2009 年和 2011 年（$P<0.05$，表 4-12）。

3.2.3.4 粉质质量指数

2008～2014年冀中地区567份大田小麦面团粉质质量指数平均值为(63±52)mm，变异系数为81.37%，变幅为18～460mm，变异较大。不同地区间进行方差分析可知，石家庄地区[(82±69)mm]大田小麦面团粉质质量指数显著高于衡水地区[(60±42)mm]和沧州地区[(48±29)mm]，沧州地区最低。从不同年份来看，2009年、2010年、2012年和2014年石家庄地区显著高于衡水地区和沧州地区；2011年和2013年石家庄地区显著高于沧州地区，与衡水地区无显著差异；2008年三地区间无显著差异（$P<0.05$，表4-13）。

年份之间进行方差分析可知，2008年冀中地区大田小麦面团粉质质量指数显著高于除2009年之外的其他5年，2014年冀中地区显著低于2008年、2009年。从不同地区来看，衡水地区和沧州地区2008年大田小麦面团粉质质量指数显著高于其他6年；石家庄地区2009年显著高于2013年和2014年（$P<0.05$，表4-13）。

表4-13　2008～2014年冀中地区大田小麦面团粉质质量指数

年份＼地区		衡水	沧州	石家庄	冀中
2008	平均值/mm	89±71aA	76±56aA	82±61aAB	82±62A
	变异系数/%	79.49	73.22	73.79	75.41
2009	平均值/mm	56±21bB	46±21bB	116±106aA	73±70AB
	变异系数/%	38.03	45.09	90.71	96.07
2010	平均值/mm	53±48bB	45±17bB	88±74aAB	62±55BC
	变异系数/%	91.67	39.24	84.37	88.64
2011	平均值/mm	60±57abB	44±21bB	79±52aAB	61±48BC
	变异系数/%	95.26	47.57	65.06	78.15
2012	平均值/mm	50±17bB	44±17bB	80±77aAB	58±49BC
	变异系数/%	33.61	39.83	96.14	83.97
2013	平均值/mm	60±19abB	45±14bB	67±51aB	57±33BC
	变异系数/%	31.21	30.71	76.10	57.63
2014	平均值/mm	49±12bB	38±15bB	65±36aB	51±26C
	变异系数/%	24.97	39.14	54.78	50.61
2008～2014	平均值/mm	60±42b	48±29c	82±69a	63±52
	变异系数/%	71.09	59.59	83.82	81.37

3.2.4 拉伸特性

3.2.4.1 面团延伸度

2008～2014年冀中地区567份大田小麦面团延伸度平均值为（160.6±30.5）mm，变异系数为18.99%，变幅为29～252mm，变异较大。不同地区间进行方差分析可知，沧州地区［（155.1±35.2）mm］大田小麦面团延伸度显著低于衡水地区［（164.2±22.8）mm］和石家庄地区［（162.6±31.5）mm］。从不同年份来看，2008 年和 2012 年三地区间没有显著差异；2009 年石家庄地区显著高于衡水地区和沧州地区；2010 年沧州地区显著低于衡水地区和石家庄地区；2011 年石家庄地区显著高于沧州地区；2013 年和 2014 年衡水地区显著高于沧州地区和石家庄地区（$P<0.05$，表 4-14）。

表 4-14　2008～2014 年冀中地区大田小麦面团延伸度

年份	地区	衡水	沧州	石家庄	冀中
2008	平均值/mm	173.6±25.1aAB	183.0±27.3aA	182.6±22.5aA	179.8±25.1A
	变异系数/%	14.47	14.92	12.33	13.98
2009	平均值/mm	144.4±16.0bD	139.4±27.1bD	155.9±21.9aB	146.6±23.0E
	变异系数/%	11.08	19.44	14.06	15.65
2010	平均值/mm	164.1±17.6aBC	148.2±36.8bCD	165.5±18.6aB	159.3±26.8CD
	变异系数/%	10.73	24.86	11.22	16.81
2011	平均值/mm	155.8±28.3abC	142.0±38.9bD	167.6±20.2aAB	155.2±31.6DE
	变异系数/%	18.16	27.36	12.08	20.33
2012	平均值/mm	163.9±19.4aBC	170.3±22.8aAB	160.7±34.0aB	165.0±26.1BC
	变异系数/%	11.82	13.41	21.14	15.84
2013	平均值/mm	183.1±16.4aA	162.3±31.5bBC	170.3±27.3abAB	171.9±27.0AB
	变异系数/%	8.96	19.43	16.04	15.69
2014	平均值/mm	164.3±13.5aBC	140.2±35.6bD	135.3±46.9bC	146.6±36.7E
	变异系数/%	8.19	25.42	34.66	25.05
2008～2014	平均值/mm	164.2±22.8a	155.1±35.2b	162.6±31.5a	160.6±30.5
	变异系数/%	13.90	22.69	19.38	18.99

年份之间进行方差分析可知，2008 年冀中大田小麦面团延伸度显著高于除 2013 年之外的其他 5 年，2009 年和 2014 年冀中大田小麦面团延伸度显著低于除 2011 年之外的其他 4 年。从不同地区来看，衡水地区 2013 年显著高于除 2008 年之外的其他 5 年，2009 年最低；沧州地区 2008 年显著高于除 2012 年之外的其他 5 年；石家庄地区 2008 年显著高于 2009 年、2010 年、2012 年和 2014 年，2014 年最低（$P<0.05$，表 4-14）。

3.2.4.2　面团拉伸阻力（5cm）

2008～2014 年冀中地区 567 份大田小麦面团拉伸阻力（5cm）平均值为（145.5±80.3）BU，变异系数为 55.18%，变幅为 21～508BU，变异较大。不同地区间进行方差分析可知，石家庄地区［（173.6±86.8）BU］大田小麦面团拉伸阻力（5cm）显著高于衡水地区［（139.9±75.6）BU］和沧州地区［（123.0±69.4）BU］，沧州地区最低。从不同年份来看，2008 年三地区间无显著差异；2009 年、2010 年石家庄地区显著高于衡水地区和沧州地区；2011 年、2014 年石家庄地区显著高于沧州地区；2012 年石家庄地区显著高于衡水地区；2013 年沧州地区显著低于衡水地区和石家庄地区（$P<0.05$，表 4-15）。

表 4-15　2008～2014 年冀中地区大田小麦面团 5cm 处拉伸阻力

年份	地区	衡水	沧州	石家庄	冀中
2008	平均值/BU	206.4±98.7aA	205.0±88.9aA	196.7±73.0aA	202.7±86.5A
	变异系数/%	47.80	43.35	37.08	42.66
2009	平均值/BU	100.7±49.0bB	90.9±34.0bB	168.5±94.2aA	120.1±72.4C
	变异系数/%	48.66	37.34	55.88	60.30
2010	平均值/BU	107.3±69.0bB	102.4±51.9bB	172.8±100.8aA	127.5±82.3C
	变异系数/%	64.36	50.70	58.29	64.51
2011	平均值/BU	131.3±58.7abB	102.6±48.4bB	156.9±73.8aA	130.3±64.4C
	变异系数/%	44.70	47.20	47.02	49.45
2012	平均值/BU	105.6±65.9bB	122.3±53.0abB	150.4±90.3aA	126.1±72.9C
	变异系数/%	62.37	43.32	60.03	57.83
2013	平均值/BU	187.8±66.6aA	124.8±47.4bB	201.7±88.7aA	171.5±76.6B
	变异系数/%	35.47	37.94	43.99	44.66
2014	平均值/BU	139.9±35.1abB	113.2±81.8bB	168.3±80.1aA	140.5±71.9C
	变异系数/%	25.07	72.20	47.62	51.19
2008～2014	平均值/BU	139.9±75.6b	123.0±69.4c	173.6±86.8a	145.5±80.3
	变异系数/%	54.05	56.43	50.01	55.18

年份之间进行方差分析可知，2008 年冀中大田小麦面团拉伸阻力（5cm）最高，显著高于其他 6 年，2013 年显著高于除 2008 年之外的其他 5 年。从不同地区来看，石家庄地区 2008 年和 2013 年显著高于其他 5 年；沧州地区 2008 年显著高于其他 6 年；石家庄地区年际没有显著差异（$P<0.05$，表 4-15）。

3.2.4.3　面团最大拉伸阻力

2008～2014 年冀中地区 567 份大田小麦面团最大拉伸阻力平均值为（197.2±146.0）BU，变异系数为 74.02%，变幅为 24～946BU，变异较大。不同地区间进行方差分析可知，石家庄地区［（244.3±159.1）BU］大田小麦面团最大拉伸阻力显著高于衡水地区［（186.6±141.7）BU］和沧州地区［（160.6±122.7）BU］。从不同年份来看，2008 年三地区间最大拉伸阻力无显著差异；2009 年和 2010 年石家庄地区显著高于衡水地区和沧州地区；2011 年和 2014 年石家庄地区显著高于沧州地区；2012 年石家庄地区显著高于衡水地区；2013 年沧州地区显著低于衡水地区和石家庄地区（$P<0.05$，表 4-16）。

年份之间进行方差分析可知，2009 年、2010 年、2011 年、2012 年和 2014 年

表 4-16 2008～2014 年冀中地区大田小麦面团最大拉伸阻力

年份	地区	衡水	沧州	石家庄	冀中
2008	平均值/BU	301.4±206.4aA	321.1±200.1aA	287.6±153.2aA	303.4±186.2A
	变异系数/%	68.48	62.32	53.29	61.39
2009	平均值/BU	115.0±64.3bB	102.4±45.5bB	247.6±187.0aA	155.0±133.2C
	变异系数/%	55.91	44.38	75.56	85.96
2010	平均值/BU	139.5±135.8bB	125.6±76.4bB	256.8±194.7aA	174.0±154.0C
	变异系数/%	97.30	60.82	75.84	88.52
2011	平均值/BU	174.5±100.4abB	127.6±65.5bB	219.1±126.7aA	173.7±106.3C
	变异系数/%	57.50	51.33	57.81	61.17
2012	平均值/BU	131.9±117.9bB	154.9±86.0abB	207.7±157.6aA	164.8±126.5C
	变异系数/%	89.34	55.51	75.91	76.77
2013	平均值/BU	274.9±144.4aA	160.0±75.0bB	288.4±159.0aA	241.1±142.1B
	变异系数/%	52.53	46.87	55.14	58.93
2014	平均值/BU	169.2±46.9abB	132.8±100.9bB	202.8±111.6aA	168.3±94.4C
	变异系数/%	27.74	75.97	55.04	56.07
2008～2014	平均值/BU	186.6±141.7b	160.6±122.7b	244.3±159.1a	197.2±146.0
	变异系数/%	75.92	76.40	65.13	74.02

冀中大田小麦面团最大拉伸阻力年际没有显著差异，均显著低于 2008 年和 2013 年，2008 年最大。从不同地区来看，衡水地区 2008 年和 2013 年显著高于其他 5 年；沧州地区 2008 年显著高于其他 6 年；石家庄地区年际无显著差异（$P<0.05$，表 4-16）。

3.2.4.4 面团拉伸能量

2008～2014 年冀中地区 567 份大田小麦面团拉伸能量平均值为(48.9±43.9)cm^2，变异系数为 89.70%，变幅为 3～462cm^2，变异较大。不同地区间进行方差分析可知，石家庄地区［(63.8±57.3) cm^2］大田小麦拉伸能量显著高于衡水地区［(44.6±33.9) cm^2］和沧州地区［(38.3±31.9) cm^2］。从不同年份来看，2008 年三地区间无显著差异；2009 年和 2010 年石家庄地区显著高于衡水地区和沧州地区；2011 年石家庄地区显著高于沧州地区；2012 年石家庄地区显著高于衡水地区；2013 年沧州地区显著低于衡水地区和石家庄地区；2014 年衡水地区显著高于沧州地区和石家庄地区（$P<0.05$，表 4-17）。

年份之间进行方差分析可知，2009 年、2010 年、2011 年和 2012 年冀中地区大田小麦面团拉伸能量年份间无显著差异，均显著低于 2008 年、2013 年和 2014 年，2008 年最高。从不同地区来看，衡水地区 2008 年和 2013 年显著高于其他 5 年；沧州地区 2008 年显著高于其他 6 年；石家庄地区 2014 年显著高于 2009 年、2010 年、2011 年和 2012 年（$P<0.05$，表 4-17）。

表 4-17　2008～2014 年冀中地区大田小麦面团拉伸能量

年份	地区	衡水	沧州	石家庄	冀中
2008	平均值/cm^2	74.2±51.8aA	81.6±52.4aA	71.5±37.6aAB	75.8±47.4A
	变异系数/%	69.79	64.30	52.58	62.53
2009	平均值/cm^2	24.8±12.8bB	21.6±11.0bC	54.3±41.8aB	33.6±29.7C
	变异系数/%	51.34	50.96	77.07	88.32
2010	平均值/cm^2	33.0±27.8bB	29.1±18.4bBC	58.5±42.3aB	40.2±33.4C
	变异系数/%	84.33	63.41	72.29	83.12
2011	平均值/cm^2	39.3±21.0abB	28.0±16.6bBC	49.6±24.6aB	38.9±22.6C
	变异系数/%	53.54	59.55	49.54	57.93
2012	平均值/cm^2	30.9±24.0bB	39.8±22.5abB	46.7±33.2aB	39.2±27.5C
	变异系数/%	77.75	56.50	71.17	70.13
2013	平均值/cm^2	69.7±34.8aA	38.8±19.1bB	68.2±35.8aAB	58.9±33.7B
	变异系数/%	50.02	49.23	52.42	57.16
2014	平均值/cm^2	40.6±10.0aB	29.5±22.0bBC	97.6±117.7bA	55.9±74.8B
	变异系数/%	24.71	74.35	120.63	133.76
2008～2014	平均值/cm^2	44.6±33.9b	38.3±31.9b	63.8±57.3a	48.9±43.9
	变异系数/%	75.92	83.20	89.79	89.70

3.3　冀中地区大田小麦籽粒质量空间分布特征

3.3.1　容重空间分布特征

由 2008～2014 年冀中地区大田 7 年容重空间分布图（图 4-13）可以看出，该区域内小麦籽粒容重中间部位及西部中间部位较高，高值区主要位于该区域的中部（衡水地区深州市、饶阳县和安平县一带），较高值区主要位于该区域的中部和西部的部分地区（鹿泉市、元氏县、辛集市、赵县和衡水地区深州市、饶阳县和安平县的部分地区）。低值区主要位于沧州的部分地区。冀中地区大田小麦容重水平较高，主要区域容重均在 770g/L 以上。

3.3.2　籽粒蛋白质含量空间分布特征

由 2008～2014 年冀中地区 7 年籽粒蛋白质含量空间分布图（图 4-14）可以看出，该区域内小麦籽粒蛋白质含量呈两头向中部逐渐减小的趋势，高值区主要位于该区域的东部和西北部（石家庄地区灵寿县、正定县和沧州地区的盐山县、海兴县、黄骅市一带）。低值区位于青县、河间市和献县的部分地区。

3.3.3　湿面筋含量空间分布特征

由 2008～2014 年冀中地区 7 年面粉湿面筋含量空间分布图（图 4-15）可以

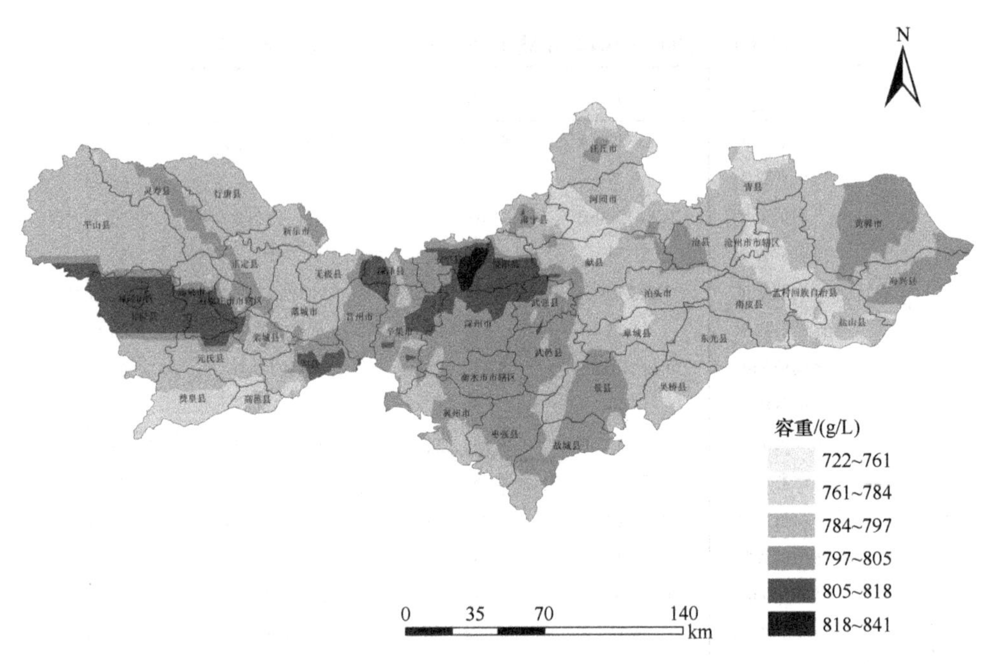

图 4-13 2008～2014 年冀中地区大田小麦籽粒容重空间分布图（彩图请扫二维码）

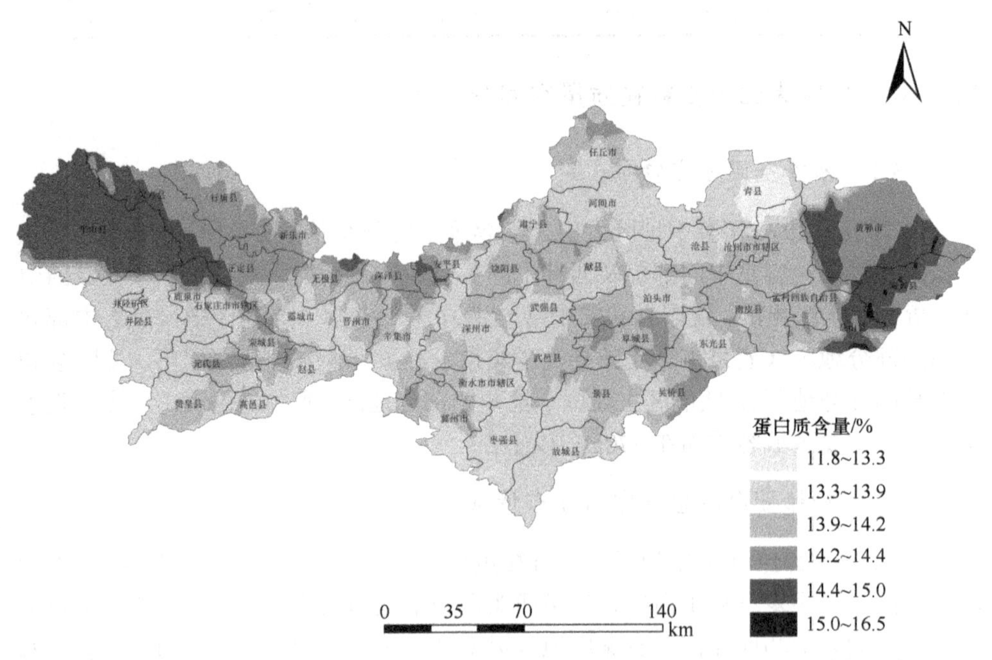

图 4-14 2008～2014 年冀中地区大田小麦籽粒蛋白质含量空间分布图（彩图请扫二维码）

看出，该区域内面粉湿面筋含量大部分区域都比较高，高值区主要分布在石家庄地区元氏县、鹿泉市及沧州地区黄骅市、海兴县和盐山县的部分地区；低值区主要位于献县、吴桥县和青县的部分地区。

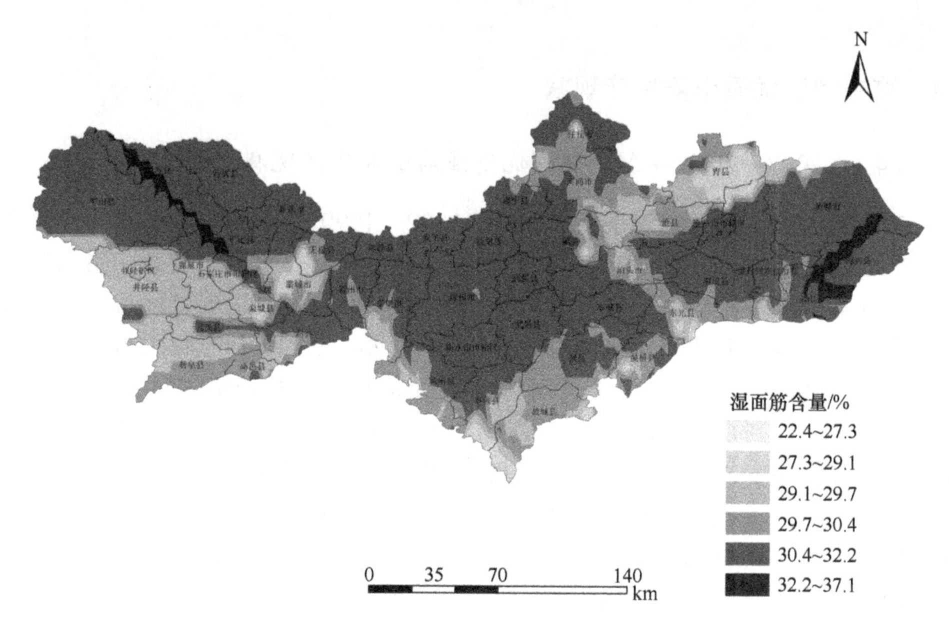

图 4-15　2008～2014 年冀中地区大田小麦湿面筋含量空间分布图（彩图请扫二维码）

3.3.4　面团稳定时间空间分布特征

由 2008～2014 年冀中地区 7 年面团稳定时间空间分布图（图 4-16）可以看出，该区域内面团稳定时间呈现自西向东减小的趋势，高值区出现在石家庄的部分地区，低值区主要分布于沧州地区河间市和青县的部分地方。

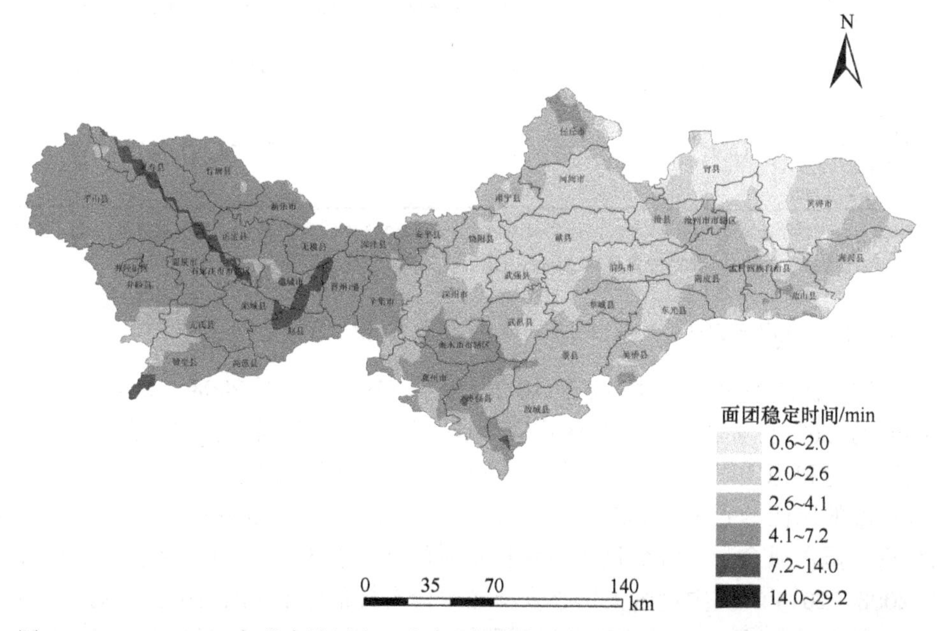

图 4-16　2008～2014 年冀中地区大田小麦面团稳定时间空间分布图（彩图请扫二维码）

3.4 冀中地区优质小麦生产现状

3.4.1 2008～2014 年冀中地区优质强筋小麦生产现状

参照《优质小麦 强筋小麦（GB/T 17892—1999）》，对 2008～2014 年冀中地区抽取的 567 份大田小麦样品优质率统计分析可知，分别以容重、蛋白质含量、湿面筋含量和稳定时间单项指标符合程度判断，单项达到《优质小麦 强筋小麦》二等标准的比例分别为 81.83%、41.27%、26.10%和 14.11%。依据标准规定的判别原则，以容重、蛋白质含量、湿面筋含量和稳定时间 4 个指标同时满足要求进行判别，2008～2014 年冀中地区大田小麦样品中有 3.70%达到《优质小麦 强筋小麦》二等标准（表 4-18）。从单项性状达到优质强筋比例来看，容重比例最高，其次是籽粒蛋白质含量、湿面筋含量，面团稳定时间达到优质强筋比例最低。调查结果表明，冀中地区符合标准的优质强筋小麦比例较低。面团稳定时间短是造成冀中地区整体优质强筋比例偏低的限制性因素。

表 4-18 2008～2014 年冀中地区强筋小麦比例

品质性状＼年份	2008（n=81）	2009（n=81）	2010（n=81）	2011（n=81）	2012（n=81）	2013（n=81）	2014（n=81）	2008～2014（n=567）
容重（≥770g/L）	65/80.25	76/93.83	77/95.06	72/88.89	73/90.12	35/43.21	66/81.48	464/81.83
蛋白质含量（≥14.0%）	56/69.14	16/19.75	32/39.51	25/30.86	27/33.33	49/60.49	23/28.40	234/41.27
湿面筋含量（≥32%）	21/25.93	15/18.52	24/29.63	13/16.05	37/45.68	20/24.69	18/22.22	148/26.10
稳定时间（≥7.0min）	26/32.10	13/16.05	8/9.88	9/11.11	11/13.58	8/9.88	5/6.17	80/14.11
容重≥770g/L 蛋白质含量≥14.0% 湿面筋含量≥32% 稳定时间≥7.0min	4/4.94	5/6.17	4/4.94	2/2.47	2/2.47	3/3.70	1/1.23	21/3.70

注：参照《优质小麦 强筋小麦（GB/T17892—1999）》。“65/80.25”中的“65”表示达标样品数量为 65，“80.25”表示达标样品数量占样品总数的百分比为 80.25%。其余以此类推

3.4.2 2008～2014 年冀中地区优质弱筋小麦生产现状

参照《优质小麦 弱筋小麦（GB/T 17893—1999）》，对 2008～2014 年冀中地区抽取的 567 份大田小麦样品优质率统计分析可知，分别以容重、蛋白质含量、湿面筋含量和稳定时间单项指标符合程度判断，单项达到《优质小麦 弱筋小麦》二等标准的比例分别为 94.89%、0、0.35%、40.04%。依据标准规定的判别原则，以容重、蛋白质含量、湿面筋含量和稳定时间 4 个指标同时满足要求作为判断依据，2008～2014 年冀中地区大田小麦样品中没有样品达到《优质小麦 弱筋小麦》标准（表 4-19）。从单项性状达到优质弱筋比例来看，容重比例最高，其次是面团

表 4-19　2008～2014 年冀中地区弱筋小麦比例

品质性状＼年份	2008（n=81）	2009（n=81）	2010（n=81）	2011（n=81）	2012（n=81）	2013（n=81）	2014（n=81）	2008～2014（n=567）
容重（≥750g/L）	77/95.06	79/97.53	80/98.77	81/100	79/97.53	65/80.25	77/95.06	538/94.89
蛋白质含量（≤11.5%）	0/0	0/0	0/0	0/0	0/0	0/0	0/0	0/0
湿面筋含量（≤22%）	0/0	0/0	0/0	0/0	1/1.23	1/1.23	0/0	2/0.35
稳定时间（≤2.5min）	26/32.10	35/43.21	41/50.62	27/33.33	37/45.68	21/25.93	40/49.38	227/40.04
容重≥750g/L 蛋白质含量≤11.5% 湿面筋含量≤22% 稳定时间≤2.5min	0/0	0/0	0/0	0/0	0/0	0/0	0/0	0/0

注：参照《优质小麦　弱筋小麦（GB/T 17893—1999）》。“81/100”中的“81”表示达标样品数量为 81，“100”表示达标样品数量占样品总数的百分比为 100%。其余以此类推

稳定时间、湿面筋含量，没有小麦品种的籽粒蛋白质含量达到优质弱筋小麦标准。调查结果表明，冀中地区没有符合标准的优质弱筋小麦，说明该区域不适合生产优质弱筋小麦。

四、小结与展望

4.1　小结

（1）2003～2013 年河北省小麦播种面积占全国小麦播种面积的 9.86%～10.61%，河北省小麦总产量占全国小麦总产量的 10.68%～11.80%。冀中地区属于黄淮冬麦区，是河北省重要的优质小麦产区和优质商品粮供应基地。地处冀中小麦生产核心区的衡水市、沧州市和石家庄市三地区 2003～2013 年小麦播种面积占河北省小麦播种面积的 38.79%～44.58%；产量占河北省总产量的 44.07%～49.50%；

（2）从冀中地区大田小麦品种构成来看，良星 99、石麦 15 小麦品种数量 2008～2014 年连续 7 年居冀中地区样品总数的前五位，良星 99 小麦品种数量在 2010 年和 2012 年居冀中地区样品总数第一位，济麦 22 小麦品种数量在 2011 年、2013 年和 2014 年居冀中地区样品总数第一位。其余小麦品种不同年份之间变化较大。2008～2014 年冀中地区大田种植的小麦品种数量呈现“先升高后降低再升高”的趋势，尤其从 2010 年以来，冀中地区种植的小麦品种数量逐年增加。不同地区间变化不尽一致。衡水地区小麦品种数呈“先降低后升高”的趋势，沧州地区小麦品种数比较稳定，石家庄地区 2008～2012 年小麦品种数量比较稳定，约为 14 个，而 2013 年小麦品种数量明显增加，达到 18 个。

（3）2008～2014 年冀中地区 567 份大田小麦样品籽粒质量分析结果可知，

冀中地区大田小麦籽粒千粒重均值为（41.06±3.98）g，变幅为 30.00～52.70g；籽粒容重均值为（792±24）g/L，变幅为 711～841g/L；籽粒硬度指数均值为（59.9±4.6）%，变幅为 40.4～70.3%；籽粒降落数值均值为（442±102）s，变幅为 105～709s；籽粒沉降指数均值为（26.1±6.4）mL，变幅为 4.0～49.0mL；籽粒蛋白质含量均值为（13.9±0.8）%，变幅为 11.8%～16.5%；湿面筋含量均值为（30.6±2.4）%，变幅为 21.5%～37.1%；面筋指数均值为（65.1±17.6）%，变幅为 5.0%～99.0%；面团吸水率均值为（61.5±2.4）%，变幅为 52.6%～69.8%；面团稳定时间均值为（4.4±5.1）min，变幅为 0.4～43.0min；面团弱化度均值为（104±44）BU，变幅为 5～248BU；面团粉质质量指数均值为（63±52）mm，变幅为 18～460mm；面团延伸度均值为（160.6±30.5）mm，变幅为 29～252mm；面团拉伸阻力（5cm）均值为（145.5±80.3）BU，变幅为 21～508BU；面团最大拉伸阻力均值为（197.2±146.0）BU，变幅为 24～946BU；面团拉伸能量均值为（48.9±43.9）cm^2，变幅为 3～462cm^2。

整体来看，冀中地区大田小麦籽粒容重、籽粒蛋白质含量、籽粒湿面筋含量较高，面团稳定时间、面团粉质质量指数变幅较大。其中容重平均水平达到《优质小麦　强筋小麦（GB/T17892—1999)》标准。

（4）冀中地区大田小麦籽粒质量空间变异特征显示，冀中地区小麦籽粒容重中间部位及西部中间部位较高，高值区主要位于该区域的中部（衡水地区深州市、饶阳县和安平县一带)，较高值区主要位于该区域的中部和西部的部分地区（鹿泉市、元氏县、辛集市、赵县和衡水地区深州市、饶阳县和安平县的部分地区）。低值区主要位于沧州的部分地区。小麦籽粒蛋白质含量空间分布呈现两头向中部逐渐减小的趋势，高值区主要位于该区域的东部和西北部（石家庄地区灵寿县、正定县和沧州地区的盐山县、海兴县、黄骅市一带)。低值区位于河间市和献县的部分地区。面粉湿面筋含量大部分区域都比较高，高值区主要分布在石家庄地区元氏县、鹿泉市及沧州地区黄骅市、海兴县和盐山县的部分地区；低值区主要位于献县、吴桥县和青县的部分地区。面团稳定时间呈现自西向东减小的趋势，高值区出现在石家庄的部分地区，低值区主要分布于沧州地区河间市和青县的部分地方。

（5）参照《优质小麦　强筋小麦（GB/T 17892—1999)》和《优质小麦　弱筋小麦（GB/T 17893—1999)》，对 2008～2014 年冀中地区抽取的 567 份大田小麦样品优质率统计分析结果为，以容重、蛋白质含量、湿面筋含量和稳定时间 4 个指标同时满足要求作为判断依据，冀中地区大田小麦样品中有 3.70%达到《优质小麦　强筋小麦》二等标准；没有小麦样品达到《优质小麦　弱筋小麦》标准。冀中地区符合标准的优质强筋比例较低。稳定时间偏低是造成冀中地区整体优质强筋比例偏低的限制性因素。

4.2 展望

4.2.1 存在问题

1）栽培品种存在多、乱现象，品种更换频繁

2008～2014 年冀中地区抽取的 567 份小麦样品中共涉及 60 个小麦品种。累计样品数量居前五位的品种累计占全部抽样量的 44.27%。每年采集到的大田小麦品种 21～25 个，大田小麦品种更换频繁，是导致该地区小麦品质年度变化大的主要原因。目前，小麦品种推广是以种子企业为主体，多数品种经营权被单个或部分企业买断，优良品种推广应用受到一定的限制。农民对品种信息了解主要通过种子企业广告宣传，受种子企业宣传的影响，农民选择品种往往不以自己意志为转移，再加上农民的求新意识强，导致品种频繁更换。部分种子企业或销售部门随意更换品种名称，挂羊头卖狗肉现象普遍，造成推广品种多、乱、杂的现象。采样调查发现，2010 年以前所采样本，品种名称与样本对号正确率 100%，2011 年就发现大约有 10%的采集样品与名称不符，2012 年有 18%左右的样本与名称不符，2013～2014 年样本与名称不符的样本均在 20%以上。

2）大田小麦优质率较低，个别质量性状亟待改良

2008～2014 年连续 7 年对冀中地区小麦籽粒质量调查分析结果可以看出，大田小麦样品的容重平均为 792g/L；籽粒蛋白质含量平均为 13.9%；湿面筋含量平均为 30.6%；面筋指数 65.1%；稳定时间平均为 4.4min。从大田小麦品质质量指标来判断，造成该区域大田小麦优质率低的主要因素有二，一是面筋指数较低，二是稳定时间短，而这两个指标均与蛋白质质量密切相关，因此，大面积推广品种的面筋指数和面团稳定性的提高应引起育种工作者的高度重视。

3）优质专用小麦生产规模化程度低，优质专用小麦受市场波动影响大

2008～2014 年连续 7 年对冀中地区小麦采样调查和籽粒质量调查分析结果可以看出，该区域优质专用小麦的样品数量和面积呈逐年减少的趋势。目前农户仍为分散种植经营，生产规模小，小麦品种选择随机性强，配套栽培措施不到位，往往造成小麦品质质量性状不稳定。另外，受优质专用小麦市场波动的影响，种植优质专用小麦风险明显高于普通小麦，挫伤农民种植优质专用小麦的积极性。

4）小麦产业链分段管理，政策的协调性还有待加强

育种栽培、粮食生产、粮食收储、食品加工在管理体制上隶属于不同部门，各自的重点目标和任务不同，法规、政策、标准一致性或可操作性不高。如国家有关小麦的质量标准就缺少一致性和包容性，甚至基础性研究支撑也显得不足。农业部门推广的优质品种在粮食部门收购时达不到优质小麦的收购标准；粮食收购部门收购的小麦不能满足面粉生产和食品加工企业对质量的要求。粮食收储部

门对收购的强筋小麦不能做到分收分储，或优质优价，这种几十年一贯且陈旧的混收混储管理方式不仅导致优质商品粮数量不足，还会影响农产品及食品加工业的可持续发展。

4.2.2 优质小麦发展潜力与前景

1）因地制宜，发展优质专用小麦

冀中平原区是我国优质强筋小麦的优势产区，该区域土壤、气候、栽培条件（施肥等）等均特别适宜优质专用小麦生产，同时河北省也不乏优质强筋或优质专用品种，如强筋品种师栾02-1、藁2018、石优20、石优17等新品种，这些品种兼具强筋、高产、广适于一体，具有广阔的发展前景。育种家在选育小麦品种时，在保证产量的前提下，应更多地关注小麦品种的加工适用性，尤其是对传统面制品（面条、馒头、饺子等）的加工适用性。种子管理和推广部门要加强品质意识，审定品种时，要关注品种品质参数达标配套，摒弃只注重产量而轻质量的做法。

2）适度规模化经营，提升小麦质量

随着市场经济的发展，以及土地流转政策的出台，农民合作社、种粮大户等不断涌现。适度的规模化生产经营，可以稳定小麦籽粒质量，提高小麦的产量，增加农民收入。面粉加工企业与种子推广企业及农业合作社合作，签订优质专用小麦生产订单，提前介入原粮生产，参与质量管理，既能保证小麦质量，又能保护农民利益。

3）改革收储体系，促进产业发展

充分利用种粮大户、农民合作社等组织，借鉴国外经验，通过改革创新，建立符合市场化运作的小麦原粮收储体系，提高优质商品粮数量，促进农产品及食品加工业的可持续发展。

主要参考文献

班进福, 刘彦军, 郭进考, 等. 2010. 2008年冀中小麦样品粉质参数状况分析. 河北农业科学, 14(2): 67-69

班进福, 刘彦军, 郭进考, 等. 2011. 2009年冀中小麦品质状况分析. 中国粮油学报, 26(3): 5-10

关二旗. 2012. 区域小麦籽粒质量及加工利用研究. 北京: 中国农业科学院研究生院博士学位论文

关二旗, 魏益民, 张波, 等. 2012. 黄淮冬麦区部分区域小麦品种构成及品质性状分析. 中国农业科学, 45(6): 1159-1168

郭天财, 马冬云, 朱云集, 等. 2004. 冬播小麦品种主要品质性状的基因型与环境及其互作效应分析. 中国农业科学, 37(7): 948-953

何中虎, 晏月明, 庄巧生, 等. 2006. 中国小麦品种品质评价体系建立与分子改良技术研究. 中国农业科学, 39(6): 1091-1101

侯海鹏, 于立河, 郭伟, 等. 2007. 不同耕作方式对黑龙江省春小麦品质的影响. 黑龙江八一农垦大学学报, 19(6): 18-21

李玲燕, 杜金哲, 姜雯, 等. 2008. 不同土壤水分对强、弱筋小麦烘焙品质的影响. 华北农学报, 23(3): 198-203

卢洋洋, 张影全, 刘锐, 等. 2014. 豫北小麦籽粒质量性状空间变异特征. 麦类作物学报, 34(4): 495-501

卢洋洋, 张影全, 张波, 等. 2014. 同一基因型小麦籽粒质量性状的空间变异. 麦类作物学报, 34(2): 234-239

马冬云, 郭天财, 王晨阳, 等. 2004. 不同麦区小麦品种籽粒淀粉糊化特性分析. 华北农学报, 19(4): 59-61

马艳明, 范玉顶, 李斯深, 等. 2004. 黄淮麦区小麦品种(系)品质性状多样性分析. 植物遗传资源学报, 5(2): 133-138

欧阳韶晖, 魏益民, 张国权, 等. 1998. 陕西关中东部小麦商品粮品质调查分析. 西北农业大学学报, 26(4): 10-15

魏益民. 2002. 谷物品质与食品品质-小麦籽粒品质与食品品质. 陕西: 陕西人民出版社

魏益民, 关二旗, 张波, 等. 2013. 黄淮冬麦区小麦籽粒质量调查与研究. 北京: 科学出版社

魏益民, 欧阳绍辉, 陈卫军, 等. 2009. 县域优质小麦生产效果分析Ⅰ. 陕西省岐山县小麦生产现状调查. 麦类作物学报, 29(2): 256-260

魏益民, 张波, 关二旗, 等. 2013. 中国冬小麦品质改良研究进展. 中国农业科学, 46(20): 4189-4196

魏益民, 张国权, 欧阳韶辉, 等. 2000. 陕西关中小麦品种品质改良现状研究. 麦类作物学报, 20(1): 3-9

张国权, 魏益民, 欧阳韶晖, 等. 1998. 陕西关中小麦品种(品系)的品质分析. 麦类作物学报. 18(2): 18-21

张艳, 何中虎, 周桂英, 等. 1999. 基因型和环境对中国冬小麦品质的影响. 中国粮油学报, 14: 1-5

张影全. 2012. 小麦籽粒蛋白质特性与面条质量关系研究. 陕西: 西北农林科技大学硕士学位论文

第五章　陕西关中地区小麦籽粒质量研究报告

一、引　　言

陕西关中地区属于黄淮冬麦区，是陕西省重要的小麦产区和优质的商品粮供应基地。地处关中小麦生产核心区的宝鸡地区、咸阳地区和渭南地区，2003～2013年小麦播种面积占陕西省播种面积的 61.45%～64.10%；产量占陕西省总产量的87.46%～89.76%。本报告调查和分析了 2008～2013 年宝鸡地区（岐山县、凤翔县、扶风县）、咸阳地区（三原县、泾阳县、武功县）、渭南地区（蒲城县、临渭区、富平县）采集的农户大田小麦样品的品种构成、籽粒性状、蛋白质含量及面粉的流变学特性（粉质参数、拉伸参数），以了解关中地区的优质小麦生产现状，促进小麦加工业和小麦产区区域经济的可持续发展。

1.1　2003～2013 年陕西小麦生产概况

陕西省属黄淮冬麦区，由图 5-1 可知，2003～2013 年陕西省小麦播种面积占全国小麦播种面积的 4.54%～5.71%，小麦总产量占全国总产量的 3.20%～4.57%。

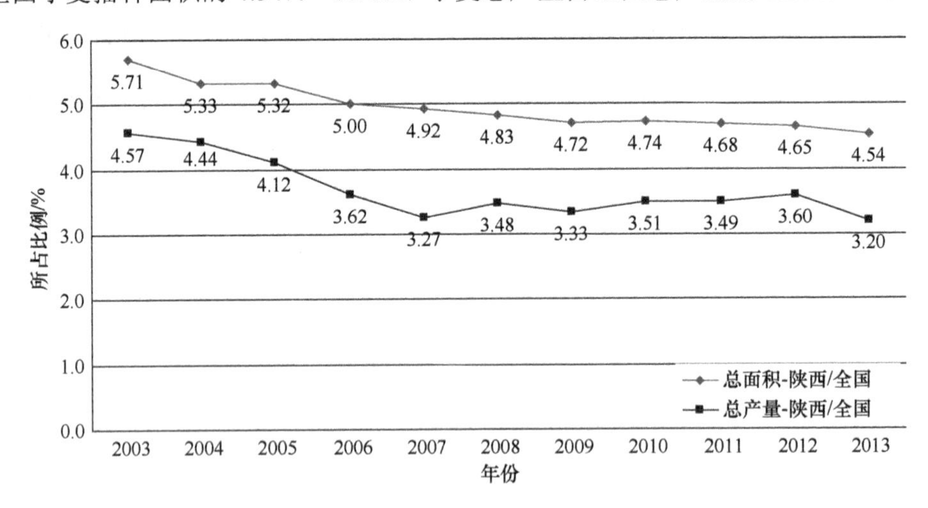

图 5-1　2003～2013 年陕西省小麦总产量和总面积占全国的比例

数据来源于中国国家统计年鉴（2003～2013 年）

陕西省小麦播种面积在 2004 年有较大幅度的下降，达 8.88%，2005 年有所回升，自 2005 年以来呈逐年下降的趋势，2013 年陕西省小麦播种面积为 1 094

800hm²，较 2003 年下降 14.64%（图 5-2）。

陕西省小麦总产量在 4 000 000t 上下浮动，2007 年总产量最低，较 2003 年下降 10.79%，2012 年总产量最高，达 4 355 000t，较 2003 年增长 10.11%（图 5-2）。

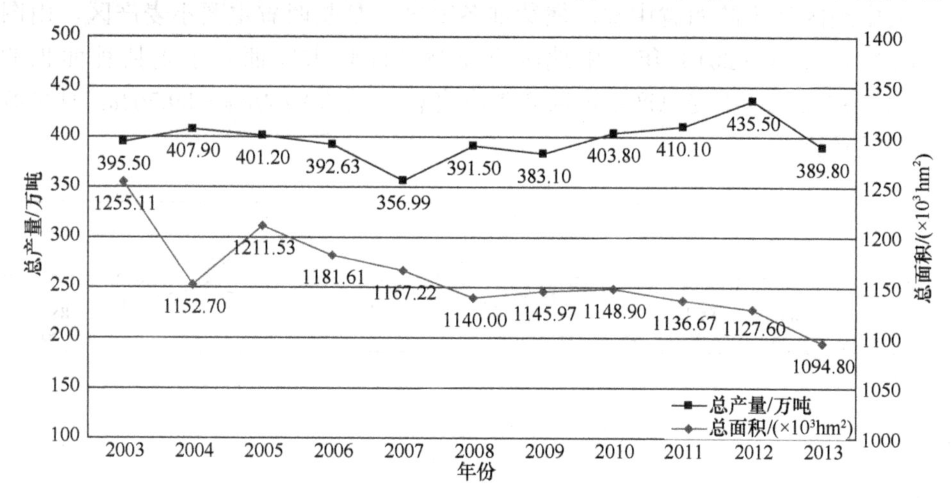

图 5-2　2003～2013 年陕西省小麦生产现状

数据来源于中国国家统计年鉴（2003～2013 年）

陕西省小麦平均单产整体呈增长趋势，2007 年陕西省小麦平均单产最低，为 3059kg/hm²（203.93kg/亩），较上一年下降 8.63%，较 2003 年下降 3.01%。2012 年陕西省小麦平均单产为 10 年来最高，达 3862kg/hm²（257.47kg/亩），较上一年增长 7.87%，较 2003 增长 23.52%。2013 年陕西省小麦平均单产较上一年有所降低，为 3560kg/hm²（237.33kg/亩），但较 2003 年有所增长，增长 12.98%（图 5-3）。

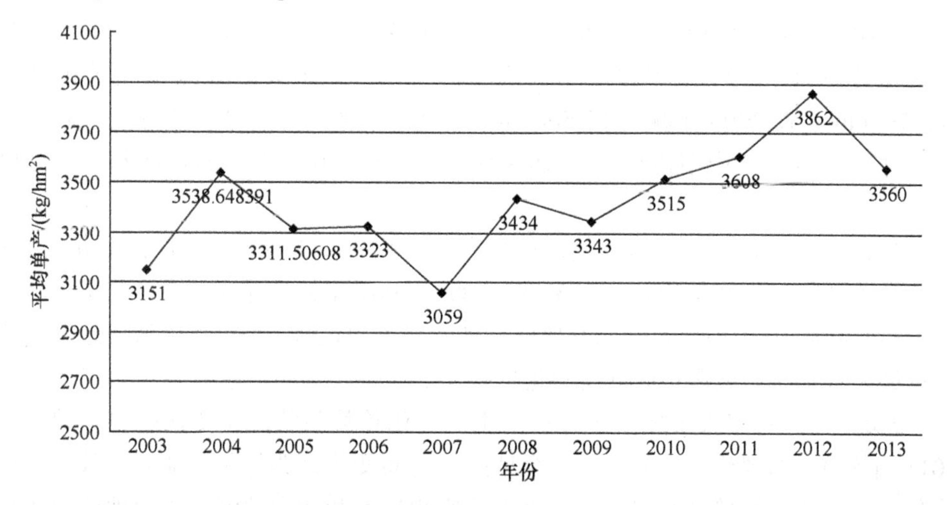

图 5-3　2003～2013 年陕西小麦平均单产水平变化

数据来源于陕西统计年鉴（2003～2013 年）

1.2 2003～2013 年关中地区小麦生产概况

关中地区处于陕西省中部，属黄淮冬麦区，是陕西省主要小麦产区。由图 5-4 可知，2003～2013 年关中地区小麦播种面积占陕西省小麦播种面积的 81.95%～85.23%，小麦总产量占陕西省小麦总产量的 87.46%～89.76%，且呈波浪式增长趋势。

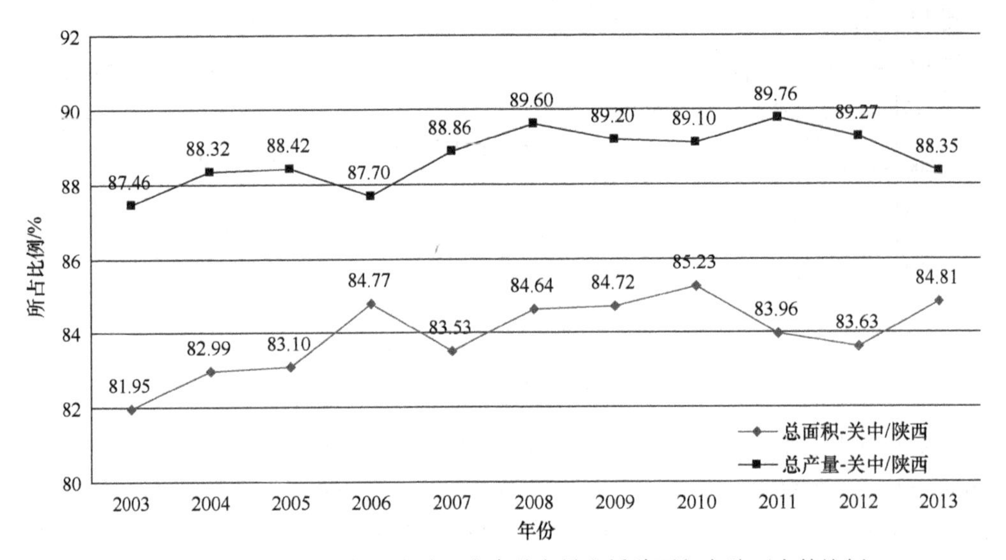

图 5-4 2003～2013 年关中地区小麦总产量和播种面积占陕西省的比例

数据来源于陕西统计年鉴（2003～2013 年）

关中地区（渭南市、咸阳市、宝鸡市）是陕西省主要小麦产区。2003～2013 年关中地区小麦种植面积整体呈下降趋势。2013 年关中地区小麦种植面积 703 790hm^2，较 2003 年减少 67 500hm^2，降低 8.75%。三个地区年际变化趋势与关中地区一致，其中渭南地区小麦播种面积最大，其次为咸阳地区和宝鸡地区（图 5-5）。

2003～2013 年关中地区小麦总产量在 2 334 300～3 281 200t 上下波动。2010 年关中地区小麦总产量最高，达 3 281 200t，2007 年关中地区小麦总产量最低，为 2 334 300t。三个地区年份间变化趋势基本与关中地区一致，其中渭南地区小麦产量最大，其次为咸阳地区和宝鸡地区（图 5-6）。

2003～2013 年关中地区小麦单产水平变化趋势与陕西省变化趋势一致（除 2011 年外），无规律上下波动。三个地区年份间变化趋势与关中地区一致，其中咸阳地区小麦平均单产水平最高，其次为宝鸡地区和渭南地区。关中地区小麦单产水平高于陕西省小麦平均单产水平（图 5-7）。

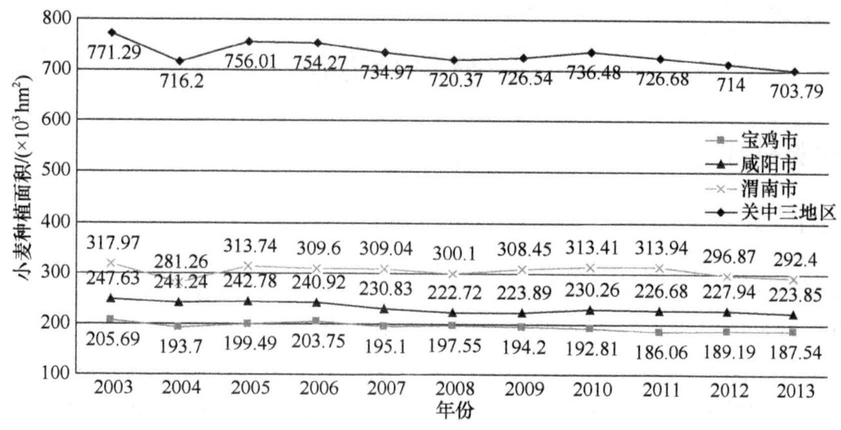

图 5-5　2003～2013 年关中地区小麦播种面积

数据来源于陕西省统计年鉴（2003～2013 年）

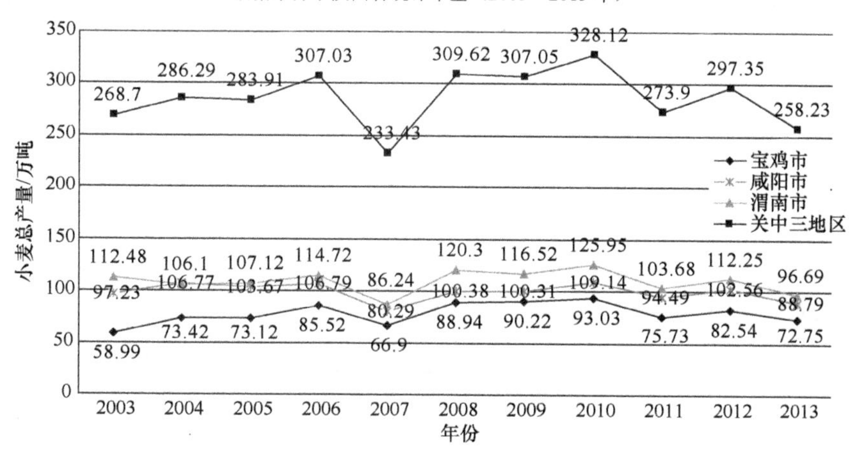

图 5-6　2003～2013 年关中地区小麦总产量

数据来源于陕西统计年鉴（2003～2013 年）

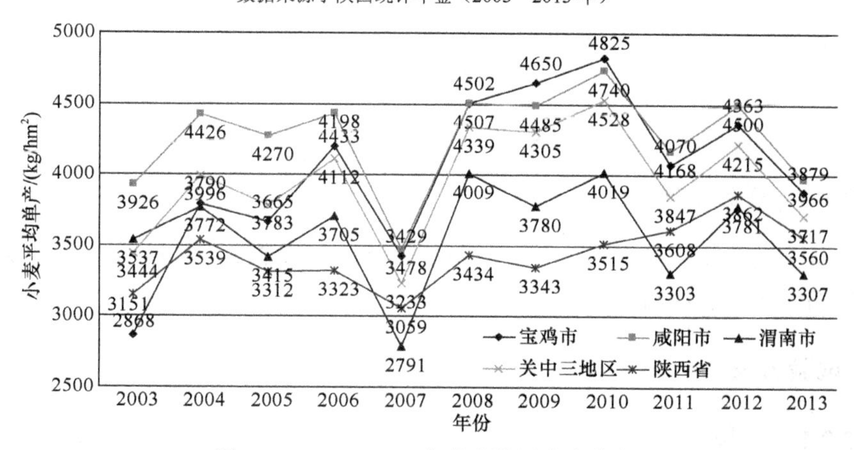

图 5-7　2003～2013 年关中地区小麦单产

数据来源于陕西统计年鉴（2003～2013 年）

二、材料与方法

2.1 试验材料

2.1.1 样品采集

根据国家小麦产业技术研发中心加工研究室编制的《小麦产业技术体系小麦质量调查指南》的要求，分别于2008～2013年夏收期间，在陕西关中小麦主产区渭南（蒲城县、富平县、临渭区）、咸阳（三原县、武功县、泾阳县）、宝鸡（扶风县、岐山县、凤翔县）三地区9个县20余个乡镇设置取样点，每年抽取大田小麦样品80余个，6年共计抽取小麦样品497份。图5-8是关中地区在陕西省的位置示意图，采样点分布见图5-9。

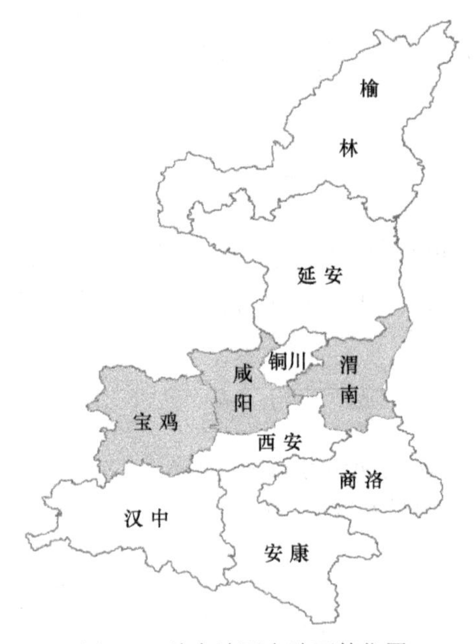

图5-8 关中地区在陕西的位置

2.1.2 样品处理

收集到的小麦样品经充分晾晒，筛理除杂，熏蒸杀虫，籽粒后熟15d以上，进行磨粉及小麦和面粉质量测定。

2.2 试验方法

2.2.1 磨粉

根据籽粒硬度指数进行润麦，硬度指数低于60.0%的样品，润麦目标水分为

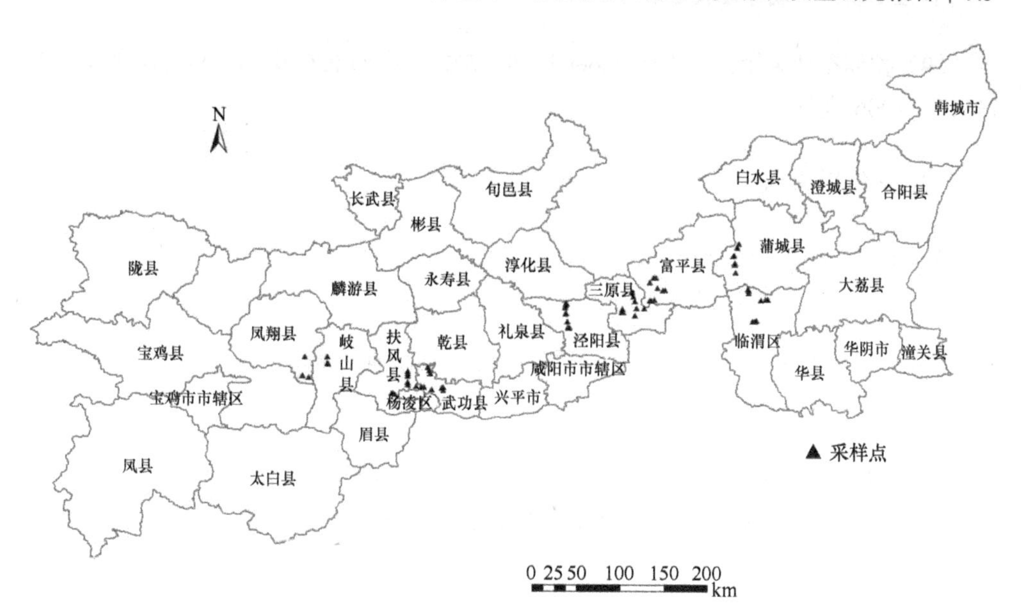

图 5-9　采样点位置分布图

14.5%；硬度指数大于等于 60.0%的样品，润麦目标水分为 15.5%。润麦时间为 24h。2008 年样品用法国肖邦试验磨粉机磨粉，2009 年、2012 年、2013 年采用开封茂盛粮机 LSM20 型试验磨粉机磨粉，2010 年、2011 年采用 Brabender Junior 试验磨粉机磨粉，同时测定出粉率。

2.2.2　籽粒质量性状检测方法

（1）籽粒蛋白质含量、籽粒硬度：采用瑞典 Perten 9100 近红外（NIR）谷物品质分析仪测定，参照 ICC 标准，NO.202 进行。

（2）容重：按《粮食、油料检验 容重测定法（GB/T 5498—1985）》测定。

（3）千粒重：按《粮食和油料千粒重的测定法（GB/T 5519—2008）》测定。

（4）面粉蛋白质含量和灰分含量：采用瑞典 Perten 8620 近红外谷物品质分析仪测定，参照 ICC 标准，NO.202 进行。

（5）湿面筋含量及面筋指数：采用瑞典波通公司面筋分析仪测定，参照 GB/T 14608— 1993 进行。

（6）沉淀值采用泽伦尼（Zeleny）法，采用德国 Brabender 公司沉淀值测定仪，参照 ICC 标准，NO.116，NO.118 进行。

（7）降落指数采用瑞典波通 1500 型降落数值仪测定，参照 ICC 标准，NO.107 标准方法进行。

（8）粉质参数采用德国 Brabender 粉质仪测定，参照 ICC，No.115 和 GB/T 14614—2006 进行。

（9）拉伸参数采用德国 Brabender 拉伸仪测定，参照 ICC 标准，No.114 和 GB/T 14615—2006 进行。

2.3 数据分析方法

2.3.1 数据整理分析

采用 Excel 2007 整理数据和表格。

采用 DPS 统计分析软件进行方差分析等数理统计分析。

2.3.2 地统计分析

采用 GS+（Geostatistics for the Environmental Sciences）9.0 软件拟合半变异函数、建立拟合模型，在 ArcGis10.2.2 软件中采用 Ordinary Kriging 法输出小麦籽粒质量性状空间分布图。

三、结果分析

3.1 陕西关中地区小麦品种（系）构成

3.1.1 2008～2013 年陕西关中地区小麦大田样品的品种构成

2008 年共抽取小麦田间样品 92 个，总品种数为 18 个，其中小偃 22 占样品总数的 52.17%，西农 979 占样品总数的 9.78%，西农 88 占样品总数的 8.70%，西农 889 占样品总数的 7.61%，晋麦 47 占样品总数的 4.35%，武农 148 占样品总数的 3.26%，这 6 个小麦品种累计占样品总数的 85.87%，其余如晋麦 54、长旱 58、郑麦 004、周麦 18、绵阳 26、绵阳 31、绵阳 22、绵阳 29、偃展 4100、西农 2611、秦农 412 等小麦品种累计占样品总数的 14.13%。

2009 年共抽取小麦田间样品 80 个，抽取的样品均为当地主要栽培品种，总品种数为 8 个，其中小偃 22 占样品总数的 75%，西农 979 占样品总数的 10%，西农 889 占样品总数的 5%，这 3 个小麦品种累计占样品总数的 90%，其余如西农 757、周麦 18、晋麦 47、西农 88、郑麦 9023 等小麦品种累计占样品总数的 10%。

2010 年共抽取小麦田间样品 81 个，总品种数为 14 个，其中小偃 22 占样品总数的 69%，西农 979 占样品总数的 7%，西农 88 占样品总数的 5%，这 3 个小麦品种累计占样品总数的 81%，其余如富麦 2008、武农 148、西农 889、西农 3517、西农 757、周麦 18、矮抗 58、335、阿勃、8759、郑麦 9023 等小麦品种累计占样品总数的 19%。

2011 年共抽取小麦田间样品 83 份，总品种数为 22 个，其中小偃 22 占样品总数的60.24%，武农148占样品总数的6.02%，西农757占样品总数的4.82%，这3个小麦品种累计占样品总数的71.08%，其余如9871、西农979、荔高6号、晋麦47、西农88、周麦18、西农3517、49198、许科1号、武农986、366、西农998、濮麦9、1799、西农889、衡观35、周麦16、绵阳22、豫麦58等小麦品种累计占样品总数的28.92%。

2012年共抽取小麦田间样品81个，总品种数为19个，其中小偃22占样品总数的59.26%，豫麦49占样品总数的11.11%，西农3517占样品总数的4.94%，这3个小麦品种累计占样品总数的75.31%，其余如富麦2008、横观35、晋麦47、濮麦2008、濮麦9号、陕垦6、武农148、西农889、西农9718、西农979、西农988、周麦18、周麦22、周麦23、周麦26等小麦品种累计占样品总数的24.69%。

2013年共抽取小麦田间样品80个，总品种数为21个，其中小偃22占样品总数的55.00%，西农979占样品总数的7.50%，西农3517占样品总数的6.25%，豫麦49占样品总数的5.00%，这4个小麦品种累计占样品总数的73.75%，其余如西农151、西农889、西农986、西农2000、周麦18、周麦22、周麦23、晋麦47、武农986、富麦2008、小偃148等小麦品种累计占样品总数的26.25%。

2008～2013年在陕西关中地区抽取小麦样品497个，涉及51个小麦品种（系）。抽样数居前五位的小麦品种依次为小偃22（306）、西农979（36）、西农889（17）、豫麦49（15）和西农88（13），累计占全部抽样量的77.9%，其中小偃22一个品种就占到抽样量的61.6%，是当地主栽品种。此外，西农3517（12）、周麦18（9）、晋麦47和西农757（8）也有一定分布，共占比9.7%，以上8个品种累计占比87.6%，构成关中地区主要栽培品种（表5-1）。

3.1.2　2008～2013年小麦品种（系）构成变化

从关中地区大田小麦抽样结果看，以随机抽样的样品数计，小偃22连续6年居当地主导地位，每年占比均超过50%，最高年度达75%，是当地小麦当家品种。作为优质强筋品种的西农979，连续6年居前五位，其中4年居第2位，是当地优质小麦的主要品种。西农88、西农889、武农148、晋麦47、西农757、周麦18等品种在生产上的分布较稳定，豫麦49和西农3517在2011～2013年三年增长趋势明显。其余品种占比较低（表5-1）。

2008～2013年陕西关中地区大田种植的小麦品种（系）数量平均每年17个，不同地区间变化不尽一致。宝鸡地区小麦品种较为集中，6年间抽得品种数为4～7个/年，渭南地区品种数量较多，咸阳地区除2008年外，其余5年品种相对集中（图5-10）。

表5-1　2008～2013年陕西关中地区小麦品种（系）构成

编号	品种名称	样本数						比例/%					
		2008	2009	2010	2011	2012	2013	2008	2009	2010	2011	2012	2013
1	小偃22	48	60	56	50	48	44	52.17	75	69.14	60.24	59.26	55
2	西农979	9	8	6	2	3	6	9.78	10	7.41	2.41	3.7	7.5
3	西农88	8	1	4	1	—	—	8.70	1.25	4.94	1.20	—	—
4	西农889	7	4	3	1	1	2	7.61	5	3.7	1.20	1.23	2.5
5	晋麦47	4	1	—	1	1	1	4.35	1.25	—	1.20	1.23	1.25
6	武农148	3	—	2	5	2	—	3.26	—	2.47	6.02	2.47	—
7	西农757	—	3	1	4	—	1	—	3.75	1.23	4.82	—	1.25
8	豫麦49	—	—	—	2	9	4	—	—	—	2.41	11.11	5
9	西农3517	—	—	1	2	4	5	—	—	1.23	2.41	4.94	6.25
10	陕139	—	—	—	—	—	1	—	—	—	—	—	1.25
11	西农151	—	—	—	—	—	1	—	—	—	—	—	1.25
12	西农986	—	—	—	—	—	1	—	—	—	—	—	1.25
13	武农986	—	—	—	1	1	1	—	—	—	1.20	1.23	1.25
14	西农2000	—	—	—	—	1	1	—	—	—	—	1.23	1.25
15	周麦23	—	—	—	—	1	1	—	—	—	—	1.23	1.25
16	周麦22	—	—	—	—	1	2	—	—	—	—	1.23	2.5
17	周麦18	1	2	1	2	1	2	1.09	2.5	1.23	2.41	1.23	2.5
18	富麦2008	—	—	2	—	1	1	—	—	2.47	—	1.23	1.25
19	泛麦5号	—	—	—	—	—	1	—	—	—	—	—	1.25
20	白面王	—	—	—	—	—	1	—	—	—	—	—	1.25
21	温8	—	—	—	—	—	1	—	—	—	—	—	1.25
22	绵阳26	2	—	—	—	—	1	2.17	—	—	—	—	1.25
23	小偃148	1	—	—	—	—	1	1.09	—	—	—	—	1.25
24	长旱58	1	—	—	—	—	—	1.09	—	—	—	—	—
25	晋麦54	1	—	—	—	—	—	1.09	—	—	—	—	—
26	郑麦004	1	—	—	—	—	—	1.09	—	—	—	—	—
27	秦农412	1	—	—	—	—	—	1.09	—	—	—	—	—
28	偃展4100	1	—	—	—	—	—	1.09	—	—	—	—	—
29	西农2611	1	—	—	—	—	—	1.09	—	—	—	—	—
30	绵阳31	2	—	—	—	—	—	2.17	—	—	—	—	—
31	绵阳29	1	—	—	—	—	—	1.09	—	—	—	—	—
32	绵阳22	1	—	—	1	—	—	1.09	—	—	1.20	—	—
33	郑麦9023	—	1	1	—	—	—	—	1.25	1.23	—	—	—
34	矮抗58	—	—	1	—	—	—	—	—	1.23	—	—	—
35	335	—	—	1	—	—	—	—	—	1.23	—	—	—
36	阿勃	—	—	1	—	—	—	—	—	1.23	—	—	—

续表

编号	品种名称	样本数						比例/%					
		2008	2009	2010	2011	2012	2013	2008	2009	2010	2011	2012	2013
37	8759	—	—	1	—	—	—	—	—	1.23	—	—	—
38	9871	—	—	—	2	—	—	—	—	—	2.41	—	—
39	荔高 6 号	—	—	—	1	—	—	—	—	—	1.20	—	—
40	许科 1 号	—	—	—	1	—	—	—	—	—	1.20	—	—
41	濮麦 9 号	—	—	—	1	1	—	—	—	—	1.20	1.23	—
42	1799	—	—	—	1	—	—	—	—	—	1.20	—	—
43	366	—	—	—	1	—	—	—	—	—	1.20	—	—
44	衡观 35	—	—	—	1	1	—	—	—	—	1.20	1.23	—
45	周麦 16	—	—	—	1	—	—	—	—	—	1.20	—	—
46	豫麦 58	—	—	—	1	—	—	—	—	—	1.20	—	—
47	西农 9718	—	—	—	—	1	—	—	—	—	—	1.23	—
48	濮麦 2008	—	—	—	—	1	—	—	—	—	—	1.23	—
49	陕垦 6 号	—	—	—	—	1	—	—	—	—	—	1.23	—
50	西农 988	—	—	—	—	1	—	—	—	—	—	1.23	—
51	周麦 26	—	—	—	—	1	—	—	—	—	—	1.23	—
合计		92	80	81	83	81	80	100.0	100.0	100.0	100.0	100.0	100.0

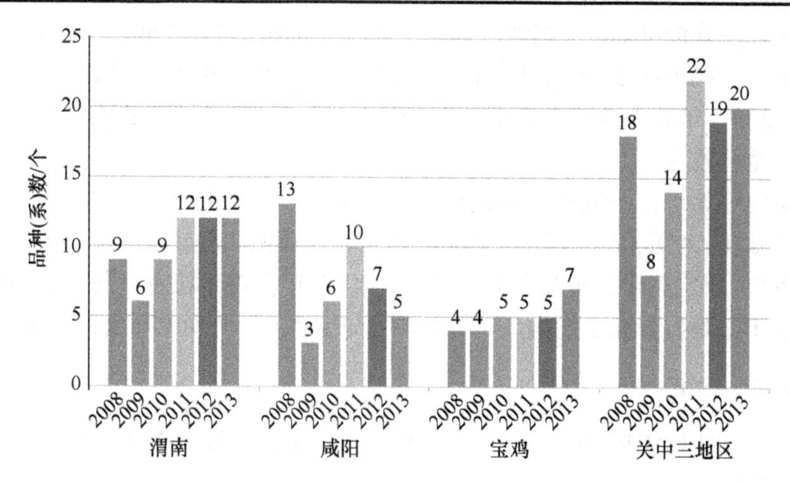

图 5-10 2008～2013 年陕西关中地区大田小麦品种（系）数量

2008～2013 年陕西关中地区大田主栽小麦品种小偃 22 的抽样数表现比较稳定，说明其仍是近年关中地区的当家品种（图 5-11），其在宝鸡、咸阳的占比较高，在渭南的占比较低。

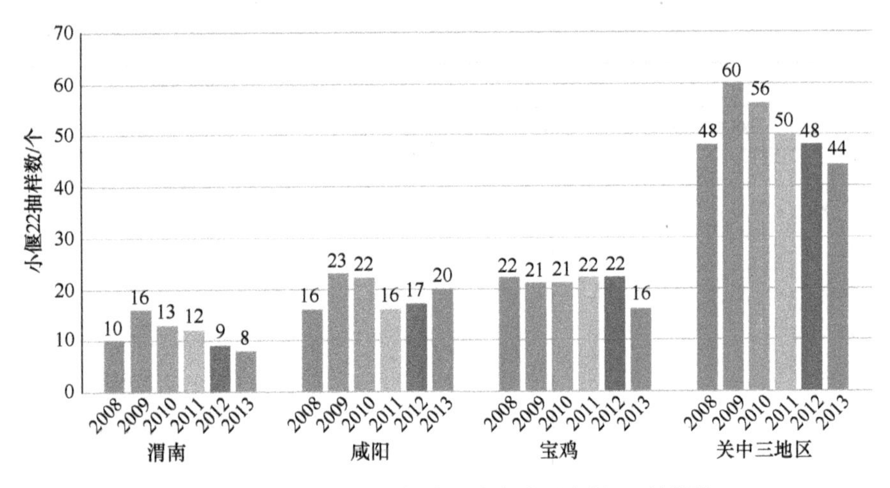

图 5-11　2008～2013 年陕西关中地区小偃 22 抽样数

3.2　陕西关中地区小麦籽粒质量

3.2.1　籽粒物理性状

3.2.1.1　千粒重

2008～2013 年陕西关中地区 497 份大田小麦样品籽粒千粒重平均值为（39.84±4.25）g，变异系数为 10.67%，变幅为 18.84～52.39g，变异较大。不同地区间进行方差分析可知，宝鸡地区大田小麦籽粒千粒重［（40.50±3.70）g］显著高于渭南地区［（39.07±3.98）g］，而咸阳地区［（39.82±4.93）g］居中。从不同年份来看，2009 年关中地区千粒重［（35.12±3.59）g］显著低于其他年份，其余 5 年之间无显著差异。

不同地区来看，不同年份各地区小麦籽粒千粒重表现不尽一致。2010 年和 2011 年三地区之间无显著差异，2008 年宝鸡和咸阳千粒重显著大于渭南（$P<0.05$），2009 年宝鸡千粒重显著高于咸阳，2012 年宝鸡千粒重显著高于渭南和咸阳，2013 年宝鸡显著高于渭南，咸阳居中且与宝鸡、渭南均无显著差异（表 5-2）。

3.2.1.2　容重

2008～2013 年陕西关中地区 497 份大田小麦样品籽粒容重平均值为（772.5± 23.92）g/L，变异系数为 3.10%，变幅为 672～830g/L，变异较小。陕西关中地区大田小麦样品容重平均达到 770g/L 以上，符合《优质小麦　强筋小麦（GB/T 17892—1999)》标准对容重的要求。不同地区间进行方差分析可知，渭南和宝鸡地区大田小麦籽粒容重显著高于咸阳地区。从不同年份来看，渭南地区历年容重均为最高，除 2008 年之外，历年均显著高于咸阳地区。宝鸡地区除 2008 年容重显著低于渭南之外，2009 年、2011 年容重均显著高于咸阳地区，与渭南地区没有显著差异，在 2013 年，渭南地区容重显著高于宝鸡和咸阳地区，后二者之间差异未达到统计学显著。2010 年和 2012 年渭南地区大田小麦容重高于咸阳，宝鸡介于二者之间且与二者均无显著差异（$P<0.05$，表 5-3）。

表 5-2　2008～2013 年陕西关中地区大田小麦籽粒千粒重

年份＼地区		渭南	咸阳	宝鸡	关中地区
2008	平均值/g	38.01±3.18bB	41.91±3.63aA	41.34±2.21aA	40.45±3.48A
	变异系数/%	8.37	8.67	5.35	8.60
2009	平均值/g	35.11±3.21abC	33.70±2.85bB	36.22±4.37aB	35.12±3.59B
	变异系数/%	9.14	8.46	12.07	10.22
2010	平均值/g	41.22±3.39aA	39.71±2.72aA	40.03±2.58aA	40.32±2.96A
	变异系数/%	8.22	6.85	6.45	7.34
2011	平均值/g	41.61±3.45aA	41.17±6.22aA	40.42±2.89aA	41.07±4.46A
	变异系数/%	8.29	15.11	7.15	10.86
2012	平均值/g	39.74±3.43bAB	40.12±4.15bA	43.11±2.87aA	41.21±3.85A
	变异系数/%	8.63	10.34	6.66	9.34
2013	平均值/g	39.99±3.08bAB	40.67±4.55abA	41.42±3.62aA	40.72±3.80A
	变异系数/%	7.7	11.19	8.74	9.33
2008～2013	平均值/g	39.07±3.98b	39.82±4.93ab	40.50±3.70a	39.84±4.25
	变异系数/%	10.19	12.38	9.14	10.67

注：同行不同小写字母表示在 0.05 水平下，不同地区间差异显著；数据为“平均值±标准差”；下同。同列不同大写字母表示在 0.05 水平下，不同年份间差异显著；数据为“平均值±标准差”；下同

表 5-3　2008～2013 年陕西关中地区大田小麦籽粒容重

年份＼地区		渭南	咸阳	宝鸡	关中地区
2008	平均值/（g/L）	779.3±24.17aA	774.9±19.92abA	771.3±9.19bBC	775.1±18.8bBC
	变异系数/%	3.10	2.57	1.19	2.43
2009	平均值/（g/L）	749.0±24.95aB	726.1±23.66bB	759.1±18.13aD	745.0±26.08D
	变异系数/%	3.33	3.26	2.39	3.50
2010	平均值/（g/L）	788.0±17.25aA	775.4±14.45bA	782.6±17.63abA	782.0±17.11A
	变异系数/%	2.19	1.86	2.25	2.19
2011	平均值/（g/L）	783.2±17.20aA	770.6±21.26bA	780.6±17.35aA	777.9±19.33ABC
	变异系数/%	2.20	2.76	2.22	2.49
2012	平均值/（g/L）	789.0±22.41aA	774.4±17.46bA	778.9±15.45abAB	780.8±19.43AB
	变异系数/%	2.84	2.26	1.98	2.49
2013	平均值/（g/L）	780.7±23.11aA	771.3±21.92bA	766.4±20.81bCD	772.9±22.68C
	变异系数/%	2.96	2.84	2.71	2.93
2008～2013	平均值/（g/L）	778.1±25.3a	766.2±26.03b	773.3±18.20a	772.5±23.92
	变异系数/%	3.25	3.40	2.35	3.10

年份之间进行方差分析可知，不同年份间陕西关中地区大田小麦籽粒容重具有显著差异，其中 2010 年最高，2009 年和 2013 年最低，且 2009 年又显著低于 2013 年，是抽样 6 年间容重最低的年份。从不同地区来看，渭南地区和咸阳地区籽粒容重年份间变化较小，仅 2009 年明显偏低，其他年份无显著差异。而宝鸡地区籽粒容重变化较大，最高年份为 2010 年和 2011 年，最低年份为 2009 年，其他年份居中。

3.2.1.3 籽粒硬度指数

2008～2013 年陕西关中地区 497 份大田小麦样品籽粒硬度指数平均值为（53.2±8.0）%，变异系数为 15.03%，变幅为 26.5%～70.5%，变异较大。不同地区间进行方差分析可知，地区 6 年总平均值无显著差异。而从不同年份来看，2008 年和 2010 年三地区亦无显著差异。其他年份以宝鸡地区籽粒硬度指数较高，分别是 2009 年显著高于渭南地区（与咸阳地区无显著差异），2011 年宝鸡地区与渭南地区显著高于咸阳地区，2012 年宝鸡地区显著高于渭南地区和咸阳地区（后二者之间差异不显著），2013 年宝鸡地区显著高于渭南地区，而渭南地区又显著高于咸阳地区（$P<0.05$，表 5-4）。

表 5-4 2008～2013 年陕西关中地区大田小麦籽粒硬度指数

年份 \ 地区		渭南	咸阳	宝鸡	关中地区
2008	平均值/%	59.12±5.11aA	60.06±4.27aA	58.44±3.09aA	59.21±4.24A
	变异系数/%	8.56	7.11	5.29	7.15
2009	平均值/%	50.54±3.18bC	52.51±1.87aC	51.56±2.17abc	51.53±2.57D
	变异系数/%	6.29	3.56	4.20	5.00
2010	平均值/%	54.70±4.17aB	54.11±3.49aBC	55.19±4.99aB	54.67±4.23C
	变异系数/%	7.62	6.45	9.05	7.74
2011	平均值/%	57.57±2.71abA	55.55±5.03bB	59.40±1.96aA	57.46±3.84B
	变异系数/%	4.71	9.05	3.31	6.67
2012	平均值/%	55.19±4.27bB	55.80±4.33bB	59.37±2.06aA	56.79±4.10B
	变异系数/%	7.74	7.76	3.46	7.23
2013	平均值/%	37.89±4.44bD	36.30±4.97cD	40.85±2.19aD	38.31±4.46D
	变异系数/%	11.72	13.68	5.36	11.64
2008～2013	平均值/%	52.61±8.13a	52.58±8.62a	54.29±7.12a	53.16±7.99
	变异系数/%	15.45	16.39	13.11	15.03

年份之间进行方差分析可知，不同年份间陕西关中地区大田小麦籽粒硬度指数具有显著差异，其中 2008 年最高，2009 年和 2013 年最低。从不同地区来看，各地区均以 2013 年为最低，渭南地区最高年份为 2008 年和 2011 年，咸阳地区以 2008 年为最高，宝鸡地区以 2008 年、2011 年和 2012 年最高（$P<0.05$，表 5-4）。

3.2.1.4　籽粒降落数值

2008～2013 年陕西关中地区 497 份大田小麦样品籽粒降落数值平均值为（377±95）s，变异系数为 25.20%，变幅为 110～607s，变异较大，绝大多数样品不低于 300s。不同地区进行方差分析可知，渭南地区大田小麦样品降落数值［(415±78) s］显著高于咸阳地区［(358±94) s］和宝鸡地区［(358±99) s］。从不同年份来看，地区间变异较大。2008 年降落数值从高到低依次为渭南地区、宝鸡地区、咸阳地区，三者之间均达到显著差异。2009 年宝鸡地区显著高于咸阳地区，渭南地区介于二者之间且与二者差异均不显著。2010 年和 2011 年渭南地区显著高于宝鸡地区和咸阳地区（后二者之间无显著差异）。2012 年和 2013 年降落数值从高到低依次为渭南地区、咸阳地区、宝鸡地区，三者之间均达到显著差异（P<0.05，表 5-5）。

表 5-5　2008～2013 年陕西关中地区大田小麦籽粒降落数值

年份＼地区		渭南	咸阳	宝鸡	关中地区
2008	平均值/s	416±41aB	350±56cB	396±22bB	387±50B
	变异系数/%	9.94	15.91	5.55	12.94
2009	平均值/s	403±76abB	389±81bAB	491±61aA	428±85A
	变异系数/%	18.90	20.76	12.39	19.90
2010	平均值/s	382±66aBC	301±102bC	301±79bC	328±91C
	变异系数/%	17.35	33.94	26.37	27.83
2011	平均值/s	461±63aA	415±57bA	393±65bB	423±67A
	变异系数/%	13.63	13.71	16.60	15.89
2012	平均值/s	474±49aA	396±97bA	310±58cC	394±97B
	变异系数/%	10.40	24.51	18.74	24.72
2013	平均值/s	355±95aC	293±95bC	252±70D	301±97D
	变异系数/%	26.88	32.29	27.65	32.24
2008～2013	平均值/s	415±78a	358±94b	358±99b	377±95
	变异系数/%	18.80	26.26	27.65	25.20

年份之间进行方差分析可知，不同年份间陕西关中地区大田小麦籽粒降落数值有显著差异，2009 年和 2011 年关中三市大田小麦降落数值之间没有显著差异，两年均显著高于其余 4 年，2013 年最低。从不同地区来看，渭南地区 2011 年和 2012 年最高，2013 年最低。咸阳地区 2011 年和 2012 年最高，2010 年和 2013 年最低。宝鸡地区年份间变异较大，2009 年最高，2013 年最低，显著低于其余 5 年（P<0.05，表 5-5）。

3.2.2　籽粒蛋白质性状

3.2.2.1　籽粒蛋白质含量

2008～2013 年陕西关中地区 497 份大田小麦样品籽粒蛋白质含量平均值为

（14.0± 0.8）%，变异系数为 5.91%，变幅为 11.3%～16.7%，变异较小。关中地区大田小麦籽粒蛋白质含量平均值符合《优质小麦　强筋小麦（GB/T 17892—1999）》标准二级优质小麦的要求。不同地区间进行方差分析可知，宝鸡地区籽粒蛋白质含量显著高于渭南地区，咸阳地区介于二者之间且与二者均没有显著差异。从不同年份来看，2010～2012 年三年间三个地区之间没有显著差异。2008 年和 2013 年宝鸡地区大田小麦籽粒蛋白质含量显著高于渭南地区和咸阳地区，而 2009 年是渭南和咸阳地区显著高于宝鸡地区。值得一提的是，抽样 6 年间渭南和咸阳两地区大田小麦的蛋白质含量均无显著差异（$P<0.05$，表 5-6）。

表 5-6　2008～2013 年陕西关中地区大田小麦籽粒蛋白质含量

年份 \ 地区		渭南	咸阳	宝鸡	关中地区
2008	平均值/%	14.09±1.05bA	14.32±1.07bAB	14.97±0.33aA	14.46±0.95A
	变异系数/%	7.47	7.46	2.18	6.57
2009	平均值/%	14.30±0.84aA	14.66±0.73aA	13.75±0.50bC	14.23±0.79B
	变异系数/%	5.88	4.98	3.64	5.55
2010	平均值/%	14.15±0.57aA	14.12±0.63aBC	14.29±0.51aB	14.19±0.57B
	变异系数/%	4.00	4.45	3.58	4.00
2011	平均值/%	14.07±0.55aA	13.82±0.81aC	13.69±0.33aC	13.86±0.61C
	变异系数/%	3.88	5.87	2.37	4.43
2012	平均值/%	14.09±0.56aA	14.03±0.83aBC	14.24±0.57aB	14.12±0.67B
	变异系数/%	3.97	5.93	4.03	4.71
2013	平均值/%	13.01±0.67bB	13.06±0.69bD	13.75±0.84aC	13.27±0.81D
	变异系数/%	5.15	5.27	6.14	6.07
2008～2013	平均值/%	13.96±0.84b	14.01±0.93ab	14.14±0.70a	14.04±0.83
	变异系数/%	6.02	6.64	4.95	5.91

年份之间进行方差分析可知，不同年份间陕西关中地区大田小麦籽粒蛋白质含量存在显著差异。2008 年籽粒蛋白质含量平均值最高，2009 年、2010 年、2012 年次之，2011 年再次之，2013 年最低，显著低于其余 6 年。从不同地区来看，三个地区大田小麦籽粒蛋白质含量年份间变化与关中地区整体一致（$P<0.05$，表 5-6），但呈逐年下降趋势。

3.2.2.2　湿面筋含量

2008～2013 年陕西关中地区 497 份大田小麦样品湿面筋含量平均值为（34.2±3.8）%，变异系数为 11.22%，变幅为 21.6%～46.7%，变异较大。不同地区间进行方差分析可知，三个地区间湿面筋含量平均值没有显著差异。从不同年份来看，除 2009 年之外，其余 5 年三个地区湿面筋含量没有显著差异。2009 年咸阳地区显著高于宝鸡地区，渭南地区与咸阳地区之间没有显著差异（$P<0.05$，表 5-7）。

表 5-7　2008～2013 年陕西关中地区大田小麦湿面筋含量

年份	地区	渭南	咸阳	宝鸡	关中地区
2008	平均值/%	35.70±4.17aA	33.98±4.60aCD	34.68±3.67aB	34.78±4.18B
	变异系数/%	11.67	13.53	10.59	12.01
2009	平均值/%	33.72±4.25abB	34.90±3.10aBC	31.76±2.26bC	33.44±3.52C
	变异系数/%	12.60	8.88	7.13	10.51
2010	平均值/%	32.63±2.39aB	32.77±2.04aD	32.58±2.13aC	32.66±2.16C
	变异系数/%	7.31	6.22	6.54	6.63
2011	平均值/%	36.90±3.06aA	36.21±2.86aAB	34.93±4.25aB	36.02±3.49B
	变异系数/%	8.30	7.89	12.17	9.68
2012	平均值/%	37.14±2.66aA	36.95±2.94aA	36.87±2.03aA	36.99±2.54A
	变异系数/%	7.15	7.96	5.51	6.87
2013	平均值/%	29.97±2.74bC	30.63±2.92bE	32.65±2.70aC	31.06±3.00D
	变异系数/%	9.14	9.53	8.26	9.64
2008～2013	平均值/%	34.22±4.24a	34.27±3.79a	33.96±3.42a	34.15±3.83
	变异系数/%	12.39	11.06	10.07	11.22

年份之间进行方差分析可知，2012 年关中地区样品湿面筋含量最高，平均值达 36.99%，显著高于其余 5 年；2013 年湿面筋含量最低（31.06%），且显著低于其他年份。居中的 4 年中，2008 年和 2011 年较高，无显著差异，2009 年和 2010 年较低且两年间没有显著差异（$P<0.05$，表 2-7）。从不同地区来看，不同地区间大田小麦湿面筋含量年份间变化不尽一致。渭南地区最高年份为 2008 年、2011 年和 2012 年，三年间无显著差异。最低为 2013 年，显著低于其他年份。其余两年居中，且两年间无显著差异。咸阳地区 2012 年最高，2013 年最低，且 2013 年与其他年份均达到显著差异。宝鸡地区 2012 年最高，2013 年最低，且 2012 年与其他年份均达到显著差异。

3.2.2.3　沉降指数

2008～2013 年陕西关中地区 497 份大田小麦样品籽粒沉降指数平均值为（29.7±6.6）mL，变异系数为 22.14%，变幅为 12.3～51.0mL，变异较大。不同地区间进行方差分析可知，渭南地区大田小麦沉降指数［（31.6±7.2）mL］显著高于咸阳地区［（28.9±6.6）mL］和宝鸡地区［（28.6±6.6）mL］，后二者之间没有显著差异。从不同年份来看，2010～2012 年三年间，三个地区沉降指数无显著差异，其他三年均以渭南地区最高（$P<0.05$，表 5-8）。

年份之间进行方差分析可知，不同年份之间陕西关中地区大田小麦样品籽粒沉降指数表现较为稳定，除 2011 年较低外，其他 5 年平均值无显著差异。从不同地区来看，渭南地区大田小麦样品籽粒沉降指数 2008～2010 年和 2013 年最高

表 5-8 2008～2013 年陕西关中地区大田小麦籽粒沉降指数

年份	地区	渭南	咸阳	宝鸡	关中地区
2008	平均值/mL	34.19±8.32aA	29.12±7.02bAB	29.84±4.98bA	31.02±7.18A
	变异系数/%	24.33	24.11	16.69	23.14
2009	平均值/mL	32.25±7.53aA	30.84±6.31abAB	27.64±3.86bAB	30.24±6.32A
	变异系数/%	23.35	20.46	13.97	20.91
2010	平均值/mL	32.35±6.29aA	31.58±5.20aA	29.31±6.24aA	31.08±6.00A
	变异系数/%	19.45	16.47	21.29	19.31
2011	平均值/mL	27.62±6.15aB	25.66±7.03aC	25.49±4.10aB	26.24±5.93B
	变异系数/%	22.28	27.40	16.10	22.60
2012	平均值/mL	30.55±6.39aAB	28.24±6.66aABC	29.03±5.06aA	29.27±6.08A
	变异系数/%	20.90	23.60	17.43	20.76
2013	平均值/mL	31.38±6.22aA	28.09±5.46bBC	30.45±6.75aA	29.97±6.28A
	变异系数/%	19.83	19.44	22.17	20.95
2008～2013	平均值/mL	31.59±7.20a	28.86±6.57b	28.59±5.41b	29.68±6.57
	变异系数/%	22.79	22.77	18.92	22.14

（4 年间无显著差异），2011 年最低。咸阳地区 2010 年最高，2011～2013 年最低（三年间无显著差异）。宝鸡地区 2008 年、2010 年、2012 年、2013 年等 4 年度无显著差异，居本地区最高水平，2011 年最低（$P<0.05$，表 5-8）。

3.2.3 粉质参数

3.2.3.1 面团吸水率

2008～2013 年陕西关中地区 497 份大田小麦样品面团吸水率平均值为（63.5±4.4）%，变异系数为 6.88%，变幅为 53.3%～74.3%，整体吸水率较高且变异较小。不同地区进行方差分析可知，宝鸡地区大田小麦面团吸水率［（64.9±4.5）%］显著高于渭南地区［（63.0±4.1）%］和咸阳地区［（62.8±4.2）%］，渭南地区与咸阳地区之间没有显著差异。从不同年份来看，抽样 6 年间宝鸡地区样品面团吸水率均最高，除 2011 年与渭南地区差异不显著外，其他年份均显著高于渭南或咸阳（$P<0.05$，表 5-9）。由此可见，关中地区基本呈现从东向西吸水率梯次升高的趋势。

年份之间进行方差分析可知，不同年份之间陕西关中地区大田小麦样品面团吸水率具有显著差异，2013 年最高，2011 年最低，年份之间差异多达到显著。从不同地区来看，三个地区年份间变化与陕西关中地区整体变化基本一致（$P<0.05$，表 5-9）。宝鸡地区年份间均达到统计学显著差异，这暗示着吸水率性状严格依随年份变化而变化，是年际差异明显的一个性状。

表 5-9 2008～2013 年陕西关中地区大田小麦面团吸水率

年份	地区	渭南	咸阳	宝鸡	关中地区
2008	平均值/%	62.32±3.86bC	62.26±3.47bB	64.63±1.68aC	63.08±3.30C
	变异系数/%	6.20	5.57	2.60	5.23
2009	平均值/%	61.43±2.42bCD	62.55±1.84abB	63.17±1.79aD	62.38±2.14C
	变异系数/%	3.95	2.95	2.83	3.44
2010	平均值/%	60.35±2.39bDE	61.02±1.65abB	61.54±0.75aE	60.97±1.78D
	变异系数/%	3.96	2.70	1.22	2.92
2011	平均值/%	59.66±1.62aE	58.20±2.20bC	59.47±1.41aF	59.09±1.89E
	变异系数/%	2.71	3.79	2.37	3.19
2012	平均值/%	66.12±3.26bB	66.20±4.04bA	69.39±2.21aB	67.24±3.56B
	变异系数/%	4.93	6.10	3.19	5.30
2013	平均值/%	67.92±2.91bA	66.94±3.97bA	70.90±2.14aA	68.56±3.50A
	变异系数/%	4.29	5.94	3.02	5.11
2008～2013	平均值/%	62.96±4.12b	62.80±4.23b	64.87±4.54a	63.54±4.37
	变异系数/%	6.54	6.74	7.00	6.88

3.2.3.2 面团稳定时间

2008～2013 年陕西关中地区 497 份大田小麦样品面团稳定时间平均值为（3.2±2.7）min，变异系数为 84.21%，变幅为 1.0～24.5min，变异很大。不同地区进行方差分析可知，渭南地区大田小麦面团稳定时间平均值为（3.9±3.2）min，显著高于咸阳地区和宝鸡地区，咸阳地区和宝鸡地区之间没有显著差异。从不同年份来看，2009～2011 年及 2013 年三地区间差异不显著，其余两年为渭南地区显著高于宝鸡地区，咸阳地区居中（$P<0.05$，表 5-10）。尽管从统计学角度渭南地区稳定时间高于咸阳和宝鸡，但其稳定时间仍处于较低范围。联系面团吸水率数据，渭南地区吸水率显著低于宝鸡地区，故关中地区面团稳定时间的差异仅是在稳定时间较低的情况下的差异。

年份之间进行方差分析可知，不同年份之间陕西关中地区大田小麦样品面团稳定时间平均值有差异，基本规律是每隔 2～3 年下降一个梯次。从不同地区来看，三地区下降趋势与总平均值类似（$P<0.05$，表 5-10）。

3.2.3.3 面团弱化度

2008～2013 年陕西关中地区 497 份大田小麦样品面团弱化度平均值为（132±49）BU，变异系数为 37.25%，变幅为 8～265BU，变异较大。不同地区进行方差分析可知，面团弱化度平均值从东向西逐渐增大，宝鸡地区显著高于咸阳地区，而咸阳地区又显著高于渭南地区。从不同年份来看，2009～2011 年三年间

表 5-10　2008～2013 年陕西关中地区大田小麦面团稳定时间

年份	地区	渭南	咸阳	宝鸡	关中地区
2008	平均值/min	6.01±4.21aA	4.40±4.38abA	3.09±3.12bAB	4.48±4.07A
	变异系数/%	70.04	99.45	100.94	90.85
2009	平均值/min	5.27±4.50aA	3.52±2.09aAB	3.90±2.44aA	4.24±3.25A
	变异系数/%	85.49	59.43	62.63	76.80
2010	平均值/min	2.86±1.23aB	2.57±1.34aBC	2.41±1.83aB	2.61±1.48BC
	变异系数/%	43.16	52.07	76.06	56.82
2011	平均值/min	3.47±3.15aB	2.82±0.96aBC	3.14±3.42aAB	3.13±2.69B
	变异系数/%	90.8	34.92	109.01	85.95
2012	平均值/min	2.61±0.66aB	2.19±0.89abC	1.99±0.88bB	2.27±0.85C
	变异系数/%	25.10	40.51	44.15	37.33
2013	平均值/min	2.63±0.75aB	2.46±1.53aC	2.20±1.04aB	2.43±1.15BC
	变异系数/%	28.68	62.03	47.22	47.36
2008～2013	平均值/min	3.86±3.20a	3.03±2.38b	2.80±2.42b	3.23±2.72
	变异系数/%	82.90	78.55	86.43	84.21

三地区无显著差异。2008 年和 2012 年宝鸡地区显著高于咸阳地区，而咸阳地区又显著高于渭南地区。2013 年宝鸡地区显著高于渭南地区（$P<0.05$，表 5-11）。

年份之间进行方差分析可知，不同年份之间陕西关中地区大田小麦样品面团弱化度具有显著差异，其中 2012 年最高，2008 年最低。从不同地区来看，渭南地区弱化度较稳定，除 2008 年显著低于其他年份外，其余 5 年无显著差异（$P<0.05$，表 5-11）。从弱化度指标来看，渭南地区面团粉质参数略好于宝鸡和咸阳。

3.2.4　拉伸特性

3.2.4.1　面团延伸度

2008～2013 年陕西关中地区 497 份大田小麦样品面团延伸度平均值为（19.44±2.73）cm，变异系数为 14.04%，变幅为 8.4～27.2cm，变异较大。不同地区进行方差分析可知，渭南地区和咸阳地区大田小麦样品面团延伸度显著高于宝鸡地区。从不同年份来看，2010～2013 年 4 年间三地区面团延伸度无统计学显著差异。2008 年渭南和宝鸡地区显著高于咸阳地区，2009 年渭南和咸阳地区显著高于宝鸡地区（$P<0.05$，表 5-12）。

年份之间进行方差分析可知，不同年份间陕西关中地区大田小麦面团延伸度有显著差异，2008 年整体显著低于其他年份。从 2009 年以后，每 2～3 年面团延伸度下降 1 个梯次。从不同地区来看，三个地区大田小麦面团延伸度年份间变化趋势与关中地区总趋势一致（$P<0.05$，表 5-12）。

表 5-11　2008～2013 年陕西关中地区大田小麦面团弱化度

年份 \ 地区		渭南	咸阳	宝鸡	关中地区
2008	平均值/BU	85.77±47.24cB	109.77±50.40bC	141.87±55.42aB	112.76±55.61D
	变异系数/%	55.08	45.91	39.06	49.32
2009	平均值/BU	113.93±54.78aA	131.15±48.77aBC	117.26±43.52aC	120.65±49.19CD
	变异系数/%	48.09	37.18	37.12	40.77
2010	平均值/BU	125.44±40.49aA	147.74±40.61aAB	141.15±41.45aBC	138.11±41.42B
	变异系数/%	32.88	27.49	29.36	29.99
2011	平均值/BU	126.85±45.81aA	123.72±26.24aC	134.70±38.80aBC	128.31±37.41BC
	变异系数/%	36.11	21.2	28.81	29.16
2012	平均值/BU	134.04±27.51cA	158.63±48.46bA	188.33±42.16aA	160.33±45.67A
	变异系数/%	20.52	30.55	22.38	28.48
2013	平均值/BU	112.48±4.75bA	131.63±42.57abBC	151.81±52.43aB	131.73±47.67BC
	变异系数/%	36.22	32.34	34.54	36.19
2008～2013	平均值/BU	115.86±45.87c	133.10±45.85b	168.88±50.88a	131.95±49.15
	变异系数/%	39.59	34.45	34.64	37.25

表 5-12　2008～2013 年陕西关中地区大田小麦面团延伸度

年份 \ 地区		渭南	咸阳	宝鸡	关中地区
2008	平均值/mm	18.61±2.45aD	15.77±2.80bC	17.45±1.76aB	17.26±2.62D
	变异系数/%	13.14	17.75	10.08	15.19
2009	平均值/mm	21.56±1.87aA	22.50±2.22aA	19.56±1.50bA	21.19±2.23A
	变异系数/%	8.67	9.87	7.69	10.52
2010	平均值/mm	19.58±2.17aBC	21.67±7.25aB	20.44±1.55aA	20.25±2.00AB
	变异系数/%	10.95	33.45	7.58	9.89
2011	平均值/mm	20.14±2.67aB	20.01±2.93aB	19.42±2.00aA	19.86±2.56B
	变异系数/%	13.25	14.64	10.31	12.89
2012	平均值/mm	19.94±2.42aB	19.59±2.57aB	19.38±2.48aA	19.64±2.47B
	变异系数/%	12.16	13.11	12.79	12.58
2013	平均值/mm	19.94±2.42aCD	19.59±2.57aB	17.59±2.92aB	18.67±2.62C
	变异系数/%	12.16	13.11	12.79	12.58
2008～2013	平均值/mm	19.79±2.47a	19.57±3.26a	18.95±2.33b	19.44±2.73
	变异系数/%	12.48	16.66	12.30	14.04

3.2.4.2　面团拉伸阻力（5cm）

2008～2013 年陕西关中地区 497 份大田小麦样品面团拉伸阻力（5cm）平均值为（167.0±121.8）BU，变异系数为 72.93%，变幅为 11～920BU，变异很大。

不同地区进行方差分析可知，三个地区间大田小麦样品面团拉伸阻力（5cm）有一定差异，其中渭南地区最大，宝鸡地区最小（与渭南有显著差异），咸阳地区介于二者之间，且与二者差异均不显著。从不同年份来看，除2008年渭南地区和咸阳地区显著高于宝鸡地区外，其余5年三地区之间平均值无显著差异（P<0.05，表5-13）。

表5-13　2008～2013年陕西关中地区大田小麦面团5cm处拉伸阻力

年份	地区	渭南	咸阳	宝鸡	关中地区
2008	平均值/BU	269.2±122.90aA	365.4±223.75aA	195.2±119.01bA	276.7±175.92A
	变异系数/%	45.66	61.24	60.96	63.58
2009	平均值/BU	243.04±134.64aA	197.33±104.66aB	179.22±95.30aAB	206.64±114.72B
	变异系数/%	55.40	53.04	53.18	55.51
2010	平均值/BU	174.91±72.53aB	168.09±61.69aBC	182.96±108.42aA	175.32±82.49C
	变异系数/%	41.47	36.70	59.26	47.05
2011	平均值/BU	125.30±48.99aC	134.52±30.94aC	132.37±76.53aBC	130.82±54.41D
	变异系数/%	39.10	23.00	57.81	41.59
2012	平均值/BU	124.26±35.60aC	112.48±52.39aC	101.07±54.64aC	112.30±68.97D
	变异系数/%	28.65	46.58	54.06	52.53
2013	平均值/BU	123.52±33.34aC	118.56±75.02aC	98.04±62.56aC	113.56±59.82D
	变异系数/%	26.99	63.28	63.81	52.67
2008～2013	平均值/BU	181.0±105a	172.9±152.4ab	146.8±98.86b	167.0±121.8
	变异系数/%	58.01	88.14	67.30	72.93

年份之间进行方差分析可知，不同年份间陕西关中地区大田小麦面团拉伸阻力（5cm）有显著差异，2008年最高，显著高于其余5年，2011～2013年最低。从2008年之后每年递减，至2011年后在较低水平稳定。从不同地区来看，三个地区大田小麦面团拉伸阻力(5cm)年份间变化趋势与陕西关中地区一致(P<0.05，表5-13)。

3.2.4.3　面团最大拉伸阻力

2008～2013年陕西关中地区497份大田小麦样品面团最大拉伸阻力平均值为（228.1±179.8）BU，变异系数为78.83%，变幅为51.0～960.5BU，变异很大。不同地区进行方差分析可知，渭南地区和咸阳地区大田小麦样品面团最大拉伸阻力显著高于宝鸡地区。从不同年份来看，除2008年渭南和咸阳地区显著高于宝鸡地区外，其余5年三地区之间平均值无显著差异（P<0.05，表5-14）。

年份之间进行方差分析可知，不同年份间陕西关中地区大田小麦面团最大拉伸阻力有显著差异，2008年最高，显著高于其余6年，2011～2013年最低。从2008年之后每年递减，至2011年后在较低水平稳定。从不同地区来看，三个地区

表 5-14　2008～2013 年陕西关中地区大田小麦面团最大拉伸阻力

年份	地区	渭南	咸阳	宝鸡	关中地区
2008	平均值/BU	396.2±163.53aA	478.8±275.31aA	249.3±184.67bA	374.5±232.28A
	变异系数/%	41.28	57.50	74.07	62.02
2009	平均值/BU	368.06±247.90aA	290.31±191.36aB	240.06±156.01aAB	299.59±206.56B
	变异系数/%	67.35	65.92	64.99	68.95
2010	平均值/BU	221.41±120.17aB	219.67±111.71aBC	254.44±212.40aA	235.17±153.70C
	变异系数/%	51.93	50.86	83.48	65.35
2011	平均值/BU	165.00±87.91aBC	169.66±49.97aCD	168.78±119.64aBC	167.86±88.58D
	变异系数/%	53.28	29.45	70.89	52.77
2012	平均值/BU	143.00±50.15aC	132.30±74.99aD	118.59±78.67aC	131.30±68.97D
	变异系数/%	35.07	56.68	66.34	52.53
2013	平均值/BU	140.48±49.21aC	134.44+95.35aD	119.15±87.46aC	131.51±79.31D
	变异系数/%	35.03	70.92	73.40	60.31
2008～2013	平均值/BU	247.9±175.1a	242.3±199.6a	193.6±158.5b	228.1±179.8
	变异系数/%	70.63	82.38	81.87	78.83

大田小麦面团最大拉伸阻力年份间变化趋势与陕西关中地区一致（$P<0.05$，表 5-14）。其总体规律及分地区统计与 5cm 拉伸阻力相似。

3.2.4.4　面团拉伸能量

2008～2013 年陕西关中地区 497 份大田小麦样品面团拉伸能量平均值为（60.4± 42.0）cm^2，变异系数为 69.50%，变幅为 8.0～271.9cm^2，变异很大。不同地区进行方差分析可知，渭南地区和咸阳地区大田小麦样品面团拉伸能量显著高于宝鸡地区。从不同年份来看，2010 年、2011 年三地区之间没有显著差异。2008 年渭南和咸阳地区样品平均值显著高于宝鸡地区。2009 年、2012 年、2013 年这三年均为渭南地区显著高于宝鸡地区，咸阳地区居中且与二者差异均不显著（$P<0.05$，表 5-15）。

年份之间进行方差分析可知，不同年份间关中地区大田小麦面团拉伸能量有显著差异，2008 年和 2009 年最高，显著高于其余 4 年，2012 年与 2013 年之间没有显著差异，为 6 年最低。总体趋势是每两年下降一个梯次。从不同地区来看，三地区各自的变化趋势与拉伸能量总平均值变化趋势相同（$P<0.05$，表 5-15）。

综观 2008～2013 年 6 年间陕西关中地区 497 份大田小麦样品籽粒质量分析结果，陕西关中地区大田小麦籽粒物理性状适中，千粒重较大[平均值（39.8±4.3）g]，容重平均达到二级商品小麦标准 [平均值（772.5±23.9）g/L]，籽粒硬度指数中等[平均值（53.2±8.0）%]，籽粒降落数值较高 [平均值（377±95）s]，说明抽样 6 年间陕西关中地区未发生重大自然灾害，取样可代表平均水平。

表 5-15 2008～2013 年陕西关中地区大田小麦面团拉伸能量

年份	地区	渭南	咸阳	宝鸡	关中地区
2008	平均值/cm^2	94.8±34.49aA	91.5±46.27aA	60.0±47.70AB	82.0±45.66A
	变异系数/%	36.38	50.58	79.50	55.71
2009	平均值/cm^2	105.88±64.24aA	90.99±57.01abA	64.80±37.13bAB	87.18±56.00A
	变异系数/%	60.67	62.66	57.30	64.24
2010	平均值/cm^2	64.69±31.86aB	63.61±28.94aB	71.29±49.64aA	66.53±37.61B
	变异系数/%	49.26	45.49	69.63	56.53
2011	平均值/cm^2	48.89±24.41aBC	50.76±15.34aBC	46.78±25.27aBC	48.86±21.78C
	变异系数/%	49.93	30.23	54.03	44.59
2012	平均值/cm^2	42.81±14.91aC	37.07±22.74abC	31.33±18.95bC	37.07±19.48D
	变异系数/%	34.83	61.34	60.48	52.53
2013	平均值/cm^2	39.74±14.04aC	36.85±18.21abC	28.42±20.71bC	35.09±18.24D
	变异系数/%	35.33	49.41	72.86	51.99
2008～2013	平均值/cm^2	67.96±43.84a	62.21±41.40a	50.81±38.87b	60.39±41.97
	变异系数/%	64.51	66.55	76.50	69.50

关中小麦籽粒蛋白质含量[平均值(14.0±0.8)%]、湿面筋含量[平均值(34.2±3.8)%]较高，是其特点之一，但籽粒沉降指数［平均值（29.7±6.6）mL］较低，说明其不适合于面包小麦用途。

从粉质参数和拉伸参数分析结果来看，关中小麦粉质参数较差，表现为面团稳定时间［平均值（3.2±2.7）min］低，弱化度［平均值为（132±49）BU］高，但面团吸水率［平均值（63.5±4.4）%］亦较高，可与高筋力低吸水率的小麦搭配使用。拉伸参数除面团延伸度［平均值为（194.4±27.3）mm］较高外，拉伸阻力和拉伸能量均较低。

关中小麦籽粒质量的地理区位差异明显。由东向西面团吸水率逐渐增大，稳定时间降低，弱化度增加。拉伸长度均较大，但拉伸阻力和拉伸能量以东部（渭南）较高，西部（宝鸡）较低，中部（咸阳）居中。

关中小麦籽粒质量的年际差异明显。近 6 年来，粉质参数和拉伸参数有劣变趋势。面团吸水率在年份间差异显著，是今后应逐年跟踪的一个质量性状。

3.3 陕西关中地区大田小麦籽粒质量空间分布特征

3.3.1 容重空间分布特征

将 2008～2013 年 6 年间陕西关中地区大田抽样所得样品质量性状测定值与其位置分布信息用 ArcGIS 软件，采用普通克里格（ordinary Kriging）内插法计算其空间分布特征，得容重空间分布图，如图 5-12 所示。由图 5-12 可以看出，在沿渭河盆地从西向东的“八百里秦川”区域，容重分布呈现“两端高，中间低”的分布。宝鸡西部和渭南大部的容重在 770g/L 以上，而中部的咸阳地区容重较低。在南北方向，容重无明显分布规律。

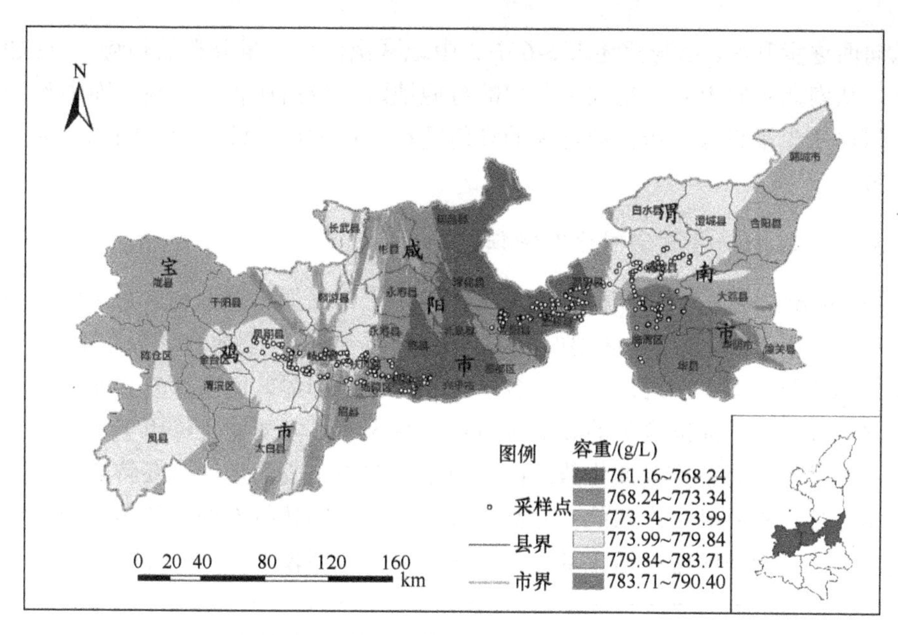

图 5-12　2011 年陕西地区大田小麦容重空间分布图（彩图请扫二维码）

3.3.2　籽粒蛋白质含量空间分布特征

由 2008～2013 年 6 年间陕西关中地区大田小麦籽粒蛋白质含量空间分布图（图 5-13）可以看出，在关中地区，小麦籽粒蛋白质含量分布有明显的趋势。首先，

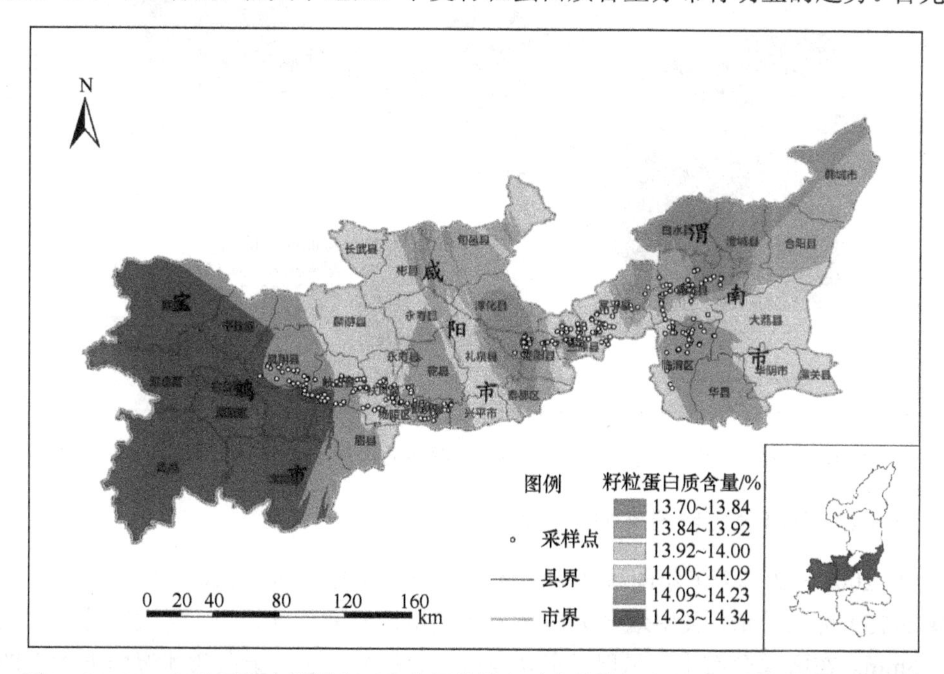

图 5-13　2011 年陕西关中地区大田小麦籽粒蛋白质含量空间分布图（彩图请扫二维码）

从东向西逐步升高。这与前述表 5-6 中关中地区蛋白质含量分布的趋势是一致的。此外，从南北走向上看，在关中北部的台塬地区，蛋白质含量较高，而中部的平原区蛋白质含量较低。蛋白质含量的高值区在宝鸡大部，渭南南部的临渭区、华县一带。

3.3.3 湿面筋含量空间分布特征

由 2008～2013 年 6 年间陕西关中大田小麦样品面粉湿面筋含量空间分布图（图 5-14）可以看出，关中地区湿面筋含量的分布情况与蛋白质含量分布不尽一致，总体平均值较高。关中地区湿面筋含量南北差异不明显，而东西差异明显，从东向西逐渐升高。湿面筋含量的高值区包括宝鸡大部，湿面筋含量历年平均达 34%以上，是发展谷朊粉产业的优势地区，也是宝鸡市小麦品质的重要特点。咸阳北部的旬邑县、长武县，东部的三原县、咸阳市辖区等传统农业县的小麦湿面筋含量也较高。渭南地区湿面筋含量比较平均，但仍达到较高水平（30%以上）。

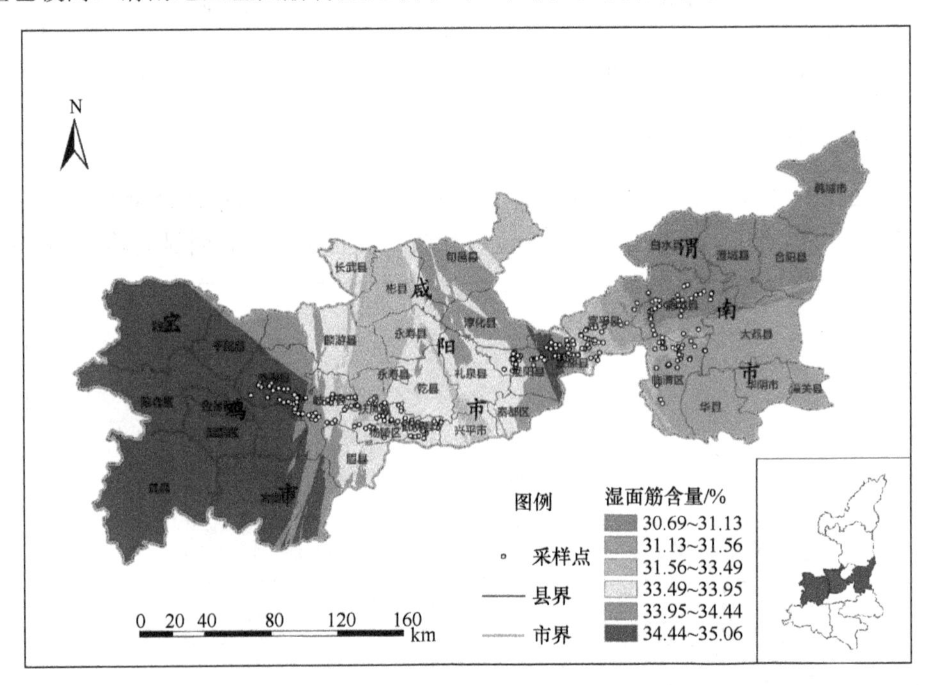

图 5-14　2011 年陕西关中地区大田小麦样品面粉湿面筋含量空间分布图（彩图请扫二维码）

3.3.4 面团稳定时间空间分布特征

由 2008～2013 年 6 年间陕西关中地区大田小麦籽粒面团稳定时间空间分布图（图 5-15）可以看出，关中地区大田小麦面团稳定时间整体较低，绝大部分区域为 2～5min。在区域分布上，呈现“东高西低”的趋势，这与蛋白质和湿面筋含量的

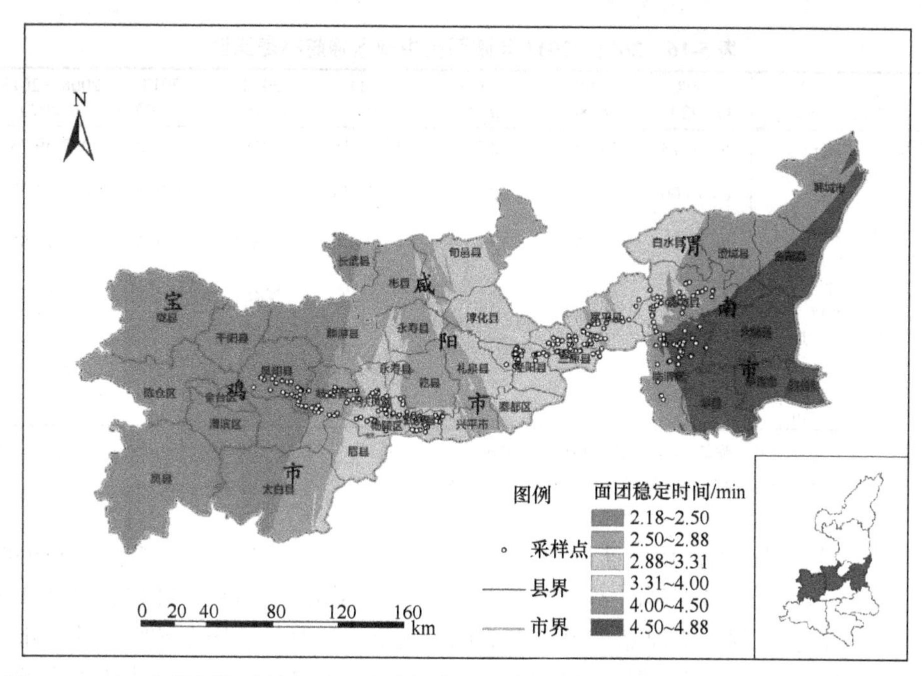

图 5-15　2011 年陕西关中地区大田小麦籽粒面团稳定时间空间分布图（彩图请扫二维码）

趋势正好相反。分析其原因，可能是由于关中西部小麦面团吸水率过高，导致面团稳定时间偏低。如前所述，关中地区小麦的蛋白质含量、湿面筋含量均较高，但稳定时间较短，适合于生产中筋类型的面条、馒头等产品，既不适合于高筋类型的面包、方便面的生产，又不适合于低筋类型的天使蛋糕、酥性饼干的生产。渭南地区稳定时间稍长，而宝鸡大部的稳定时间均较短（2～3min）。

3.4　陕西关中地区优质小麦生产现状

参照《优质小麦　强筋小麦（GB/T 17892—1999）》标准，对 2008～2013 年陕西关中地区抽取的 497 份大田小麦样品优质率统计分析可知，分别以容重、蛋白质含量、湿面筋含量和稳定时间等 4 项单项指标符合程度判断，单项达到《优质小麦　强筋小麦》二等标准的比例分别为 59.76%、53.52%、71.83%、6.44%。依据标准规定的判别原则，以容重、蛋白质含量、湿面筋含量和稳定时间 4 个指标同时满足要求进行判别，2008～2013 年陕西关中地区大田小麦样品中仅有 1.61%达到《优质小麦　强筋小麦》二等标准（表 5-16）。从单项性状达到优质强筋比例来看，湿面筋含量比例最高，其次是容重、籽粒蛋白质含量，面团稳定时间达到优质强筋比例最低。调查结果说明，陕西关中地区符合标准的优质强筋比例很低。关中地区小麦面粉蛋白质含量和湿面筋含量高，是其显著特点，但稳定时间短，使优质率很低。在优质专用面粉开发过程中，只能与其他地区蛋白质和湿面筋含量中等、面团吸水率低、稳定时间长的小麦（面粉）搭配使用。

表 5-16　2008～2013 年陕西关中地区强筋小麦比例

品质性状 \ 年份	2008 (n=92)	2009 (n=80)	2010 (n=81)	2011 (n=83)	2012 (n=81)	2013 (n=80)	2008～2013 (n=497)
容重（≥770g/L）	59/64.13	18/22.50	62/76.54	51/61.45	62/76.54	45/56.25	297/59.76
蛋白质含量（≥14.0%）	69/75.00	50/62.50	60/74.07	26/31.33	45/55.56	16/20.00	266/53.52
湿面筋含量（≥32%）	76/82.61	55/68.75	55/67.90	62/74.70	80/98.77	29/36.25	357/71.83
稳定时间（≥7.0min）	14/15.22	13/16.25	3/3.70	1/1.20	0/0	1/1.25	32/6.44
容重≥770g/L 蛋白质含量≥14.0% 湿面筋含量≥32% 稳定时间≥7.0min	7/7.61	1/1.25	0/0	0/0	0/0	0/0	8/1.61

注：参照《优质小麦　强筋小麦（GB/T 17892—1999）》。“59/64.13”中的“59”表示达标样品数量为 59，“64.13”表示达标样品数量占样品总数的百分比为 64.13%。其余以此类推

年份间大田小麦优质强筋样品所占比例不同。容重是衡量小麦籽粒质量的综合性状之一，受年份间环境因素和遗传因素的共同影响。2009 年籽粒较秕瘦（千粒重低），容重达到二级商品小麦以上的比例较低，其他年份均在 50%以上。蛋白质含量年份间差异明显，但总体较高。湿面筋含量除 2013 年外，其他年份超过 32%的比例均高，特别是 2012 年，81 个样品中有 80 个湿面筋含量超过 32%。值得指出的是，该年度样品稳定时间最大值仅 4.4min，无一样品稳定时间达到强筋小麦二级以上（≥7.0min）。这一年度是一个突出的例证，体现出关中小麦高蛋白质含量、高湿面筋含量及低稳定时间的优势和劣势。稳定时间偏低是造成关中地区整体优质强筋比例偏低的限制性因素。而从抽样数据来看，6 年来稳定时间达标和上述 4 项性状同时达标的样品数在逐年减少，特别是自 2010 年以来的 4 年，无一样品 4 项性状均达标。

关中地区小麦湿面筋含量高，以湿面筋为调查指标，6 年间 497 个样品仅有 1 个（2008 年在三原县嵯峨乡抽取的 1 个绵阳 26 样品）达到优质弱筋小麦的要求（≤22.0%），但其蛋白质超标。故 6 年间各项质量性状均达标的优质弱筋小麦数量为 0。结果说明，该区域不适宜生产弱筋小麦。

四、小结与展望

4.1　小结

（1）2008～2013 年陕西关中地区抽取的 497 份小麦样品涉及 51 个小麦品种（系）。累计样品数量居前五位的品种依次为小偃 22（306）、西农 979（36）、西农 889（17）、豫麦 49（15）和西农 88（13），占全部抽样量的 77.9%。小偃 22 小麦品种数量连续 6 年居陕西关中地区样品总数第一位，为当地主栽小麦品种。其余

优质品种中，西农 979 的抽样数居第一位。从小麦品种构成来看，陕西关中地区大田平均种植小麦品种数为 17 个/年，品种数量较多。

（2）2008～2013 年陕西关中地区 497 份大田小麦样品籽粒质量分析结果可知，陕西关中地区大田小麦籽粒千粒重平均值为（39.84±4.25）g，变幅为 18.84～52.39g；容重平均值为（772.5±23.9）g/L，变幅为 672～830g/L；籽粒硬度指数平均值为（53.2±8.0）%，变幅为 26.5%～70.5%；降落数值平均值为（377±95）s，变幅为 110～607s；籽粒蛋白质含量平均值为（14.0±0.8）%，变幅为 11.3%～16.7%；湿面筋含量平均值为（34.2±3.8）%，变幅为 21.6%～46.7%；籽粒沉降指数平均值为（29.7±6.8）mL，变幅为 12.3～51.0mL；面团吸水率平均值为（63.5±4.4）%，变幅为 53.3%～74.3%；面团稳定时间平均值为（3.2±2.7）min，变幅为 1.0～24.5min；面团弱化度平均值为（132±49）BU，变幅为 8～265BU；面团延伸度平均值为（19.44±2.73）cm，变幅为 8.4～27.2cm；面团最大拉伸阻力平均值为（228.1±179.8）BU，变幅为 36.0～907.5BU；面团拉伸能量平均值为（60.4± 42.0）cm^2，变幅为 8.0～271.9cm^2。

陕西关中地区大田小麦籽粒容重、籽粒蛋白质含量、湿面筋含量较高，面团稳定时间较低。其中容重、蛋白质含量、湿面筋含量整体平均值均达到《优质小麦　强筋小麦（GB/T 17892—1999）》标准。关中地区大田小麦质量为中强筋类型。抽样调查中未发现符合优质弱筋小麦标准的小麦样品。

（3）陕西关中地区大田小麦籽粒质量空间变异特征显示，陕西关中地区大田小麦容重呈现“两端高，中间低”的趋势。高值区主要位于渭南地区东部和宝鸡地区西部。籽粒蛋白质含量空间变化呈现由东至西逐渐升高的趋势，且该区域北部台塬地区蛋白质含量较高。高值区主要分布在宝鸡大部，咸阳北部和渭南北部的蒲城县、澄城县一部和白水县一部。湿面筋含量空间变化与蛋白质含量分布不尽一致，其东西差异和南北差异均不明显，但仍存在一些高值区。如宝鸡北部的岐山县、扶风县、麟游县、千阳县一部和陇县一部，湿面筋含量达 36%以上。咸阳南部的兴平市、咸阳市辖区、礼泉县一部和泾阳县一部湿面筋含量也较高。渭南地区湿面筋含量比较平均，但仍达到较高水平（32%以上）。面团稳定时间整体水平较低，绝大部分区域为 2～3min。高值区主要位于渭南地区和咸阳地区北部。

（4）参照《优质小麦　强筋小麦（GB/T 17892—1999）》和《优质小麦　弱筋小麦（GB/T 17893—1999）》，对 2008～2013 年陕西关中地区抽取的 497 份大田小麦样品优质率统计分析结果为，以容重、蛋白质含量、湿面筋含量和稳定时间 4 个指标同时满足要求作为判断依据，陕西关中地区大田小麦样品中仅有 1.61%达到《优质小麦　强筋小麦》二等标准；没有样品达到《优质小麦　弱筋小麦》标准。面团稳定时间低是造成陕西关中地区优质小麦比例较低的限制性因素。

4.2 展望

4.2.1 存在问题

1）优质小麦品种占比较低

抽样 6 年间，包括西农 979、西农 889、西农 88、豫麦 49 等在内的优质小麦品种在样品数量上占比为 16.8%，整体仍然偏低。当地主栽品种小偃 22 一家独大，这与其丰产性、稳产性和易于轻简化作业有关。优质品种一般需要较多的水肥投入，或者由于稳产性、适应性等种种原因，使其虽有长足发展，但仍不能形成集中连片的规模化种植和示范效应，从而妨碍了优质小麦基地的形成。此外，关中地区种植小麦品种多（抽样所及，平均每年 17 个），品种更新换代缓慢，一些 20 世纪 80 年代的品种（如阿勃）仍在种植，这也拖缓了优质品种的推广进程。

2）对优质适生区的研究不够，优质优栽难以落实

以往的小麦质量研究对籽粒内在质量分析较多，但未能与其所在的地理信息联系起来考虑。关中地区小麦蛋白质含量、湿面筋含量、面团吸水率高，是其显著特点，但面团稳定时间短、弱化度高，不适应生产强筋类食品。尽管其存在“短板”，但不能否认其在本土食品特别是一些传统名优面制食品方面的用途。本研究报告引入地统计方法，对关中地区小麦质量的部分性状进行了初步分析，得到的结论可以指导今后优质小麦适生区的选择和优质小麦生产基地建设。如渭南地区，其小麦样品籽粒性状好，蛋白质性状比较协调，适宜于发展中强筋小麦。咸阳地区地理位置居于关中中部，其多数质量性状也较为适中，适宜于发展家用、民用的优质面粉。宝鸡地区蛋白质含量、面团吸水率突出，但面团稳定时间短，适宜于和优质强筋小麦搭配使用，提高其蛋白质、湿面筋含量，增加出品率。

本次调研中，发现不少优质品种样品的质量性状并未达到优质标准，这是由于优质栽培措施没有配套所致。通过结合优质适生区的研究，辅以轻简化的优质小麦栽培措施，完全可以大幅度提高当地的优质化率。

3）投入不够，近年品质劣化严重

受种粮比较效益低，乡村“空心化”，农资和水务费用较高等多重原因的影响，近年来陕西关中地区农民在土地上的耕作投入、财力投入和时间投入无疑在下降。经过 6 年跟踪调查，关中地区大田小麦的蛋白质含量、面团稳定时间、拉伸能量等关键质量性状逐年下降，2～3 年即达到统计学显著差异。如蛋白质含量平均值从 2008 年的 14.46%下降至 2013 年的 13.27%，面团稳定时间平均值从 2008 年的 4.48min 下降至 2013 年的 2.43min，最大拉伸阻力平均值从 2008 年的 374.5BU 下降至 2013 年的 131.5BU，拉伸能量平均值从 2008 年的 82.0cm^2 下降至 2013 年的 35.1 cm^2。人误地一时，地误人一年。

4）优质优价和分收分储没有实现

因近年国内粮食产量连年提高，小麦价格不振，影响了优质小麦优价收购的进程。因混收混储，仓储小麦品质有被“调和”的趋势，区域特点表现不突出。在发展优质专用小麦区域布局生产的同时，还应注重优质小麦仓储措施及政策改进。粮食加工企业还应注重分析原粮的品种构成、品质状况及消费习惯等因素，因粮制宜，结合陕西饮食文化特点，开发满足陕西面食特色的优质专用面粉新产品，提高农产品的附加值，增加农民收入。

4.2.2　优质小麦发展潜力与前景

1）科学定位关中优质小麦育种目标

根据对陕西关中地区大田小麦 6 年的跟踪抽样和测定分析，认为关中小麦有蛋白质含量高、湿面筋含量高、吸水率高和延展性好等特点，同时存在稳定时间短、弱化度高、抗拉阻力小等劣势。与经典理论不同的是，关中地区湿面筋含量较低的小麦样品反而稳定时间等面团流变学特性很好。这为关中小麦品质育种提供了一条新颖的思路，即不应一味追求蛋白质数量、湿面筋数量，而应在蛋白质数量中等或较低的品系中选择优质强筋品种。因关中地区小麦蛋白质含量等本已较高，故今后选择应注重质量性状的协调性，适当调低湿面筋育种目标，降低面团吸水率，提高面团流变学特性指标的协调性。同时育种家在选育小麦品种时，在保证产量的前提下，应更多地关注小麦品种的加工适用性，以及在“身土不二”的习俗条件下地方名优面制食品的适用小麦。

2）科学布局优生区，扩大优质小麦生产

继续深入研究关中小麦质量性状与空间分布和地理信息的关联性。因地制宜布置优质小麦优生区，做到优质优栽。陕西省农业厅、各地市、县区农业局及陕西省粮食局等主管部门已在小麦品种布局、良种统繁统供、良种补贴、农民种粮直接补贴等方面做了大量而有效的工作，包括对关中灌区（东部灌区、中部灌区、西部灌区）、渭北旱塬和陕南地区的主栽小麦品种、搭配种植品种及推广品种的指导，已经初步形成了陕西省小麦品种的合理布局，小偃 22、西农 979、西农 889 等品种较为集中。陕西关中地区的气候特征和土壤因素适合优质小麦生产，只要有合适的优质小麦品种，这一地区就具有发展优质小麦生产的条件。因此，在重视小麦产量及良种统繁统供的同时，还应注重审定和推广小麦品种的品质水平及其生产适应性，根据小麦品种的生产和品质需要，提供优质高效节本栽培技术措施，逐步形成陕西省优质小麦优势生产区域。

3）增加投入，扭转品质劣化趋势

要在优质优价的落实上继续增加投入，使农民真正尝到优质优价的甜头。继续加大种粮补贴等财政投入力度，保护种粮积极性。设置专项，以生态化、有机化和长效化为目标，持续改善土壤肥力供给。建议对干旱半干旱地区实行“一水补贴”，财政承担一次灌溉费用。严控农资价格上涨，提高种粮比较效益。通过上述综合措施，保证陕西关中地区乃至全省粮食产量稳中有升，经过3～5年努力扭转品质劣化趋势。

4）改革收储体系，促进产业发展

充分利用种粮大户、农民合作社等组织，借鉴国外经验，通过改革创新，建立符合市场化运作的小麦原粮收储体系，提高优质商品粮数量，促进农产品及食品加工业的可持续发展。

主要参考文献

崔国有, 尹成华, 路辉丽, 等. 2015. 2013 年我国黄淮麦区强筋小麦品质状况研究. 粮食加工, 40(1): 13-17

党现民, 张雪梅, 任正东, 等. 2011. 2010 年度陕西小麦产区品质特性分析. 粮食加工, 36(3): 14-20

关二旗. 2012. 区域小麦籽粒质量及加工利用研究. 北京: 中国农业科学院研究生院博士学位论文

关二旗, 魏益民, 张波, 等. 2012. 黄淮冬麦区部分区域小麦品种构成及品质性状分析. 中国农业科学, 45(6): 1159-1168

何中虎, 林作楫, 王龙俊, 等. 2002. 中国小麦品质区划的研究. 中国农业科学, 35(4): 359-364

何中虎, 晏月明, 庄巧生, 等. 2006. 中国小麦品种品质评价体系建立与分子改良技术研究. 中国农业科学, 39(6): 1091-1101

胡卫国, 赵虹, 王西成, 等. 2010. 黄淮冬麦区小麦品种品质改良现状分析. 麦类作物学报, 30(5): 936-943

胡学旭, 周桂英, 吴丽娜, 等. 2009. 中国主产区小麦在品质区域间的差异. 作物学报, 35(6): 1167-1172

黄芬, 朱艳, 姜东, 等. 2009. 基于模型与 GIS 的小麦籽粒品质空间差异分析. 中国农业科学, 42(9): 3087-3095

雷绪劳, 胡良勇, 牛应存. 2012. 陕西关中西部小麦品种更新换代演变史. 陕西农业科学, (1): 97-100

李立群, 张国权, 李学军. 2008. 黄淮南片小麦品种(系)籽粒品质性状研究. 西北农林科技大学学报(自然科学版), 36(6): 49-55

李元清, 吴晓华, 崔国惠, 等. 2008. 基因型、地点及其互作对内蒙古小麦主要品质性状的影响. 作物学报, 34(1): 47-53

廖平安, 郭春强, 靳文奎. 2003. 黄淮南部小麦品种品质现状分析. 麦类作物学报, 23(4): 139-140

刘锐, 张波, 魏益民. 2012. 小麦蛋白质与面条品质关系研究进展. 麦类作物学报, 32(2): 344-349

卢洋洋, 张影全, 刘锐, 等. 2014. 豫北小麦籽粒质量性状空间变异特征. 麦类作物学报, 34(4): 495-501

卢洋洋, 张影全, 张波, 等. 2014. 同一基因型小麦籽粒质量性状的空间变异. 麦类作物学报, 34(2): 234-239

马艳明, 范玉顶, 李斯深, 等. 2004. 黄淮麦区小麦品种(系)品质性状多样性分析. 植物遗传资源学报, 5(2): 133-138

魏益民. 2002. 谷物品质与食品品质-小麦籽粒品质与食品品质. 陕西: 陕西人民出版社

魏益民, 关二旗, 张波, 等. 2013. 黄淮冬麦区小麦籽粒质量调查与研究. 北京: 科学出版社: 2013

魏益民, 刘锐, 张波, 等. 2012. 关于小麦籽粒质量概念的讨论. 麦类作物学报, 32(2): 379-382

魏益民, 罗勤贵, 李昌文, 等. 2009. 县域优质小麦生产效果分析 II. 陕西省岐山县优质小麦示范效果调查. 麦类作物学报, 29(2): 261-266

魏益民, 欧阳韶晖, 陈卫军, 等. 2009. 县域优质小麦生产效果分析 I. 陕西省岐山县小麦生产现状调查. 麦类作物学报, 29(2): 256-260

魏益民, 张波, 关二旗, 等. 2013. 中国冬小麦品质改良研究进展. 中国农业科学, 46(20): 4189-4196

魏益民, 张波, 张影全, 等. 2013. 关于小麦籽粒质量标准的讨论. 麦类作物学报, 33(3): 608-612

魏益民, 张国权, 欧阳韶晖, 等. 2000. 陕西关中小麦品种品质改良现状研究. 麦类作物学报, 20(1): 3-9

于振文. 2006. 小麦产量与品质生理及栽培技术. 北京: 中国农业出版社: 62-64

昝存香, 周桂英, 吴丽娜, 等. 2006. 我国小麦品质现状分析. 麦类作物学报, 26(6): 46-49

张桂英, 张国权, 罗勤贵, 等. 2010. 陕西关中小麦品质性状的因子及聚类分析. 麦类作物学报, 30(3): 548-554

张国权, 王格格, 欧阳韶晖, 等. 2006. 陕西关中小麦品种品质性状与面包体积的通径分析. 安徽农业科学, 34(18): 4809-4811

张影全. 2012. 小麦籽粒蛋白质特性与面条质量关系研究. 陕西: 西北农林科技大学硕士学位论文

赵开顺, 路辉丽. 2015. 2013 年河南省大田小麦品质状况研究. 粮食加工, 40(3): 6-9

赵莉, 汪建来, 赵竹, 等. 2006. 我国冬小麦品种(系)主要品质性状的表现及其相关性. 麦类作物学报, 26(3): 87-91

Wang D C, Li C J, Song X Y, et al. 2011. Assessment of land suitability potentials for selecting winter wheat cultivation areas in Beijing, China, Using RS and GIS. Agricultural Sciences in China, 10(9): 1419-1430

附　录　一

现代农业产业技术体系小麦质量调查指南（试行）
国家小麦产业技术研发中心加工研究室

小麦产业技术体系
小麦质量调查指南

（2008 年制定，2011 年修订）

小麦品种品质的研究结果应服务于育种工作者、生产者，但最终应服务于粮食和食品加工业，并满足消费者的消费需求。小麦品种的籽粒品质是构成小麦商品粮品质的基础，小麦商品粮品质是加工企业最为关心的产品品质。

以小麦主产区黄淮冬麦区为基地，结合各地原有工作基础，首选河南、河北、山东和陕西 4 个省，抽取当地主产区内种植的主栽品种样品，分析和评价小麦主产区生产上大面积种植的小麦品种的品质性状，编制小麦产业技术体系小麦品种质量报告；在同一地区同时抽取粮库商品小麦样品，分析和评价小麦主产区粮库商品小麦的品质性状，编制小麦产业技术体系商品小麦质量报告。以此为基础，经数据处理、分析讨论和征求意见，形成年度报告——《黄淮冬麦区小麦质量调查研究报告》。

《黄淮冬麦区小麦质量调查研究报告》将为所有用户提供当年主产区品种、商品粮的品质信息，以提高农产品质量和加工企业效益，满足市场和消费需求。

一、取样原则

（一）取样布点原则

1 小麦品种布点取样原则

以小麦主产区黄淮冬麦区为基地，结合各地原有工作基础，首选河南、河北、山东和陕西 4 个省，每个省内选 3 个主产地区，每个地区选 3 个主产县，每个县选 3 个主产乡（镇），每个乡（镇）选在该乡（镇）内种植面积最大的 3 个主栽品种；具体品种由县、乡级农业部门确定；选择代表性农户农田，每个品种抽取样品 5～8kg；用 GPS 定位抽样田块，记录位点。此样品作为小麦品种品质分析样品。要求选择的代表性农户相对固定，不得随意变更。

每个省区小麦品种抽样数：3 个地区×3 个县×3 个乡×3 个代表品种＝81 个样本。

应在采样时调查：

——县、乡（镇）耕地面积

——县、乡（镇）小麦种植面积

——县、乡（镇）小麦总产量和亩产量

——县、乡（镇）种植品种名录

——县、乡（镇）主栽品种名录

2 粮库商品粮布点扦样原则

在储藏环节调查中，以小麦主产区黄淮冬麦区为基地，结合各地原有工作基础，首选河南、河北、山东和陕西 4 个省，每个省内选 3 个主产地区，每个地区选 3 个主产县，每个县选 3 个主产乡（镇）的粮库，抽取当年收购的商品小麦样品 5～8kg；粮库选择应和小麦品种抽样的乡（镇）地点相一致；用 GPS 定位抽样粮库，记录位点。库存商品粮的扦样、分样，执行国家标准 GB 5491—1985。

粮库商品粮抽样数：3 个地区×3 个县×3 个乡（3 个粮库）＝27 个样本。

应在采样时调查：

——库容量

——当年收购量

——粮库当年检测报告

——收购乡、村范围

（二）样品编号、登记、包装与汇总

取样过程中，取样人应认真填写样品标签（见附件 1-1、附件 1-2），样品标签的填写不能漏项。小麦品种样品和粮库商品粮样品应使用不同的包装和标记，以便区分。

样品编号登记应按以下方法。

样品编号：

X	XX	XX	XX	XX	XX	—XXX
样品性质代码	品种代码	省级代码	市级代码	县级代码	乡级代码	顺序号

注：

（1）样品的性质代码以大写字母表示。

小麦品种：WV

粮库商品粮：SG

（2）省、市、县的代码执行国家标准 GB/T 2260—2002《中华人民共和国行政区划代码》，以数字表示。

（3）包装：使用统一包装。

（4）汇总：见附件 1-5，附件 1-6。

二、检验原则

（一）小麦品种样品的检验原则

小麦品种样品的检测项目主要为国家标准中规定的质量等级指标和其他参考指标（附表 1）。检测方法采用国家标准方法（附录二）；如使用快速测定方法而又无国家标准时，应采用国际标准。

对达到优质小麦判别标准的小麦品种建议进行食品品质评价。

附表 1　小麦品种样品的检测项目

籽粒品质性状	千粒重、容重、籽粒硬度、粒色
磨粉品质性状	出粉率、面粉灰分含量、面粉色度*
蛋白质品质性状	籽粒蛋白质含量、籽粒沉淀值、面粉湿面筋含量、面粉面筋指数
淀粉品质性状	籽粒降落数值、面粉黏度参数*
流变学特性	粉质参数、拉伸参数
食品品质性状	达到优质小麦判别标准品种的食品品质评价*

*表示建议分析指标。下同

（二）粮库商品粮样品的检验原则

粮库商品粮样品的检测项目主要为国家标准中规定的质量等级指标和其他参考指标（附表 2）。检测方法采用国家标准方法（附录二）；如使用快速测定方法而又无国家标准时，应采用国际标准。

对达到优质小麦判别标准的商品粮样品建议进行食品品质评价。

附表 2　粮库商品粮样品的检验项目

杂质检测	杂质
籽粒品质性状	千粒重、容重、籽粒硬度、粒色*
磨粉品质性状	出粉率、面粉灰分含量、面粉色度*
蛋白质品质性状	籽粒蛋白质含量、面粉湿面筋含量、面粉面筋指数
淀粉品质性状	籽粒降落数值、面粉黏度参数*
流变学特性	粉质参数、拉伸参数
食品品质性状	达到优质小麦判别标准的商品粮的食品品质评价*

三、数据汇总与分析

（一）数据汇总表

附件 1-3 小麦品种样品汇总表
附件 1-5 小麦品种品质分析结果汇总表
附件 1-4 粮库小麦商品粮样品汇总表
附件 1-6 粮库小麦商品粮品质分析结果汇总表

（二）结果分析

任务承担单位根据测定数据，填写相关的汇总表，并对数据进行统计处理，将汇总表和统计结果上报加工研究室。

加工研究室对任务承担单位上报的数据进行再次汇总和统计处理。

（三）报告撰写

任务承担单位应根据《任务书》的要求，及时撰写各自的年度报告，并按期上报。年度报告的撰写格式如下。

1. 封面
   1.1 题目
   1.2 负责人和参加人
   1.3 单位名称、地址和邮编
2. 概要
3. 正文
   3.1 引言
   3.2 材料与方法
   3.3 结果分析
   3.4 讨论与小结
   3.5 建议
4. 附件
5. 特别说明

四、附件

附件 1-1 小麦品种样品标签
附件 1-3 小麦品种样品汇总表
附件 1-5 小麦品种品质分析结果汇总表

附件 1-2 粮库小麦商品粮样品标签

附件 1-4 粮库小麦商品粮样品汇总表

附件 1-6 粮库小麦商品粮品质分析结果汇总表

附件 1-1

小麦品种样品标签

样品编号 WV__________ 小麦品种名称 __________

扦样地点 ______省______市______县______乡______村______户

农户面积 ______亩 农户总产量______（kg） 土壤类型______

种子来源 __________ 收获时间 __________

扦样农户（签名）__________ GPS __________

扦样时间 __________ 扦样人 __________

注：1.“小麦品种名称”指品种审定名称，应填写全称。
2.“农户面积”指取样农户的小麦种植面积。
3.“农户总产量”指取样农户的小麦总产量。
4.“种子来源”指自留种子或种子站购买种子或兑换的种子等

附件 1-2

粮库小麦商品粮样品标签

扦样编号 SG__________

扦样地点：______省______市______县______乡

扦样库地点或编号 __________入库时间 __________库存量 ______（t）

收获时间 __________扦样时间 __________扦样人 __________

粮库负责人（签名）__________GPS __________

附件 1-3

小麦品种样品汇总表

序号	样品编号	取样地点（地区、县、乡、村）	品种（名称）	农户面积/亩	农户总产量/kg	土壤类型	种子来源	收获时间	GPS	取样时间

注：1.“品种（名称）”指品种审定名称，应填写全称。
2.“农户面积”指取样农户的小麦种植面积。
3.“农户总产量”指取样农户的小麦总产量。
4.“种子来源”指自留种子或种子站购买种子或兑换的种子等

附件 1-4

粮库小麦商品粮样品汇总表

序号	扦样编号	扦样地点（地区、县、粮库）	品种（全称）	扦样点库容量/t	扦样点收购量/t	粮库当年检测报告	收购范围（乡、村）

附件 1-5

小麦品种品质分析结果汇总表（一）

样品编号	所在地区	行政代码	籽粒品质性状							磨粉品质性状					蛋白质品质性状			
			千粒重/g	容重/（g/L）	籽粒硬度/%	粒色			灰分/%	出粉率/%	面粉灰分含量/%	面粉色度			籽粒蛋白质含量/%	籽粒沉淀值/mL	面粉湿面筋含量/%	面粉面筋指数/%
						L*	a*	b*				L*	a*	b*				

小麦品种品质分析结果汇总表（二）

籽粒降落数值/s	淀粉品质性状							流变学特性								
	黏度参数							粉质参数					拉伸参数			
	峰值黏度/BU	峰值时间/min	保持强度/BU	衰减度/BU	最终黏度/BU	回生值/BU	糊化温度/℃	吸水率/%	形成时间/min	稳定时间/min	软化度/BU	评价值/BU	拉伸长度/mm	5cm 处拉伸阻力/BU	最大拉伸阻力/BU	拉伸能量/cm²

附件 1-6

粮库小麦商品粮品质分析结果汇总表（一）

样品编号	所在地区	行政代码	籽粒品质性状								磨粉品质性状					蛋白质品质性状			
			千粒重/g	容重/（g/L）	杂质/%	籽粒硬度/%	粒色			灰分/%	出粉率/%	面粉灰分含量/%	面粉色度			籽粒蛋白质含量/%	籽粒沉淀值/mL	面粉湿面筋含量/%	面粉面筋指数/%
							L*	a*	b*				L*	a*	b*				

粮库小麦商品粮品质分析结果汇总表（二）

淀粉品质性状								流变学特性								
	黏度参数							粉质参数					拉伸参数			
籽粒降落数值/s	峰值黏度/BU	峰值时间/min	保持强度/BU	衰减度/BU	最终黏度/BU	回生值/BU	糊化温度/℃	吸水率/%	形成时间/min	稳定时间/min	软化度/BU	评价值/BU	拉伸长度/mm	5cm 处拉伸阻力/BU	最大拉伸阻力/BU	拉伸能量/cm^2

附 录 二

指标测定参考标准或方法

测定指标		参考标准或方法
籽粒品质性状	千粒重	粮食、油料检验 千粒重测定法：GB/T 5519—1988
	容重	粮食、油料检验 容重测定法：GB/T 5498—1985
	籽粒硬度	小麦硬度测定 硬度指数法：GB/T 21304—2007
	粒色	粮食、油料检验 色泽、气味、口味鉴定法：GB/T 5492—1985
	灰分	粮食、油料检验 灰分测定法：GB/T 5505—1985
	面粉灰分含量	粮食、油料检验 灰分测定法：GB/T 5505—1985
	面粉色度	采用日本美能达公司生产的 CR-400 型色彩色差计测定
	杂质	粮食、油料检验 杂质、不完善粒检验法：GB/T 5494—1985
蛋白质品质性状	籽粒蛋白质含量	油料粗蛋白质的测定法：GB/T 14489.2—1993
	籽粒沉淀值	小麦粉沉淀值测定法：GB/T 15685—1995
	面粉湿面筋含量	小麦粉湿面筋测定法：GB/T 14608—1993
	面粉面筋指数	SB/T 10248—1993
淀粉品质性状	籽粒降落数值	谷物降落数值测定法：GB/T 10361—1989
	黏度参数	谷物及淀粉糊化特性测定法 黏度仪法：GB/T 14490—1993
流变学特性	粉质参数	小麦粉 面团的物理特性 吸水量和流变学特性的测定 粉质仪法：GB/T 14614—2006
	拉伸参数	小麦粉 面团的物理特性 流变学特性的测定 拉伸仪法：GB/T 14615—2006

附　录　三

样品分析测试方法目录

1.1 千粒重：参照《谷物与豆类千粒重的测定（GB/T 5519—2008）》测定。

1.2 容重：参照《粮食、油料检验 容重测定法（GB/T 5498—1985）》测定。

1.3 籽粒硬度：参照《小麦硬度测定 硬度指数法（GB/T 21304—2007）》，采用无锡锡粮机械制造有限公司生产的 JYDB100×40 型小麦硬度指数测定仪测定。

1.4 小麦籽粒及面粉色度，采用日本美能达 CR-410 型色彩色差计测定，得 L^*、a^*和 b^*三个参数，分别代表亮度、红绿度值和黄蓝度值。

1.5 出粉率：参照《小麦实验制粉（NY/T 1094—2006）》，采用 Buhler MLU202 型实验磨粉机进行测定，出粉率=$M_{面粉}$/（$M_{面粉}$+$M_{麸皮}$）×100%。

1.6 籽粒蛋白质含量，参照《粮油检验 小麦粗蛋白质含量测定 近红外法（GB/T 24899—2010）》，采用瑞典 Perten DA7200 型近红外（NIR）谷物品质分析仪测定。

1.7 沉降指数，参照《小麦 沉降指数测定 Zeleny 试验（GB/T 21119—2007）》，采用德国 Brabender 公司沉淀值测定仪测定。

1.8 湿面筋含量，参照《小麦和小麦粉面筋含量第 1 部分：手洗法测定湿面筋（GB/T 5506.1—2008）》，采用手洗法测定。

1.9 面筋指数，参照《小麦粉湿面筋质量测定方法——面筋指数法（SB/T 10248—1995）》，采用瑞典 Perten 2015 型离心机测定。

1.10 降落数值，参照《小麦、黑麦及其面粉，杜伦麦及其粗粒粉 降落数值的测定 Hagberg-Perten 法（GB/T 10361—2008）》，采用瑞典波通仪器公司 1900 型降落数值仪测定。

1.11 淀粉糊化特性，参考《小麦、黑麦及其粉类和淀粉糊化特性测定 快速黏度仪法（GB/T 24853—2010）》，采用德国 Brabender 黏度仪测定。

1.12 粉质参数，参照《小麦粉 面团的物理特性 吸水量和流变学特性的测定 粉质仪法（GB/T 14614—2006）》，采用德国布拉本德粉质仪测定。

1.13 拉伸参数，参照《小麦粉 面团的物理特性 流变学特性的测定 拉伸仪法（GB/T 14615—2006）》，采用德国 Brabender 拉伸仪测定。